大气污染控制技术与策略丛书

大气二次有机气溶胶污染特征及模拟研究

郝吉明　吕子峰　楚碧武　武　山　赵　喆等著

科学出版社

北　京

内 容 简 介

二次有机气溶胶是大气颗粒物的主要成分之一,对人体健康、空气质量、气候变化等都有严重影响。本书系统地阐述了二次有机气溶胶的概念、形成机制、影响因素、研究方法及模型模拟等。基于外场观测的颗粒物、挥发性有机物等数据,本书研究了典型地区北京的二次有机气溶胶大气污染特征,指认了对二次有机气溶胶生成贡献大的挥发性有机物物种;利用烟雾箱实验系统,考察了二次有机气溶胶各主要前体物的气溶胶生成潜势,研究了无机颗粒物对二次有机气溶胶生成的影响规律;构建了甲苯光氧化生成二次有机气溶胶的箱式模型,分别在箱式模型和大尺度的空气质量模型中引入烟雾箱实验量化结果,并对模拟结果进行了评价。

本书可供从事大气科学、环境科学、大气环境化学和大气污染控制等研究工作的科研人员参考,也可供从事环境保护事业的管理人员阅读。

图书在版编目(CIP)数据

大气二次有机气溶胶污染特征及模拟研究/郝吉明等著.—北京:科学出版社,2015.2
　(大气污染控制技术与策略丛书)
　ISBN 978-7-03-043079-3

Ⅰ.①大… Ⅱ.①郝… Ⅲ.①空气污染-气溶胶-二次污染-研究
Ⅳ.X51

中国版本图书馆 CIP 数据核字(2015)第 013191 号

责任编辑:杨 震 刘 冉/责任校对:赵桂芬
责任印制:徐晓晨/封面设计:黄华斌

科 学 出 版 社 出版
北京东黄城根北街 16 号
邮政编码:100717
http://www.sciencep.com

北京中石油彩色印刷有限责任公司 印刷
科学出版社发行　各地新华书店经销
*
2015 年 2 月第 一 版　开本:720×1000　1/16
2020 年 1 月第四次印刷　印张:17 1/4　插页:4
字数:350 000
定价:98.00 元
(如有印装质量问题,我社负责调换)

丛书编委会

主　编：郝吉明

副主编（按姓氏汉语拼音排序）：

柴发合　陈运法　贺克斌　李　锋　朱　彤

编　委（按姓氏汉语拼音排序）：

白志鹏　鲍晓峰　曹军骥　冯银厂　高　翔

郝郑平　贺　泓　宁　平　王春霞　王金南

王书肖　王新明　王自发　吴忠标　谢绍东

杨　新　杨　震　姚　强　张朝林　张小曳

张寅平　朱天乐

丛 书 序

当前,我国大气污染形势严峻,灰霾天气频繁发生。以可吸入颗粒物(PM_{10})、细颗粒物($PM_{2.5}$)为特征污染物的区域性大气环境问题日益突出,大气污染已呈现出多污染源多污染物叠加、城市与区域污染复合、污染与气候变化交叉等显著特征。

发达国家在近百年不同发展阶段出现的大气环境问题,我国却在近 20 年间集中爆发,使问题的严重性和复杂性不仅在于排污总量的增加和生态破坏范围的扩大,还表现为生态与环境问题的耦合交互影响,其威胁和风险也更加巨大。可以说,我国大气环境保护的复杂性和严峻性是历史上任何国家工业化过程中所不曾遇到过的。

为改善空气质量和保护公众健康,2013 年 9 月,国务院正式发布了《大气污染防治行动计划》,简称为"大气十条"。该计划由国务院牵头,环境保护部、国家发展和改革委员会等多部委参与,被誉为我国有史以来力度最大的空气清洁行动。"大气十条"明确提出了 2017 年全国与重点区域空气质量改善目标,以及配套的十条35 项具体措施。从国家层面上对城市与区域大气污染防制进行了全方位、分层次的战略布局。

中国大气污染控制技术与对策研究始于 20 世纪 80 年代。2000 年以后科技部首先启动"北京市大气污染控制对策研究",之后在 863 计划和科技支撑计划中加大了投入,研究范围也从"两控区"(酸雨区和二氧化硫控制区)扩展至京津冀、珠江三角洲、长江三角洲等重点地区;各级政府不断加大大气污染控制的力度,从达标战略研究到区域污染联防联治研究;国家自然科学基金委员会近年来从面上项目、重点项目到重大项目、重大研究计划各个层次上给予立项支持。这些研究取得丰硕成果,使我国的大气污染成因与控制研究取得了长足进步,有力支撑了我国大气污染的综合防治。

在学科内容上,由硫氧化物、氮氧化物、挥发性有机物及氨等气态污染物的污染特征扩展到气溶胶科学,从酸沉降控制延伸至区域性复合大气污染的联防联控,由固定污染源治理技术推广到机动车污染物的控制技术研究,逐步深化和开拓了研究的领域,使大气污染控制技术与策略研究的层次不断攀升。

鉴于我国大气环境污染的复杂性和严峻性,我国大气污染控制技术与策略领域研究的成果无疑也应该是世界独特的,总结和凝聚我国大气污染控制方面已有的研究成果,形成共识,已成为当前最迫切的任务。

　　我们希望本丛书的出版,能够大大促进大气污染控制科学技术成果、科研理论体系、研究方法与手段、基础数据的系统化归纳和总结,通过系统化的知识促进我国大气污染控制科学技术的新发展、新突破,从而推动大气污染控制科学研究进程和技术产业化的进程,为我国大气污染控制相关基础学科和技术领域的科技工作者和广大师生等,提供一套重要的参考文献。

2015 年 1 月

前　言

　　大气中的二次有机气溶胶(SOA)是挥发性有机物(VOCs)大气氧化的产物,是城区、郊区及偏远地区大气细颗粒物(PM$_{2.5}$,空气动力学直径小于 2.5 μm 的颗粒)的重要组成部分。它是数千种物理化学性质不同的有机组分的集合体,其中绝大多数具有致癌、致畸和致突变性,对人体健康有严重危害。除此之外,二次有机气溶胶还和能见度降低、光化学烟雾、酸沉降、气候变化等局地、区域乃至全球尺度的环境问题相关,日益引起学术界、公众以及世界各国政府的高度重视。

　　自 20 世纪 80 年代开始,随着国民经济的高速发展和能源、工业、交通等活动的日益频繁,我国的大气污染类型逐渐由单一的煤烟型污染向以城市群为中心的区域复合型污染转变。复合型污染的最终结果是二次污染物,尤其是以二次有机气溶胶为代表的细颗粒大量增加、大气氧化性增强。与其他国家相比,我国城市细颗粒物污染形势十分严峻。2000 年至今的空气质量监测数据表明,虽然经过了多年、多阶段的大气污染控制,全国重点城市空气质量达标的比例有所上升,但大多数城市空气质量仍没能达到国家环境空气质量标准,而可吸入颗粒物几乎是所有这些城市的首要污染物。此外,我国城市有机气溶胶含量高,约占到 PM$_{2.5}$ 质量浓度的三分之一,呈现出有机颗粒物污染严重的特征。这些都表明对颗粒物污染的控制,尤其是有机气溶胶污染的控制,将是我国绝大多数城市目前和未来一个相当长时期内大气污染控制的重点和难点。

　　虽然二次有机气溶胶逐渐成为大气化学领域的研究热点,但由于其成分和生成机理复杂、影响因素众多、大气含量低、分析检测困难,也成为大气化学领域的研究难点。目前,我国针对二次有机气溶胶的研究甚少,研究工具、研究方法等也尚未形成系统。而作为我国城市大气细颗粒物最重要的组成之一,二次有机气溶胶污染的控制对细颗粒物的控制至关重要。在这样的背景下,研究二次有机气溶胶的大气污染特征、形成机制,并对其进行实验室和模型模拟十分必要。

　　清华大学环境科学与工程系(清华大学环境学院的前身)从 2003 年开始,在日本丰田汽车公司、日本丰田中央研究所的资助下,开始合作开展对大气二次有机气溶胶的研究。课题同时得到国家自然科学基金项目(20637001,20477020,20937004,20625722)及北京市环境保护项目的支持。研究针对我国颗粒物污染,尤其是二次粒子污染严重的特征,综合运用外场观测、烟雾箱实验和模型模拟等手段,重点考察高浓度的颗粒物对大气光化学反应生成二次有机气溶胶的影响。首先,以外场观测积累的颗粒物、挥发性有机物等数据为基础,研究了典型地区北京的二次有机气溶胶大气污染特征,并指认了对其生成贡献较大的挥发性有机物物种,为后续烟雾箱实验提供依据。其次,利用烟雾箱实验系统,重点考察了各主要前体物的二次有机气溶胶生成潜势,并在此基础上研究了无机颗粒对二次有机气溶胶生成的影响。最后,在二次有机气溶胶的箱式模型和大尺度空气质量模型中分别引入实验室研究的量化结果,并对模拟结果进行了评价。

作为上述研究的承担者,我们深悉信息的交流与分享是促进科学研究进步与发展的动力,我们有责任将目前国内外二次有机气溶胶的研究进展和我们积累的成果与方法进行总结,供二次有机气溶胶外场观测、实验室模拟和模型模拟的研究者以及二次有机气溶胶污染控制的决策者参考,并向同行专家求教,这便成为写作本书的动力。

全书共 13 章,从外场观测、实验室模拟、模型模拟三个角度展开,主要内容包括二次有机气溶胶的研究意义和方法、大气污染特征、烟雾箱实验技术和结果、箱式模型模拟以及大尺度空气质量模型的模拟等。在编写上既考虑了专业研究人员的需要,又考虑了普通读者的需求。全书力图将二次有机气溶胶的理论研究与其控制决策相关联。愿本书的出版对读者了解二次有机气溶胶污染的形成规律和控制途径有所帮助,并进一步推动该方向的研究和技术发展。

本书的内容主要基于作者完成的相关研究,系集体讨论、分工执笔,最后由吕子峰、楚碧武统稿,郝吉明定稿。除署名者外,第 2 章由段凤魁博士完成,王丽涛和邢佳对第 10 章、藕启胜对第 9 章作出了贡献。本书的出版得到科学出版社的支持,在此一并致以衷心谢意。

大气二次有机气溶胶的相关研究是大气环境化学研究的热点和难点,涉及多学科的复杂问题。由于研究条件和作者能力有限,文中若有疏漏及不当之处,敬请各位读者及同行专家指正。

2014 年 12 月于清华园

缩略词及符号说明

ACSM   气溶胶化学组分检测仪(Aerosol Chemical Speciation Monitor)

AMS   气溶胶质谱(Aerosol Mass Spectrometer)

AQSM   空气质量模拟模型(Air Quality Simulation Model)

CACM   加利福尼亚理工学院大气化学机理(Caltech Atmospheric Chemistry Mechanism)

CB-Ⅳ   碳键机理版本Ⅳ(Carbon Bond Ⅳ Mechanism)

CCs   可凝结有机组分(Condensable Organic Compounds)

CCN   云凝结核(Cloud Condensation Nuclei)

CMAQ   多尺度空气质量模型(Community Multiscale Air Quality Model)

CMD   个数中位直径(Count Median Diameter)

CPC   颗粒物计数器(Condensation Particle Counter)

CRH   结晶相对湿度(Crystallization Relative Humidity)

DMA   微分迁移率分析仪(Differential Mobility Analyzer)

DRH   潮解相对湿度(Deliquescence Relative Humidity)

EC   元素碳(Elemental Carbon)

ERH   风化相对湿度(Efflorescence Relative Humidity)

FAC   气溶胶生成系数(Fractional Aerosol Coefficient)

GC   气相色谱(Gas Chromatography)

Gf   吸湿增长因子(Growth Factor)

HC   碳氢化合物(Hydrocarbon)

ICs   非凝结有机气体(Incondensable Organic Compounds)

k_{dep} 沉积速率常数(Deposition Rate Coefficient)

K_{om}	经 M_o 标准化的分配系数
MCM	近全面化学机理(Master Chemical Mechanism)
MIR	最大增量反应活性法(Maximum Incremental Reactivity)
M_o	有机气溶胶质量(Organic Aerosol Mass)
NMHCs	非甲烷碳氢化合物(Non-Methane Hydrocarbons)
OA	有机气溶胶(Organic Aerosol)
OC	有机碳(Organic Carbon)
PM	颗粒物(Particulate Matter)
$PM_{2.5}$	空气动力学直径小于 2.5 μm 的颗粒
PM_{10}	空气动力学直径小于 10 μm 的颗粒
$PM_{s,g}$	当 SOA 开始生成时的颗粒物表面积浓度
$PM_{v,g}$	当 SOA 开始生成时的颗粒物体积浓度
PMF	正交矩阵因子分析法(Positive Matrix Factorization)
RADM	区域酸沉降模型(Regional Acid Deposition Model)
RH	相对湿度(Relative Humidity)
$RO^·$	烷氧自由基(Alkoxy Radical)
$RO_2^·$	有机过氧自由基(Organic Peroxy Radical)
ROG	活性有机气体(Reactive Organic Gas)
SAPRC	州际空气污染研究中心机理(Statewide Air Pollution Research Center Mechanism)
SEM	扫描电子显微镜(Scanning Electron Microscope)
SMPS	扫描迁移率粒子测定仪(Scanning Mobility Particle Sizer)
SOA	二次有机气溶胶(Secondary Organic Aerosol)
SOC	二次有机碳(Secondary Organic Carbon)
SVOCs	半挥发性有机物(Semivolatile Organic Compounds)

TCRDL 日本丰田中央研究所(Toyota Central Research and Development Laboratory)

TDMA 串联差分电迁移率吸湿性测量系统(Tandem Differential Mobility Analyzer)

TMB 三甲苯(Trimethylbenzene)

USEPA 美国环境保护局(U. S. Environmental Protection Agency)

VOCs 挥发性有机物(Volatile Organic Compounds)

Y 气溶胶产率(Aerosol Yield)

α 基于质量的化学反应计量系数(Mass-Based Stoichiometric Coefficient)

σ_g 几何标准偏差(Geometric Standard Deviation)

目　　录

第1章 绪 论

大气气溶胶(也称颗粒物,Particulate Matter,PM)是悬浮在大气中微小的固体或液体微粒的总称。近些年来,大气气溶胶在大气化学、气候变化、空气污染和人体健康等方面的影响逐步引起了人们的广泛关注,成为研究热点。根据粒径的不同,颗粒物可以分为粗颗粒物和细颗粒物($PM_{2.5}$),一般以空气动力学粒径2.5 μm为界。研究表明,细颗粒物的环境效应远比粗颗粒物大,它可以危害人体健康[1,2]、降低能见度[3,4]、影响气候变化[5-7]等。根据来源的不同,大气气溶胶可以分为一次和二次气溶胶。一次气溶胶是指向大气直接排放的气溶胶,二次气溶胶指通过大气化学过程生成的气溶胶。二次有机气溶胶(Secondary Organic Aerosol,SOA)是二次气溶胶的一部分,由大气中的挥发性有机物(Volatile Organic Compounds,VOCs)经过大气氧化而形成。SOA 是城区及郊区细颗粒物的重要组成部分[8,9],所占比例较高。一般认为在 $PM_{2.5}$ 中,有机气溶胶(Organic Aerosol,OA)约占到总质量浓度的 20%~60%,而 SOA 平均可以占到 OA 的20%~70%,在发生光化学烟雾的条件下甚至可以占到 70%以上[10]。光化学烟雾在 SOA 的形成过程中起着重要的作用。期间,NO 转化成 NO_2,碳氢化合物(Hydrocarbon,HC)被氧化,生成臭氧和其他氧化物(如过氧乙酰硝酸酯等),这些物质后续的复杂物理化学过程就能导致 SOA 的产生。

1.1 大气中的气溶胶

大气气溶胶是指悬浮在大气中微小的固体或液体微粒,通常也称作颗粒物[11] 55-62。其来源可以分为天然源和人为源。天然源过程包括土壤和岩石的风化、火山的喷发、海浪飞沫、生物质的燃烧和大气化学反应等过程[12]。与天然源相比,人为源排放的绝对量较少,主要来自化石燃料燃烧、工业过程、非工业面源(包括路面扬尘、风蚀、建筑扬尘等)和交通源的排放[11] 60。排放到大气中的颗粒物能够通过干沉降和湿沉降等过程从大气中去除。气溶胶粒子在大气中平均停留时间大概在几天到几周,根据粒径不同有所差别。气溶胶根据形成过程的不同可以分为一次和二次气溶胶。一次气溶胶是各种排放源直接向大气中排放的颗粒物,比如土壤尘、燃烧产生的飞灰与碳黑、海盐颗粒、火山尘等。二次气溶胶是通过大气物理和化学过程产生的颗粒物,主要是一次排放的气态污染物(NO_x,SO_x,VOCs等)通过大气氧化和气相/颗粒相转化产生[12]。从成分上分,气溶胶可以分为有机和无机气溶胶。目前,有机气溶胶的大气化学并不像无机气溶胶的大气化学那样清楚,而且有机气溶胶组分相当复杂,只有极少的一部分能被现有的分析技术所检测[13]。大气气溶胶的浓度水平受地域、地理条件、气象条件和经济结构等因素影响,变化范围很大。表 1.1 列出了不同地区大气气溶胶的典型浓度范围[11] 369-381。此外,颗粒浓度还随季节、高度变化而变化。

表 1.1　不同地区大气气溶胶的典型浓度范围[a]

	粒数/(个/cm³)	PM_1/(μg/m³)	$PM_{2.5}$/(μg/m³)	PM_{10}/(μg/m³)
背景区海洋	100～400	1～4	2～8	10
大陆边远区	50～10 000	0.5～2.5	0.8～8	2～10
乡村地区	2 000～10 000	2.5～8	4～32	10～40
受污染城市	10^5～$4×10^6$	30～150	40～240	100～300

a. PM_x 代表空气动力学直径小于 x μm 的颗粒

　　粒径是大气气溶胶最重要的参数之一,它往往和气溶胶的其他性质(如体积、质量、沉降速度、吸湿特性、光学特性、大气停留时间等)相关联。通常人们把粒子近似看作球形,用直径表征其大小(粒径)。但是真实的大气粒子形状极不规则,在实际工作中往往用诸如当量直径或者有效直径来表示。最常用的粒径表达方法为空气动力学直径(D_a),其定义为与所研究粒子有相同最终沉降速率的密度为 1 g/cm³ 的球体直径。大气气溶胶的粒径分布一般呈现四个模态(如图 1.1)[11] 368-370:成核模态(Nucleation Mode, D_a < 10 nm)、艾特肯核模态(Aitken Mode, 10 nm < D_a < 0.1 μm)、积聚模态(Accumulation Mode, 0.1 μm < D_a < 2 μm)、粗颗粒物模态(Coarse Mode, D_a > 2 μm)。通常把 D_a 大于 2.5 μm 的颗粒称为粗颗粒物(Coarse Particle),D_a 小于 2.5 μm 的颗粒称为细颗粒物(或 $PM_{2.5}$, Fine Particle)。在细颗粒物 $PM_{2.5}$ 中,又将 D_a 小于 0.1 μm 的颗粒称为超细颗粒物(或 $PM_{0.1}$, Ultrafine Particle)。

　　如图 1.1 所示,积聚模态和粗颗粒物模态是大气气溶胶体积浓度和质量浓度的主要贡献者。粗颗粒物模态的颗粒物主要来自机械过程所造成的扬尘、海盐飞沫、火山灰、风沙等一次粒子,偶尔包含少量的二次硫酸盐和硝酸盐。由于粒径较大,它们在大气中存在的时间不长,一般不能长距离输送。积聚模态的颗粒物在大气中最稳定、存在时间最长、输送距离最远、污染范围最大。这个模态的粒子主要来自一次排放,二次硫酸盐、硝酸盐、有机气溶胶的凝结和更小粒子的凝并等过程。通常积聚模态包含两个亚模态[14]:凝结亚模态(Condensation Submode)和液滴亚模态(Droplet Submode)。前者峰值在 0.2 μm 附近,来自一次颗粒物的排放、更小粒子的凝并和气体的凝结;后者峰值在 0.7 μm 附近,主要是积聚模态的颗粒物云、雾过程而生成的。

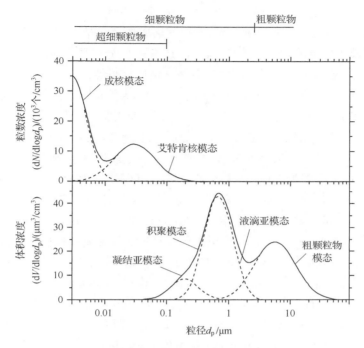

图 1.1　大气气溶胶不同模态典型的粒经分布

　　从粒数角度考虑,占几乎所有颗粒物质量的 D_a 大于 0.1 μm 的粒子,其粒数浓度和 D_a 小于 0.1 μm 的超细颗粒物相比完全可以忽略。超细颗粒物包含成核和艾特肯核两个模态。成核模态的粒子通常是气相分子均相成核生成的,而艾特肯核模态的粒子则是以成核模态的粒子或者一次排放的粒子为核,通过气相/颗粒相化学转化或凝结过程而形成的。这部分粒子生成后一般会很快与较大的粒子凝并,寿命通常不超过 1 h。

　　大气气溶胶的成分包括硫酸盐、硝酸盐、铵盐、含碳组分、地壳成分、海盐、金属氧化物、氢离子和水等[11] 381-384。其中,硫酸盐、铵盐、有机碳、元素碳和一些过渡金属元素是细颗粒物的主要组分;地壳成分(Si,Ca,Mg,Al,Fe 等)和生物有机颗粒(花粉、孢子、动植物残骸等)则是粗颗粒物的主要组分。硝酸盐在粗颗粒物和细颗粒物中都有分布:细颗粒物中的硝酸盐主要来自气相 HNO_3 和 NH_3 形成 NH_4NO_3 的反应;粗颗粒物中的硝酸盐主要来自粗颗粒和 HNO_3 的反应。含碳气溶胶是由元素碳(Elemental Carbon,EC)和有机碳(Organic Carbon,OC)两部分组成的[11] 628。EC 也被称为碳黑(Black Carbon)或石墨碳(Graphitic Carbon),其化学结构与石墨相似,通过化石燃料或者生物质的不完全燃烧产生。与 EC 不同,OC是由成千上万种有机组分组成,可以由污染源直接排放(一次污染物),也可以在一定特定条件下，由大气中的 VOCs 通过大气化学过程形成 SOA。需要注意的是，OC 只是有机气溶胶中碳的质量含量，有机气溶胶中还包括了诸如 H、O、N 等其他元素。气溶胶中的碳元素除了 OC、EC 外，还有一部分以碳酸盐（比如 $CaCO_3$）和 CO_2（吸附在颗粒物表面）的形式存在，但是含量通常很低。

不同组分在不同粒径间分布的差别很大。在典型的城市大气气溶胶中，无机水溶性离子组分（如 SO_4^{2-}、NO_3^-、NH_4^+、Na^+、Cl^- 等）通常呈现三模态分布[15]。在凝结亚模态中，这些无机离子在 0.2 μm 处有一个峰值，主要是气相二次粒子组分在颗粒相凝结形成的；在液滴亚模态中，液相反应导致这些组分在 0.7 μm 处有一个峰值；一半以上含量的 NO_3^- 和绝大多数 Na^+ 和 Cl^- 在粗颗粒物模态中还有一个峰值，可能是由 HNO_3 和 NaCl 或粗颗粒物中的地壳组分反应产生的。大气气溶胶中检测到的痕量金属元素已超过 40 种。一般来说 Pb、Zn、Cd、As 和 Sb 等主要分布在细颗粒物中；Fe、V、Cu、Mn、Ni、Cr、Co 和 Se 等在细颗粒物和粗颗粒物中都有分布[11] 381-384。碳质组分（OC、EC）主要分布在细颗粒物中[11] 633-636。机动车直接排放的 EC 呈单一模态分布（～0.1 μm），例如 Venkataraman 等[16] 的研究结果表明 85% 以上机动车排放的 EC 分布在 D_a 小于 0.2 μm 的范围。但是环境大气中的 EC 通常呈现双模态分布（模态 I：0.05～0.12 μm；模态 II：0.5～1.0 μm）[17]。模态 I 主要来自燃烧源的一次 EC 排放，因此在一些污染严重的地区，模态 I 可以占到 EC 的 75% 以上；模态 II 是二次粒子和水等积聚在一次排放 EC 上产生的，这些物质的积聚可以显著改变一次 EC 的理化特性，对全球气候变化起着潜在的非常重要的影响。环境大气中的 OC 通常也呈双模态分布，峰值分别在 0.2 μm 和 1.0 μm 附近[18]。

大气气溶胶对人类生活和环境有非常重要的影响，这也是近几十年来它备受关注的原因。首先，气溶胶可以影响人体健康[1,2,19]。有研究表明，无论气溶胶的组成怎样，一旦它吸入人体，就会对人体的呼吸系统和心血管系统造成长期和短期的影响，从而危害人体健康[2,20]。颗粒物中的有机组分对人体的健康危害更大。有机组分中包括了大量的有毒化学物质，比如多环芳烃和多氯联苯等。这些物质及其衍生物在大气中可以长时间存在，通过大气长距离输送到其他地方，富集在生物体内并在食物链中传递，从而影响整个生态系统。其次，气溶胶通过对太阳辐射的散射和吸收可以直接对气候变化产生影响。政府间气候变化专门委员会（Intergovernmental Panel on Climate Change, IPCC）1995 年估算的全球气溶胶直接气候辐射强迫为 −0.5 W/m^2 左右[21]。其中，气溶胶中的不同成分有不同的辐射强迫作用。一般认为颗粒物中的硫酸盐、硝酸盐和 OC 等有负的辐射强迫，可以使地球变冷；而 EC 有正的辐射强迫，可以吸收太阳辐射，使地球温度升高。目前这方面的研究还存在相当大的不确定性。第三，气溶胶可以以云凝结核(Cloud Condensation Nuclei,CCN)的形式改变云的光学性质和云的分布,从而间接影响气候变化。在大气中广泛存在的无机气溶胶(如海盐、非海盐硫酸盐等)和有机气溶胶(如有机酸等)都是有效的 CNN。它们可以改变云的微结构,影响云的辐射特性,从而改变太阳对地球表面的辐射。此外,气溶胶还具有其他环境效应,如降低能见度、导致酸雨、影响对流层臭氧、产生光化学烟雾等[12]。

1.2 大气中的二次有机气溶胶

大气中的二次有机气溶胶(SOA)是人为源或天然源排放的 VOCs 在大气中氧化而生成的。这些 VOCs 包括烷烃、烯烃、芳香烃和酚类等[12]。SOA 是城市和郊区细颗粒的主要组成部分[22],平均占细颗粒有机组分质量的 20%～70%[23],在光化学烟雾条件下,这个比例甚至可以达到 70%以上[10]。最近几十年来,无机气溶胶的形成机理已经得到了较深入的研究,但是对有机气溶胶的研究还不深入,尤其是 SOA 的生成机理。造成有机气溶胶比无机气溶胶研究滞后的主要原因是有机气溶胶成分复杂、含量低,在目前的分析技术和方法下很难识别。

1.2.1 SOA 的前体物

一种 VOC 在大气中通过氧化能否生成 SOA 主要取决于三个因素[11] 661-664:①这种 VOC 氧化产物的挥发性;②这种 VOC 在大气中的含量;③这种 VOC 的大气化学活性。VOCs 和 O_3、·OH、NO_3^- 等氧化物种的反应都可能导致 SOA 的生成,氧化产物往往是含 O 和含 N 官能团的高取代物种。图 1.2 显示了有机组分蒸气压大小随分子含碳数和分子含极性官能团的变化[12]。可见,含碳数越多的有机物分子,其蒸气压越低;含 O 和含 N 的官能团(如羧基、羟基、羰基、硝基等)通过大气化学氧化作用加到前体有机分子上后,可以有效降低有机分子的挥发性[24],其至可以使挥发度降低好几个数量级。

理论上,所有的氧化产物都可以溶解在有机颗粒相中,参与 SOA 的生成。但是小分子产物由于其挥发性相对较高,对 SOA 生成的贡献可以忽略不计。以 1-丁烯(1-butene)为例,它的氧化产物主要是丙酸(propionic acid)。在 25 ℃时,丙酸的饱和浓度有几百 ppm①,这样高的饱和浓度使得丙酸主要存在于气相,因此 1-丁烯不会产生 SOA。SOA 前体物的大气化学活性也要较高,只有反应速率大于

---

① ppm,parts per million,10^{-6}量级

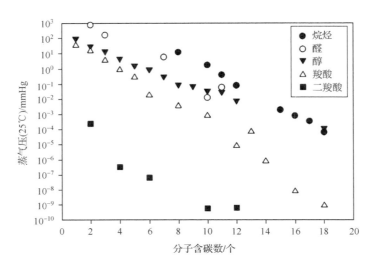

图 1.2　有机组分蒸气压随分子含碳个数和官能团的变化

1 mmHg＝0.133 kPa

大气的稀释速率,氧化产物才能积累。最后,前体物在大气中的含量也要足够高,这样才能保证产物在气相和颗粒相达到足够高的浓度。

　　综上所述,考察大气中 VOCs 的实际情况,一般认为小于 6 个碳的烷烃、烯烃和大部分的低分子量物种都不会产生 SOA。常见的芳香烃 SOA 前体物和生物排放的 SOA 前体物分别见表 1.2 和表 1.3。需要注意的是,虽然异戊二烯(isoprene)只含有 5 个碳原子,但是近些年的烟雾箱实验研究发现它的氧化产物也能产生 SOA[25,26],而且在一些环境气溶胶的监测中也发现这些产物的存在[27-29]。通常,无论在城市还是偏远地区,生物过程排放的碳氢化合物都是 SOA 的重要来源[30,31]。相关的物质包括异戊二烯(isoprene)、单萜烯(monoterpene)和倍半萜烯(sesquiterpene)等。单萜烯是化学组成为 $C_{10}H_{16}$ 的一些物种,包括 α-pinene,β-pinene,Δ^3-carene 和 limonene 等。倍半萜烯是化学组成为 $C_{15}H_{24}$ 的一些物种,包括 camphene 和 caryophllene 等。人为源排放的芳香化合物(如甲苯、二甲苯、三甲苯等)在城市大气环境中是非常重要的 SOA 前体物[10,32-35]。Kourtidis 等[36]估算 50%～70% 的城市有机气溶胶来自芳香类碳氢化合物的氧化。除芳香烃外,其他人为排放的 HC 像含有高碳数的烷烃和烯烃等对城市大气 SOA 的贡献也非常大[37]。

表 1.2　常见的芳香烃 SOA 前体物

物种	分子结构	物种	分子结构
苯	benzene	1-甲基-3-正丙基苯	1-methyl-3-n-propylbenzene
间二甲苯	m-xylene	1,2-二甲基-4-乙苯	1,2-dimethyl-4-ethylbenzene
邻二甲苯	o-xylene	1,4-二甲基-2-乙苯	1,4-dimethyl-2-ethylbenzene
对二甲苯	p-xylene	1,2,4,5-四甲基苯	1,2,4,5-tetramethylbenzene
甲苯	toluene	对二乙苯	p-diethylbenzene
乙苯	ethylbenzene	间乙基甲苯	m-ethyltoluene
1,2,4-三甲苯	1,2,4-trimethylbenzene	邻乙基甲苯	o-ethyltoluene
1,3,5-三甲苯	1,3,5-trimethylbenzene	1,2,3,5-四甲基苯	1,2,3,5-tetramethylbenzene
丙苯	propylbenzene	对乙基甲苯	m-ethyltoluene

表 1.3 常见的由生物排放的 SOA 前体物

类别	分子结构式及英文名称
单萜烯C$_{10}$H$_{16}$ 双环，一个双键	蒈烯(carene)　　　α-蒎烯(α-pinene)　　　β-蒎烯(β-pinene)　　　桧萜(sabinene)
单萜烯C$_{10}$H$_{16}$ 单环，两个双键	柠烯(limonene)　　α-萜品烯(α-terpinene)　　γ-萜品烯(γ-terpinene)　　萜品油烯 (terpinolene)
单萜烯C$_{10}$H$_{16}$ 无环，三个双键	香叶烯(myrcene)　　　　罗勒烯(ocimene)
含氧萜烯 C$_{10}$H$_{18}$O	芳樟醇(linalool)　　　萜品烯-4-醇(terpinene-4-ol)
倍半萜烯 C$_{15}$H$_{24}$	β-石竹烯(β-caryophyllene)　　　α-律草烯(α-humulene)

1.2.2 SOA 的形成过程

SOA 是 VOCs 大气氧化的产物。VOCs 通过各种天然源和人为源排入大气，相关过程包括化石燃料、木材、生物质的燃烧，溶剂的使用，植被、海洋的排放，等等[12]。尽管目前具体的 SOA 生成机理还不十分清楚，但是基本的形成过程可以分为三个步骤[11] 664-66：①前体 VOCs 经气相化学反应生成半挥发性有机物（SVOCs）；②半挥发性有机物在气相和颗粒相之间分配；③颗粒相反应使分配在颗粒相的物种转化为其他化学物种。

1.2.2.1 前体物的氧化

大气中可以氧化 VOCs 的物种主要是 O$_3$、·OH和NO$_3^-$ 等。其中 O$_3$ 是天然大气中正常存在的一种物质，也能通过人为排放和光化学反应得到积累；·OH主要

来自白天 O_3 的光解,是氧化性最强的物种;NO_3^- 在夜间的活性较高。VOCs 对不同氧化物种的反应速率常数范围见表 1.4[32]。可见,饱和的脂肪族化合物(包括烷烃和环烷烃)、含氧的脂肪族化合物(包括醇、酯)活性较低,只能被 ·OH 氧化;含有非苯环碳碳双键的化合物(包括烯烃、萜烯等)有足够的活性可以被 O_3 和 NO_3^- 氧化。

表 1.4　不同 VOCs 前体物与氧化物种的反应速率常数

单位:$cm^3/(molecule \cdot s)$,25 ℃

VOCs 物种	O_3	·OH	NO_3^-	主要去除过程
烷烃、环烷烃	$\leqslant 10^{-23}$	$(0.3\sim8)\times10^{-11}$	$\leqslant 10^{-17}$	·OH
含氧脂肪族物种	$\leqslant 2.2\times10^{-21}$	$(0.2\sim6)\times10^{-11}$	$\leqslant 1.4\times10^{-16}$	·OH
芳香族化合物	$\leqslant 6\times10^{-21}$	$(0.1\sim6)\times10^{-11}$	$\leqslant 10^{-17}$	·OH
烯烃等含非苯环碳碳双键化合物	2×10^{-18} $\sim1.5\times10^{-15}$	$(0.8\sim12)\times10^{-11}$	6×10^{-17} $\sim3\times10^{-11}$	O_3,·OH,NO_3^-

VOCs 被大气中的 O_3,NO_3^- 和 ·OH 氧化后,产生挥发性、半挥发性和不挥发的有机产物,半挥发和不挥发的有机组分随后在气相和颗粒相之间分配形成 SOA[38]。在不同的情况下,挥发性的定义也不同,一种物质可能在不同的定义下有不同的挥发性。比如甲醇,对于水是不挥发的,而对于有机溶剂就是挥发的。半挥发的定义也有很多。Turpin 等[13]认为某物种的饱和蒸气压低于 $0.1\sim30$ Torr① 就可以称为半挥发有机物(SVOCs),也有人认为一种组分 25 ℃时的饱和蒸气压在 $10^{-7}\sim10^{-1}$ Torr 时,就是半挥发性的[39]。

通常,VOCs 氧化后会形成含一个或者多个氧的物种,比如羧酸、二羧酸、醇类、羰基化合物等。增加的官能团使得前体物分子量变大、极性增强,蒸气压下降(如图 1.2)。绝大多数的醛类、醇类、醚类和一元羧酸挥发性很强,无法产生颗粒物,它们通常是中间产物,之后被进一步氧化形成半挥发性的物种[40],分配到颗粒相,形成 SOA。最终的产物往往是高度氧化的[41],一般认为是包含了二羧酸、多羟基化合物和其他多官能团化合物的混合物[42],它们已在烟雾箱实验产生的 SOA[41,43,44] 和环境有机气溶胶[23,45,46] 中得到检测。甲苯[47]85-86、间二甲苯[47]89、1,2,4-三甲苯[47]93、异戊二烯[48]和 α-蒎烯[48]常见的气态氧化产物总结于表 1.5。

---

① 　1 Torr=1 mmHg=0.133 kPa

表 1.5　甲苯、间二甲苯、1,2,4-三甲苯、异戊二烯和 α-蒎烯部分气态氧化产物

VOCs 物种	气相氧化产物
甲苯(toluene)	苯甲醛；邻/间/对甲酚；2-甲基对苯醌；苯甲醇；硝酸苄酯；邻/间/对硝基甲苯；顺丁烯二酸酐；α-当归内酯；4-氧-2-戊烯醛；甲基乙二醛；乙二醛
间二甲苯 (m-xylene)	间甲基苯甲醛；3-甲基硝酸苄酯；间硝基甲苯；2,4-, 2,6-, 2,5-二甲苯酚；3-甲基-5(2H)-呋喃酮；4-氧-2-戊烯醛；甲基乙二醛；乙二醛
1,2,4-三甲苯 (1,2,4-trimethylbenzene)	2,4-, 2,5-, 3,4-二甲基苯甲醛；3-己烯-2,5-二酮；2,4,5-, 2,3,5-, 2,3,6-三甲基苯酚；2-甲基-2-丁烯二醛；3-甲基-3-己烯-2,5-二酮；联乙酰；甲基乙二醛；乙二醛
异戊二烯 (isoprene)	甲醛；乙醛；丙烯醛；丙酮；异丁烯醛；甲基乙烯基酮；甲基乙二醛；乙二醛
α-蒎烯 (α-pinene)	蒎酮醛；降蒎酮醛；蒎酮酸；蒎酸；降蒎酮酸；羟基蒎酮酸；羟基蒎酮醛

1.2.2.2　气相/颗粒相的分配

SVOCs 在气相和颗粒相之间的分配系数定义为[49-51]：

$$K_p = \frac{A_i}{G_i \cdot \text{TSP}} \tag{1-1}$$

其中，K_p(m³/μg)是和温度有关的分配常数；TSP(μg/m³)是总悬浮颗粒物的浓度；A_i(μg/m³)和 G_i(μg/m³)分别是有机组分 i 在颗粒相和气相的浓度。最初，人们用物理吸附机理来解释 SVOCs 在气相和颗粒相之间的分配[52,53]，Pankow[53]推导的 K_p 表达式如下：

$$K_p = \frac{N_s a_{\text{tsp}} T e^{(Q_1 - Q_v)/RT}}{1\,600 p_L^0} \tag{1-2}$$

其中，N_s(个/cm²)是颗粒吸附点的表面浓度；a_{tsp}(m²/g)是颗粒物的特征表面积；T(K)是温度；Q_1(kJ/mol)是颗粒表面的脱附焓；Q_v(kJ/mol)是液态吸附物质的蒸发焓；R 是摩尔气体常数；p_L^0(Torr)是液态吸附物质的蒸气压。

Pandis 等[10]和 Pankow[49,50]认为当颗粒相存在吸收质的时候，SVOCs 的分配也可以通过吸收进行。他们同时认为当有机产物 i 实际的气相分压小于它的饱和蒸气压时，它仍然可以分配在气溶胶表面，其吸收分配系数 $K_{p,i}$ 为[49,50]：

$$K_{p,i} = \frac{760 f_{\text{om}} RT}{\text{MW}_{\text{om}} \zeta_i 10^6 p_{L,i}^0} \tag{1-3}$$

其中，f_{om} 是 TSP 中有机吸收组分的质量分数；MW_{om} 是吸收气溶胶的平均摩尔质量(g/mol)；ζ_i 是物种 i 在有机气溶胶中的活度系数。

类比式(1-1),Odum 等[38]定义了 SVOCs 在气相/有机气溶胶相的分配系数 $K_{om,i}$(m³/μg):

$$K_{om,i} = \frac{A_i}{G_i M_o} = \frac{A_i}{G_i f_{om} TSP} = \frac{K_{p,i}}{f_{om}} = \frac{760RT}{MW_{om} \zeta_i \, 10^6 p_{L,i}^0} \qquad (1-4)$$

其中,M_o(μg/m³)为有机气溶胶质量浓度。从上边各式可以看出,吸收分配系数与温度、蒸气压和吸收气溶胶的组成等因素有关。同时蒸气压和温度还可以通过 Clausius-Clapeyron 方程相关[54]:

$$p_{L,i}^0 = C_i \exp\left(\frac{-H_i}{RT}\right) = C_i \exp\left(\frac{-B_i}{T}\right) \qquad (1-5)$$

其中,C_i(Torr)是产物 i 的指前因子;H_i(kJ/mol)是产物 i 的蒸气焓。吸收气溶胶的组成通过活度系数和平均摩尔质量影响分配系数。活度系数描述了 SVOCs 和吸收气溶胶之间非线性的关系,活度系数大于 1,表示 SVOCs 不容易进入吸收气溶胶,更容易分配在气相。对于不同吸收质/吸收剂的组合来说,活度系数都不相同。比如,烷基苯在辛醇中的活度系数接近 1,而在水中则大于 1000,表明烷基苯容易与辛醇混合[55]。

越来越多的研究结果指出,在大气环境气溶胶中,吸收比吸附重要。Odum 等[38]认为,吸附只在无机颗粒物表面形成单分子有机层前起主要作用,之后吸收就占主导作用了。Liang 等[56]发现 SVOCs 分配到硫酸铵颗粒表面比分配到有机气溶胶表面气溶胶产量低。原因可能是分配到硫酸铵表面主要机理为吸附,而分配到有机气溶胶表面主要机理为吸收。他们同时发现,SVOCs 在城市大气环境气溶胶下的分配类似于在有机气溶胶相的吸收。Goss 等[55]的研究指出,环境大气中测量的 SVOCs 的分配常数是用吸附机理推导得到的分配常数的若干数量级倍。这也进一步说明了在实际的城市大气中,吸收机理比吸附机理更为重要。另一方面,大量的烟雾箱实验同样证实吸收机理可以描述 SOA 的气相/颗粒相分配[35,38,57-59]。比如后文介绍的气溶胶产率就是在吸收分配基础上推导得到的。

1.2.2.3　颗粒相反应

长期以来,人们认为 VOCs 的氧化产物一旦分配到颗粒相形成 SOA 后就不会发生进一步的化学反应。但是最近,有研究人员发现颗粒相的 SOA 组分往往包含具有聚合物结构(二聚、三聚、四聚物等低聚结构)的高分子量物种[33,60-62]。通过质谱分析,有些聚合物的分子量甚至可以达到 1000 以上。以异戊二烯光氧化生成 SOA 为例,异戊二烯与·OH 反应的主要产物为异丁烯醛(methacrolein)和甲基乙烯酮(methyl vinyl ketone)[11] 261-265。由于甲基乙烯酮光氧化并不会生成 SOA[11] 668-670,因此如果 SOA 仅是通过气相/颗粒相分配形成,异戊二烯光氧化的 SOA 成分应该与异丁烯醛光氧化生成 SOA 的成分相同。但是这两个物种光氧化生成 SOA 的质谱图并不相同[11] 668-670：首先，两者产生的 SOA 都包含了大量分子量 300～800 的物种，表明有低聚物生成；其次，异戊二烯生成的 SOA 组分不仅包括了所有异丁烯醛的 SOA 成分，还包含了更多的高分子量物种。这表明分配到颗粒相的异丁烯醛在颗粒相一定经过了进一步的反应，生成了更多的低挥发性产物[63]。因此，SOA 的生成机理必须包括颗粒相反应，相关研究正在不断进行之中[64-67]。

　　低聚作用在人为排放和天然排放 VOCs 生成 SOA 的过程中都有发现，并且在有强酸（如硫酸）存在下更为明显[60,61,68-70]。Jang 等[70] 提出这是由含羰基产物的异相酸催化引起的，如图 1.3 所示，相关的颗粒相反应过程包括水合（hydration）、半缩醛和缩醛的形成（hemiacetal and acetal formation）、聚合（polymerization）和醇醛缩合（aldol condensation）等。

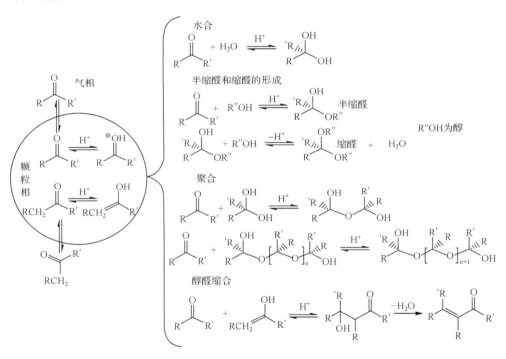

图 1.3　含羰基物种的异相酸催化机理

1.2.3　SOA 生成潜势的表达方法

　　SOA 的生成潜势可以通过一些经验表达式进行量化。常用的两种表达方式分别为气溶胶生成系数（Fractional Aerosol Coefficient, FAC）和气溶胶产率（Aerosol Yield）。

1.2.3.1　气溶胶生成系数

气溶胶生成系数(FAC)定义为前体 VOCs 最终能转化成气溶胶的分数,表达式如下:

$$\text{FAC} = \frac{\text{生成的 SOA 浓度}(\mu g/m^3)}{\text{初始 VOC 浓度}(\mu g/m^3)}$$

$$\text{或 FAC} = \frac{\text{生成的 SOA}(kg/\,\text{天})}{\text{VOC 排放}(kg/\,\text{天})} \tag{1-6}$$

这是一个非常简化的估算 SOA 生成的方法。它把每种 ROG 氧化分配形成 SOA 的复杂化学过程简单地用一个系数表示,把 SOA 的生成和 VOCs 的浓度或者排放联系起来。这样,用前体 VOCs 的浓度或者排放量乘以相应的 FAC 就可以得到生成的 SOA。目前,应用比较多的一套 FAC 值是 Grosjean 等[32,71]提出的,包括 17 种烯烃,超过 40 种的烷烃和环烷烃,20 种芳香烃(详见"第 3 章")。

1.2.3.2　气溶胶产率

气溶胶产率(Y)是目前应用最广的描述 SOA 生成潜势的概念。对于某氧化产物 i,其气溶胶产率 Y_i 定义为:

$$Y_i = \frac{A_i}{\Delta \text{ROG}} \tag{1-7}$$

其中,$\Delta \text{ROG}(\mu g/m^3)$ 表示反应掉的前体 VOCs 量。总 SOA 产率为所有产物气溶胶产率之和,代表了消耗单位有机前体物生成的 SOA 量:

$$Y = \sum_{i=1}^{n} Y_i = \sum_{i=1}^{n} A_i / \Delta \text{ROG} = M_o / \Delta \text{ROG} \tag{1-8}$$

其中,n 是前体 VOCs 生成的 SVOCs 数量。SVOCs 产物 i 的浓度 C_i 和 ΔROG 成正比,比例系数为产物 i 的与质量有关的化学反应计量系数 α_i:

$$\alpha_i \Delta \text{ROG} = C_i \tag{1-9}$$

产物 i 的浓度又是气相和颗粒相浓度之和:

$$C_i = A_i + G_i \tag{1-10}$$

联立式(1-4)和式(1-7)~式(1-10)可以得到:

$$Y = M_o \sum_{i=1}^{n} \frac{\alpha_i K_{\text{om},i}}{1 + K_{\text{om},i} M_o} \tag{1-11}$$

当有机气溶胶的浓度很小,或者产物的挥发度很高的时候,式(1-11)简化为:

$$Y \sim M_o \sum_{i=1}^{n} \alpha_i K_{\text{om},i} \tag{1-12}$$

因此,总 SOA 产率将直接正比于 M_o。当有机气溶胶的浓度很高,或者产物的挥发性很低的时候,式(1-11)简化为:

$$Y \sim \sum_{i=1}^{n} \alpha_i \qquad (1\text{-}13)$$

即总产率与 M_o 无关,只与产物的 α_i 之和有关。

这种通过气相/颗粒相吸收分配机理推导的 SOA 产率概念成功地解释了大量的针对不同 SOA 前体物的烟雾箱实验数据[33-35,38,43,72-78]。通常将实验测得的 SOA 产率和 M_o 利用式(1-11)进行拟合,得到产物的 α_i 和 $K_{om,i}$ 值。SOA 生成机理非常复杂,目前尚无法知道所有 SVOCs 产物的信息。Odum 等[38]发现,如果将产物人为设定为假想的两种(即 $i=2$)已经能较好地反映烟雾箱的产率数据。因此,式(1-11)可以简化为双产物模型:

$$Y = M_o \left(\frac{\alpha_1 K_{om,1}}{1 + K_{om,1} M_o} + \frac{\alpha_2 K_{om,2}}{1 + K_{om,2} M_o} \right) \qquad (1\text{-}14)$$

Takekawa 等[76]进一步将式(1-11)简化为单产物模型($i=1$),并比较了单产物模型和双产物模型对烟雾箱实验数据的拟合效果,他们认为单从数据拟合的角度考虑,单产物模型已经足够反映实验数据。

表 1.6 列出了加州理工大学室外烟雾箱获得的双产物 SOA 产率参数(α_1,α_2,$K_{om,1}$ 和 $K_{om,2}$)[34,35,38,57,59]。从表中可以看出,一些具有相似结构的芳香烃物种有相似的气溶胶产率,Odum 等[38]把它们分为"高产率"和"低产率"芳香烃物种。他们的研究同时发现,汽油挥发分经大气氧化得到的总 SOA 产率近似等于汽油挥发分中各芳香烃前体物 SOA 产率的加和,而脂肪族碳氢化合物物种的贡献可以忽略[34,35]。源于生物的 SOA 前体物普遍都有比较高的 SOA 产率,这使得它们在城市和郊区都是 SOA 的重要源。Pandis 等[10]估算,在洛杉矶盆地发生的烟雾事件中,高达 16% 的 SOA 是源于生物 VOCs 前体物贡献的,表明在城市区域范围内,天然源 VOCs 的贡献和人为源 VOCs 的贡献相比,不能忽略。

表 1.6　加州理工大学室外烟雾箱获得的双产物模型的 SOA 产率参数(30~40 ℃)

VOCs 物种	α_1	$K_{om,1}/(\text{m}^3/\mu g)$	α_2	$K_{om,2}/(\text{m}^3/\mu g)$
芳香烃				
低产率芳香烃 a	0.038	0.042	0.167	0.0014
高产率芳香烃 b	0.071	0.053	0.138	0.0019
间二甲苯	0.030	0.032	0.167	0.0019
甲基丙苯	0.050	0.054	0.136	0.0023
二乙苯	0.083	0.093	0.220	0.0010

续表

VOCs 物种	α_1	$K_{om,1}/(\,m^3/\mu g)$	α_2	$K_{om,2}/(\,m^3/\mu g)$
生物排放碳氢				
Δ^3-蒈烯	0.054	0.043	0.517	0.0042
β-石竹烯	1.000	0.0416	—	—
α-葎草烯	1.000	0.0501	—	—
柠烯	0.239	0.055	0.363	0.0053
芳樟醇	0.073	0.049	0.053	0.0210
罗勒烯	0.045	0.174	0.149	0.0041
α-蒎烯	0.038	0.171	0.326	0.0040
β-蒎烯	0.130	0.044	0.406	0.0049
桧萜	0.067	0.258	0.399	0.0038
α-,γ-萜品烯	0.091	0.081	0.367	0.0046
萜品烯-4-醇	0.049	0.159	0.063	0.0045
萜品油烯	0.046	0.185	0.034	0.0024

a. 包括邻/对二甲苯,三甲苯,二甲基乙苯,四甲基苯

b. 包括甲苯,乙苯,乙基甲苯,丙苯

1.2.3.3　两种表达方式的比较

FAC 和产率两种 SOA 生成潜势的表达方式都将 VOCs 的浓度或排放与 SOA 的生成联系起来。FAC 实际上是把 SOA 的生成看成了一种一次污染物[32,79]的排放,每个 VOCs 物种的浓度或排放乘以相应的 FAC 数值就是"排放"的 SOA。这种方法非常简便,但是不精确,因为 FAC 会随着氧化物的浓度、环境温度、相对湿度、环境气溶胶的吸收特性等情况的改变而改变。气溶胶产率就相对准确一些。首先,通过气相化学模型能够准确地确定反应掉的前体 VOCs 量,之后乘以相应的气溶胶产率(可以反映温度、氧化物种等其他因素)就可以得到 SOA 的生成量。

但通过烟雾箱实验得到的气溶胶产率曲线也有一定的局限性。首先,实验室进行的实验往往只是单一 VOCs 氧化,而实际大气则是各种 VOCs 所组成的复杂混合体系的氧化。多种 VOCs 前体物共同存在时,由于互相竞争氧化剂,反应路径可能与 VOCs 单独存在时不同。但是 Odum 等[34,35]的烟雾箱实验结果显示,对于汽油的挥发成分,气溶胶的总产率等于每种芳香化合物气溶胶产率之和。这个结果也许不能应用于其他 VOCs 混合体系,但是至少表明烟雾箱实验数据在一定范围内是适用的。其次,烟雾箱实验测量的有机气溶胶是该种前体物自己氧化生

成的。但是实际大气中起吸收作用的有机气溶胶来自于不同源的一次和二次气溶胶的复杂混合物。这样气溶胶本身的吸收特性可能有差别。Liang 等[56]比较了这一差别，发现实际大气气溶胶的吸收特性接近于烟雾箱中氧化汽油挥发分形成气溶胶和烟草形成气溶胶的吸收特性。Falconer 等[80]直接测量了气相/颗粒相的分配系数，发现单独 SVOCs 的 K_{om} 在不同城市之间差别不大。但是 Goss 等[55]的研究结果与之相反，甚至在城市同一地点，不同时间的气溶胶吸收特性也不相同，他们认为对于城市气溶胶，没有典型的吸收特性。虽然这方面的研究还存在非常大的不确定性，但是较 FAC 来说，气溶胶产率已经是一个很大的进步。

1.2.4　影响气溶胶产率的因素

　　理论上，凡是能影响 SOA 生成过程的因素都能影响气溶胶产率。在 SOA 前体物气相氧化阶段，温度和光照强度的变化可以改变气相化学反应速率，从而改变 SVOCs 的分布；NO_x 的水平可以改变 VOCs 与 O_3、·OH 和 NO_3^- 的反应比例，从而显著影响前体 VOCs 的反应路径[25,26,81,82]；相对湿度、体系内存在的其他 VOCs 也可以影响 SVOCs 产物的分布。在气相/颗粒相分配阶段，气相/颗粒相分配会受温度（低温有利于向颗粒物分配）、其他有机物的存在（一般来说，高浓度的有机气溶胶有利于溶解更多半挥发性有机物种）和相对湿度（相对湿度增加导致气溶胶水含量的增加，并导致可溶于水的有机组分的增加）的影响。在颗粒相反应阶段，颗粒相的吸收特性、酸度等都将改变气溶胶相物种的分布。

1.2.4.1　温度

　　由式(1-3)～式(1-5)可以看出，不但气相/颗粒相分配系数和温度直接相关，而且温度也能通过影响蒸气压间接影响分配系数。另一方面，温度又会影响所有化学反应的反应速率常数。因此温度是 SOA 生成中非常重要的一个参数。随着温度的增加，VOCs 前体物的氧化变得更加快速，但是分配系数却随之减小。这是因为所有的气相/颗粒相转化都与 SVOCs 的饱和蒸气压负相关。饱和蒸气压随着温度的增加呈现指数增加的趋势，这意味着低温将促进气相到颗粒相的转化。分配系数随着温度的降低已经通过烟雾箱实验得到验证[83]。因此，可能存在一个 SOA 生成的合适温度，在这个温度下，VOCs 的氧化能够快速完成，并且也有利于气相到颗粒相的分配。Strader 等[77]的研究指出，这个温度在 15～20 ℃。如图 1.4 所示，随着温度的升高，氧化产物总浓度增加，而氧化产物在颗粒相中的质量分数逐渐下降，SOA 浓度在 17 ℃ 的时候最大。大量的实验室研究和外场测量同样证实了温度对分配系数和 SOA 组分有影响[76,79,83,84]。例如，Takekawa 等[76]运用烟雾箱实验研究了温度对 SOA 生成的影响，结果表明温度每升高 20 ℃，SOA 产率降低一半。Jang 等[85]发现气溶胶的组成随着温度的变化而变化。

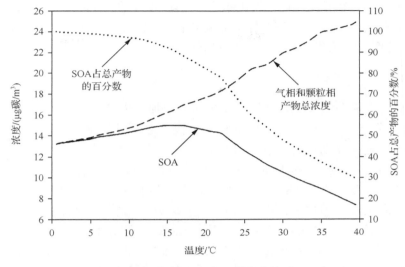

图 1.4　SOA 的生成和温度的关系

1.2.4.2　湿度

一些实验研究和理论研究[74,75,86-88]讨论了湿度对 SOA 分配的影响。他们发现,水的存在可以增加吸收气溶胶的总质量,从而提高了 SOA 的产率。相对湿度还可以对气相/颗粒相的吸收吸附性质产生影响。对于吸附来说,由于相对湿度的存在,水分子会和有机气体分子竞争颗粒物表面的吸附点,从而降低 SVOCs 的吸附。对于吸收,相对湿度的改变可以促进或者阻碍某种 SVOCs 在颗粒相的分配。这是因为大多数的环境气溶胶包括吸湿的物质,并且在较高的相对湿度情况下可以形成液滴,而 SVOCs 在干燥的有机气溶胶和水中的活度系数差别非常大[55]。比如,在高相对湿度的条件下,对于成为液滴的气溶胶来说,非极性的或者不溶的 SVOCs 物种很可能主要存在于气相,反而极性的和酸性的物种可能主要存在于颗粒相。目前这方面的实验研究还比较少。另一方面,相对湿度还可能改变 VOCs 气相氧化路径,比如 Tobias 等[88]发现在不同的相对湿度下,O_3 分解 1-十四烯 (1-tetradecene)形成的 SOA 组成也不同。

1.2.4.3　碳氢和 NO_x 比

HC 和 NO_x 比可以通过改变 VOCs 与 O_3、·OH 和 NO_3^- 的反应比例,从而影响 VOCs 的反应路径、影响气溶胶产率。目前绝大多数研究都表明高 HC/NO_x 可以增加 SOA 产率。Song 等[89]利用烟雾箱测量了不同间二甲苯/NO_x 条件下的 SOA 产率,发现 HC/NO_x 大于 8 的产率数据点明显高于 HC/NO_x 小于 5.5 的产率数据点;Kroll 等[25,26]在异戊二烯光氧化体系中发现 SOA 的产率随着 NO$_x$ 浓度的增加而降低;Johnson 等[90]利用箱式模型模拟了不同 NO$_x$ 水平下甲苯光氧化生成 SOA 的过程,发现 NO$_x$ 浓度越高,SOA 产率越低。

1.2.4.4　丙烯的添加

早期的烟雾箱实验通常都会在反应体系中加入丙烯[34,35,38,74-76,78],目的是生成·OH,引发光化学反应,使反应进行得更快。之所以使用丙烯,是因为它的主要氧化产物是挥发度很高的甲醛和乙醛,不会分配到颗粒相形成 SOA[91]。但是丙烯的添加可能导致前体 VOCs 氧化路径的改变,从而影响 SOA 产率。目前,丙烯的添加究竟会对 SOA 产率产生什么影响尚有争议。例如 Takekawa 等[76]认为丙烯氧化产生的过氧自由基将竞争前体 VOCs 与 NO 的反应,从而减少前体 VOCs 的消耗,增加 SOA 产率。但是 Song 等[92]最近报道在间二甲苯光氧化实验中,有丙烯存在下 SOA 的产率较没有丙烯的情况低 15% 以上,他们认为丙烯的存在不但不会增加·OH 的生成,反而会降低·OH 的浓度,从而导致 SOA 产率降低。

1.2.4.5　气溶胶种子的添加

在无初始气溶胶种子的情况下,通过均相成核生成 SOA 的粒数浓度瞬间可能达到 $10^5 \sim 10^7$ 个/cm^3[93],剧烈的凝并给颗粒物的校正带来很大的误差(见"4.3.3　颗粒物沉积的表征")。为了抑制整个反应过程中颗粒物的粒数浓度,促进初始凝结,很多烟雾箱实验都在反应开始前添加 10^4 个/cm^3 以下的无机气溶胶种子(如硫酸铵等),从而将 SOA 的生成从均相过程变为异相过程[35,38,74-76,91]。这就带来一个问题,添加的初始无机颗粒对大气化学反应过程及 SOA 的生成是否有影响。Cocker 等[74,75]在 α-蒎烯臭氧氧化和芳香烃光氧化实验系统中研究了颗粒相水对 SOA 生成时气相/颗粒相分配的影响。他们发现,测得的 SOA 产率不会因体系内存在干燥无机种子气溶胶而受到影响,即使在较高的 RH 条件下(<65%),即干燥的无机气溶胶种子只是简单地为气相/颗粒相转化过程提供一个惰性表面[74,75]。他们也同时发现,在芳香烃光氧化体系中,液态的无机种子气溶胶对 SOA 的生成也没有明显的影响[75,86],却在 α-蒎烯臭氧氧化体系中降低了 SOA 的产率[74]。但是,Kroll 等[94]在研究甲苯和间二甲苯光氧化生成 SOA 的过程中发现,干燥的硫酸铵种子气溶胶可以增加 SOA 的生成,他们认为对硫酸铵气溶胶来说,可能存在不可逆的颗粒相异相反应,促进了半挥发性有机物在颗粒相的分配。近些年来,异相酸催化对 SOA 生成的影响是一个研究热点[69,70,78,95-98],大量的实验室研究发现在酸性环境下(如硫酸铵和硫酸的混合液态气溶胶),SOA 的产率明显高于非酸环境。Jang 等[78]在研究有机组分的蒸气压和活度系数对气相/

颗粒相分配影响的时候,发现理论推导和实验测得的羰基产物的蒸气压和气相/颗粒相分配系数差别很大,有的羰基产物甚至相差两千多倍。在此基础上,他们认为含多功能团的羰基产物在颗粒相可以被酸性粒子催化发生反应,形成分子量很高、挥发度很低的低聚物[60,61,68,99,100],从而增加 SOA 的生成。

然而,上述绝大多数烟雾箱实验都是在无机颗粒物浓度相对较低的情况下进行的。这些实验的初始颗粒物粒数浓度(N)一般在 1 000~20 000 个/cm³,平均粒径(d_{mean})大约 50~100 nm[38,74-76,91]。假设颗粒物粒径分布符合对数正态分布,则个数中位直径(Count Median Diameter,CMD)、表面积浓度(S)、体积浓度(V)分别为[101]:

$$CMD = d_{mean}/\exp(0.5 \ln^2 \sigma_g) \tag{1-15}$$
$$S = N \cdot \pi \cdot CMD^2 \cdot \exp(2 \ln^2 \sigma_g) \tag{1-16}$$
$$V = N \cdot \pi \cdot CMD^3 \cdot \exp(4.5 \ln^2 \sigma_g)/6 \tag{1-17}$$

取几何标准偏差 $\sigma_g = 1.6$,则之前这些研究初始添加的颗粒物的体积浓度和表面积浓度不会超过 20 μm³/cm³ 和 8 cm²/m³。但是,在一些发展中国家的城市环境大气中往往存在浓度很高的细颗粒物。以北京市为例,PM$_{2.5}$ 的年均浓度常年维持在 80 μg/m³ 左右,在一些极端条件下更高,其中无机离子组分(主要是 SO$_4^{2-}$,NO$_3^-$ 和 NH$_4^+$)大约占 1/3[102,103]。如此高浓度的无机粒子对 SOA 的生成是否有影响、有怎样的影响,国内外尚无报道,这也是本研究重点关注的问题之一。

1.3 我国颗粒物及二次有机气溶胶污染情况

随着国民经济的高速发展和能源、工业、交通等活动的日益频繁,我国的大气污染类型逐渐由单一的煤烟型污染向以城市群为中心的区域复合型污染转变(如京津唐、长三角、珠三角等地区)[104]。复合型污染包含多重含义,可以指煤烟型污染与光化学污染的复合,也可以指大气中均相反应和多相反应的耦合,还可以指局地污染与区域污染的相互影响。复合型污染的最终结果是二次污染物(臭氧、二次颗粒物等),尤其是细颗粒大量增加、大气氧化性增强。颗粒物是复合型污染中最具有综合信息的污染物,它可以来自生产和生活等过程的一次排放,还可以通过大气化学反应生成。与其他国家相比,我国城市颗粒物(尤其是细颗粒)污染形势十分严峻。如图 1.5 所示,虽然经过了多年的大气污染控制,全国 113 个环保重点城市空气质量达到国家二级标准的比例持续上升,劣三级城市比例明显减少,但仍有少数环保重点城市空气质量不达标,其中绝大多数不达标城市的首要污染物为可吸入颗粒物 PM$_{10}$[105]。图 1.6 显示了 2012 年全国 120 个城市各首要污染物及空气质量为优(一级天)的天数比例,可见 PM$_{10}$ 几乎是所有城市的首要污染物[106]。另一方面,我国城市大气细颗粒物 PM$_{2.5}$ 中有机气溶胶的含量很高,大概占到

PM$_{2.5}$质量浓度的 30%，呈现出有机颗粒物污染严重的特征[102]。这些都表明对颗粒物污染的控制，尤其是对有机气溶胶污染的控制，将是我国绝大多数城市目前和未来一段时期内大气污染控制的重点和难点。

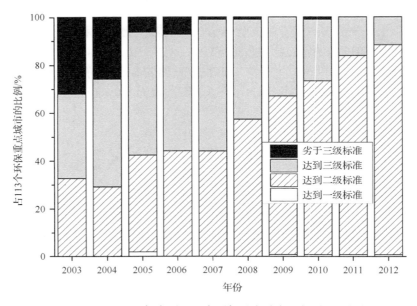

图 1.5　2003～2012 年全国 113 个环保重点城市空气质量达标情况

　　北京是我国的政治和文化中心，社会发展状况高于全国平均水平。随着奥运会的成功举办，北京已成为世界上发展最快的大都市之一。但是，同时北京也是世界上空气污染严重的特大型城市之一。如图 1.7 所示，Zhang 等[107]比较了北半球 30 个城市和地区用气溶胶质谱（Aerosol Mass Spectrometer, AMS）测得的 PM$_1$（空气动力学直径小于 1 μm 的颗粒）数据，北京的 PM$_1$浓度（71 μg/m^3）远高于其他城市和地区。为遏制空气污染加重的趋势，北京市自 1998 年底开始分阶段实施控制大气污染的措施，这些措施的实施在很大程度上改善了北京市的空气质量（图 1.8），空气质量二级和好于二级的天数比例逐年增加，到 2011 年已达 78%。但是，北京市的颗粒物污染情况并没有得到显著改善，已经成为北京市控制大气污染的关键和难点：PM$_{10}$年均浓度多年高于国家二级标准（GB 3095—1996），PM$_{10}$为首要污染物的比例接近 100%。2013 年起，北京市开始执行新的环境空气质量标准（GB 3095—2012），PM$_{10}$的年均浓度限值由 100 μg/m^{3}收严至 70 μg/m^3，并增加了细颗粒物 PM$_{2.5}$的浓度限值，这将对北京颗粒物污染治理提出新的挑战。颗粒物源解析研究表明，北京市大气细颗粒物中含有高浓度、组分复杂的无机物和有机

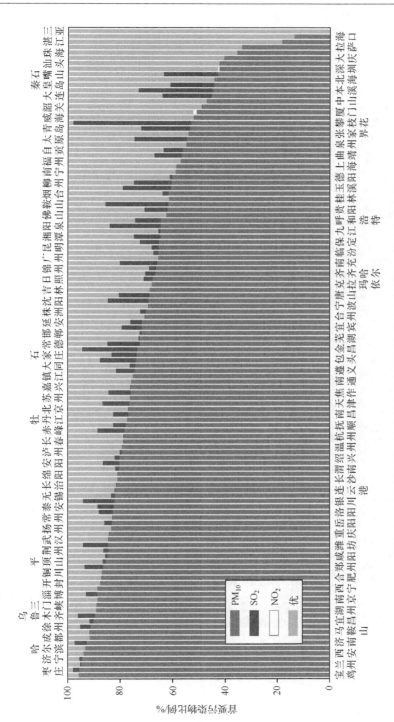

图 1.6　2012 年全国 120 个城市各首要污染物及空气质量为优的天数比例

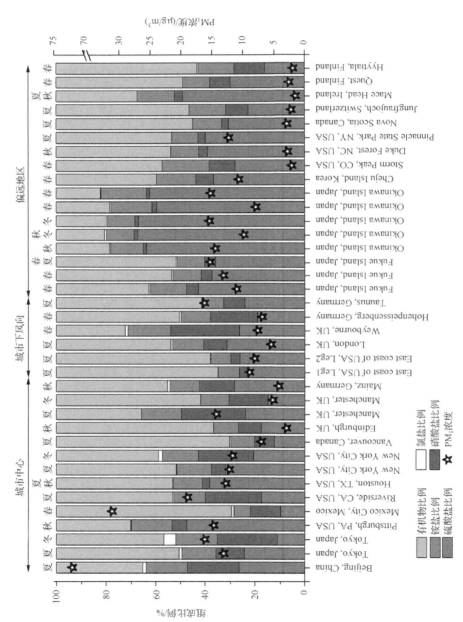

图 1.7　北半球一些城市中心(城市下风向 160 km 以内)和偏远地区(城市下风向 160 km 以外)PM₁的平均质量浓度及化学组成

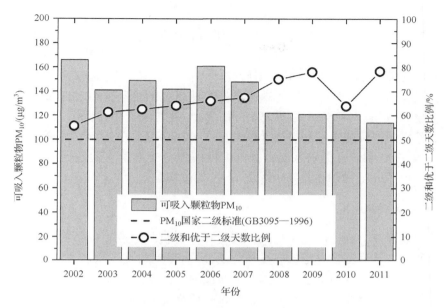

图 1.8 2002~2011 年北京市可吸入颗粒物（PM$_{10}$）污染情况

物。杨复沫等[108]对北京市清华园和车公庄两个采样点 PM$_{2.5}$样品的分析发现,硫酸盐（SO$_4^{2-}$）、硝酸盐（NO$_3^-$）和铵盐（NH$_4^+$）的浓度之和平均超过 30 μg/m^3;元素碳虽然占 PM$_{2.5}$的比例较低（～7%）,但是绝对值也是欧美等发达国家大型城市的 2～3 倍;有机物是 PM$_{2.5}$中含量最高的组分,其含量达到 30%,浓度是洛杉矶市中心测量值的 3.7 倍。这与 Zhang 等[107]的发现基本一致,即在 PM$_1$ 中,北京市的有机物含量是其他城市的 4～5 倍以上（图 1.7）,表明北京大气中有机细颗粒物的污染非常严重。而在有机组分中,通过大气化学反应生成的 SOA 含量又占有很大的比例。段凤魁[109]等对北京市含碳气溶胶的长期研究认为,不论是城区还是郊区,采暖期还是非采暖期,北京市大气中都存在高浓度的 SOA,分别占 PM$_{2.5}$和 PM$_{10}$中 OA 总量的 45% 和 53%,密云采样点更高达 70%。

目前,我国针对细颗粒物中 SOA 的研究甚少,研究工具、研究方法等也尚未形成系统。而作为我国城市大气细颗粒物最重要的组成部分之一,SOA 污染的控制对细颗粒物的控制至关重要。在这样的背景下,研究 SOA 的大气污染特征,考察无机颗粒对 SOA 生成的影响,了解 SOA 的生成机理,认识 SOA 与无机颗粒之间的相互作用具有十分重要的意义。同时,研究结果对我国空气质量模型的修正和相关政策的制定也能起到一定的积极作用。

1.4　SOA 的研究方法

SOA 的研究方法包括外场观测研究[110-112]、实验室(烟雾箱)模拟研究[33,59,91]和模型模拟研究[113,114]等。外场观测是指在所研究的地区通过实地布点、采样或直接测量的办法取得 SOA 数据,是了解 SOA 时空分布和变化规律最直接的手段。实验室模拟研究通常利用烟雾箱进行,主要研究 SOA 的形成机理、影响因素以及为 SOA 模型研究提供基础数据。模型模拟主要基于实验室研究结果,利用计算机模拟 VOCs 物种在大气中形成 SOA 的过程。

1.4.1　外场观测研究

目前还没有一种方法能完全区分大气环境有机气溶胶中的一次和二次组分。通常的研究方法都基于一定的假设和经验公式,得到的是一次和二次有机气溶胶的相对贡献大小。虽然这些估算方法是间接的,但是仍然可以从中得到一些 SOA 的重要信息。例如利用长期环境监测的有机碳(Organic Carbon,OC)、元素碳(Element Carbon,EC)数据可以对 SOA 的含量进行估算[22]。一般认为,大气中的 EC 主要来自燃烧源的一次排放,在大气中是化学惰性的,可以作为一次排放源的示踪剂;而 OC 既可以来自一次排放,又可以来自 SOA 的形成。排放源排放的一次 OC 和 EC 一般有相对固定的特征比值,因此大气中的二次有机碳(Secondary Organic Carbon,SOC)可以通过下式进行计算:

$$OC_{sec} = OC_{tot} - OC_{pri} \tag{1-18}$$

$$OC_{pri} = EC \times (OC/EC)_{pri} \tag{1-19}$$

其中,OC_{sec} 是 SOC,OC_{pri} 是一次有机碳(Primary Organic Carbon,POC),OC_{tot} 是测量得到的总有机碳,$(OC/EC)_{pri}$ 是一次排放源的特征 OC/EC。这种方法最大的优点在于计算简单、直接,但是不同排放源的 OC/EC 差别很大,受各种参数制约,甚至可能随气象条件、季节而变化,并不容易获取。通常 $(OC/EC)_{pri}$ 可以用无太阳辐射、O_3 浓度较低、非稳定气象条件下 OC/EC 的测定值近似替代。例如,Turpin 等[22]的研究认为南加州地区 $(OC/EC)_{pri}$ 值在 1.7~2.9 之间。

Castro 等[8]在这种方法的基础上进一步提出了 OC/EC 最小比值法。他们认为具有最低 OC/EC 的气溶胶样品中,SOA 的含量应当很低,可以近似代替 $(OC/EC)_{pri}$,则 OC_{sec} 可以用下式估算:

$$OC_{sec} = OC_{tot} - EC \times (OC/EC)_{min} \tag{1-20}$$

式(1-20)成立的条件包括[8]:具有最小 OC/EC 的气溶胶样品中,SOA 可以忽略;SVOCs 的贡献小于非挥发性有机物(Non-Volatile Organic Compounds,NVOCs)的贡献;碳质组分一次排放源的贡献以及各污染物的分担率不随时间和空间变化;

非燃烧源对碳质组分的贡献可以忽略。利用这种方法，清华大学段凤魁[109]等估算得到北京市 SOC 分别占 $PM_{2.5}$ 和 PM_{10} 中 OC 总量的 45% 和 53%，密云背景点更高达 70%。

1.4.2　实验室(烟雾箱)模拟研究

大气化学反应是在十分复杂的体系里发生的。烟雾箱可以将大气化学反应和大气环境中的其他可变因素(诸如气象条件、污染物的连续排放等)分离开来，是实验室研究气相大气化学和气溶胶大气化学最重要的工具。利用烟雾箱研究 SOA 的生成开始于 20 世纪 60 年代[32]，烟雾箱反应器一般是 Teflon、石英、玻璃、铝、不锈钢等材质(Teflon 最多)，体积从几十升到几百立方米不等。通常，对于研究大气化学反应的烟雾箱来说，反应器的体积越大越好。体积越大的烟雾箱，它的表面积和体积之比越小，可以有效地降低气态物质和颗粒物在反应器壁上的沉积。烟雾箱分室内和室外两种，室外烟雾箱的优点是可以直接利用阳光作为光源，缺点是实验条件(如温度、光强、云量等)无法准确控制，实验重复性无法保证；室内烟雾箱可以克服室外烟雾箱的缺点，但只能以紫外灯或者氙灯作为光源，其引发的光化学反应可能与真实大气并不相同。

烟雾箱中的 SOA 生成实验主要有两种：一种是光氧化实验，即反应由紫外光的照射引发；另一种是臭氧氧化实验，即在无光的情况下，利用注入臭氧引发。对于光氧化实验，烟雾箱中初始注入清洁空气、NO_x 和前体 VOCs 等。紫外光照射后，光化学反应过程产生的 O_3、·OH 和 NO_3^- 等氧化物种将 VOCs 氧化形成 SOA。臭氧氧化实验的 VOCs 物种主要是含非苯环的碳碳双键烯烃或者生物排放的 VOCs 等。在这些 VOCs 的臭氧氧化体系中，臭氧分子首先加成到碳碳双键上形成初级臭氧化物，随后通过分解、异构、稳定化等后续过程生成 SOA。许多烟雾箱实验在实验初始还要添加一些附加组分，例如，为 VOCs 浓度校正而加入惰性示踪气体，为抑制均相成核而加入种子气溶胶，为加快反应进行而加入丙烯等。

烟雾箱得到的气溶胶产率数据和真实大气值之间可能存在一定的差异。首先，烟雾箱实验中的温度通常高于环境温度，这改变了化学反应速率和产物的气相/颗粒相分配系数。其次，通常烟雾箱实验前体 VOCs 的浓度和氧化剂的浓度都比实际大气高很多[32]。过高的初始反应物浓度将怎样改变反应路径和气溶胶产率目前尚不十分清楚。对芳香烃前体物来说，Forstner 等[43]认为即使实验初始浓度高于实际大气一个数量级，其·OH 化学也将基本保持不变。但是·OH 和芳香烃的加成反应可能会由于 NO_x 浓度高而变得比环境大气中更为重要。Kleindienst 等[91]发现，当实验中甲苯的浓度接近环境大气浓度时，其 SOA 产率比 Odum 等[34]的结果低，过高的 NO_x 浓度可能是导致这个结果的原因。第三，烟雾箱中气溶胶的吸收分配特性和环境大气不同。在烟雾箱实验中产生的气溶胶通常是由单一 VOC 在人工可控环境中产生的,而真实大气中的气溶胶是各种前体物氧化形成的非常复杂的混合物,因此烟雾箱得到的气相/颗粒相分配系数可能偏离真实大气值。以上所有这些因素都可能对气溶胶产率造成影响。但是由于对氧化路径和反应产物的了解不够充分,目前应用于空气质量模型中的气溶胶产率数值还只能是烟雾箱实验获得的数据,这些都有待于 SOA 生成反应动力学和热力学的进一步完善。

1.4.3　模型模拟研究

　　SOA 的模型研究通常是在气相大气化学机理的基础上,对生成的 SVOCs 增加气相/颗粒相分配模块,然后纳入空气质量模型中,用于局地、区域或更大尺度空气质量的模拟。将 SOA 的生成纳入空气质量模型是一个非常大的挑战。大气中有成百上千种不同的 SOA 前体物,每种前体物又可以产生几十到几百种气溶胶产物。想在空气质量模型中包括所有的物种几乎是不可能的,因此需要对物种进行适当的分类简化,并保持这个体系的性质仍能近似代表实际大气的混合体系[115,116]。

　　气相大气化学机理分为全面机理和集总机理两种。用于 SOA 箱式模型较为常见的为近全面化学机理(Master Chemical Mechanism,MCM)。全面机理在模拟中将受计算速度和其他条件的限制,一般很难应用于大尺度的空气质量模拟模型(Air Quality Simulation Model,AQSM)中。目前,应用于 AQSM 的气相大气化学机理均为集总机理。在集总机理中,无机反应整体保留,而有机反应则要通过一些集总方法进行简化。根据物种的化学性质归类(如烷烃、烯烃、芳香烃、醛类等),以一种假想的物种来代表一个分类的集总方法称为集总分子法,常用的机理包括 RADM2(Regional Acid Deposition Model)机理[117],SAPRC 机理(Statewide Air Pollution Research Center Mechanism)[118] 和 CACM 机理(Caltech Atmospheric Chemistry Mechanism)[119] 等。根据物种包含的官能团(如碳碳单键、碳碳双键、苯环等)将物种拆分并归类,以官能团的组合来代表物种的集总方法称为集总结构法,常用的机理为 CB-Ⅳ 机理(Carbon Bond Ⅳ Mechanism)[120]。这几种机理的比较见表 1.7。

表 1.7　几种模拟 SOA 生成的大气化学机理比较

气相机理	CB-Ⅳ	RADM2	SAPRC99	CACM	MCM
气相机理类型	集总结构	集总分子	集总分子	集总分子	近全面
物种数	33	63	72	191	>2000
反应数	81	156	198	361	>15000
气相/颗粒相分配		Odum 双产物模型			Pankow 吸收模型
应用的 AQSM		Model-3/CMAQ-MADRID			无

气相反应产物的气相/颗粒相分配通常有两种处理方法：一种是直接利用烟雾箱实验量化的 Odum 双产物模型，在气相机理中添加假想的 SVOCs 产物，利用式(1-8)和式(1-14)对 SOA 的生成进行模拟。这种方法一般用于集总化程度较高的气相大气化学机理，如 CB-Ⅳ、RADM2 和 SAPRC99 等。由于烟雾箱的实验条件和真实大气还是存在相当大的差异，这种方法仍存在较大的不确定性。另一种模拟 SOA 生成的方法是用集总化程度较低或全面的大气化学机理（如 CACM 和 MCM）模拟尽可能多的 SVOCs，利用 Pankow 吸收模型计算每种 SVOCs 分配在颗粒相的量，从而模拟整体 SOA 的生成[121,122]。计算过程中，各 SVOCs 的 α_i 值由实验确定，$p_{L,i}^0$ 和 ζ_i 通过 UNIFAC 法（Universal Functional Group Activity Coefficients）进行估算。如果对前体 VOCs 的氧化路径、氧化产物有较为准确的认识，这种方法将比第一种方法更合理、可靠。但是正是因为 SOA 的生成机理极为复杂，对反应路径和氧化产物的了解还十分有限，这种模拟方法也存在一定的局限性。目前在诸如 Model-3/CMAQ-MADRID 这样的空气质量模型中，上述两种对 SOA 的处理方法都有应用。

1.5　本书的研究目的、意义和内容

目前，我国城市大气污染呈现区域复合型污染的特点，其突出表现就是细颗粒物污染严重。我国城市细颗粒物中的无机和有机组分浓度都远远高于国外同等规模城市。从实验室研究角度看，国内外相关的烟雾箱实验研究多是在无颗粒或者无机颗粒物浓度很低的情况下（$<20~\mu m^3/cm^3$）进行的，高浓度的无机粒子对 SOA 的生成是否有影响，有怎样的影响国内外尚无报道。在这样的背景下，运用外场观测和实验室模拟等手段研究 SOA 的时空分布和变化规律，了解 SOA 的生成机理，认识 SOA 与无机颗粒之间的相互耦合作用具有十分重要的意义。同时，研究结果为我国空气质量模型的修正和大气颗粒物控制政策的制定也能提供一定的科学依据。

大气化学反应模块是各种尺度空气质量模型最重要的组成部分之一。目前气相大气化学反应机理发展较为成熟（如 CBM-Ⅳ，SAPRC99，RACM，RADM 等），已成功地应用于多种区域空气质量模型中。但对于异相的大气化学反应机理，尤其是 SOA 生成机理目前研究还不充分，空气质量模型中使用的 SOA 生成模块还相当不完善。近些年来，我国逐渐开展了空气质量模型模拟研究，为大气污染控制政策的制定提供了大量的科学依据。例如清华大学环境科学与工程系采用 Model-3/CMAQ 空气质量模型对北京市奥运期间空气质量保障方案的环境效果做了评价，预测了空气质量的改善程度，为奥运期间的空气质量控制提供了大量的科学建议。但是由于缺乏必要的实验支持，大气化学反应模块中绝大多数参数使

用的都是模型默认值，并没有做太多的处理。北京市的大气污染情况和大气化学活性与国外其他城市明显不同，呈复合污染态势，突出特点就是颗粒物、臭氧浓度高。在这种情况下，模型中的参数不一定适合北京市的实际情况。因此，尝试将实验室研究获得的一些结果引入空气质量模型的大气化学反应模块，并对模拟结果进行评价也非常有意义。

本书在文献调研的基础上（第 1 章），以烟雾箱实验室研究为主（第 4～11 章），结合外场观测（第 2 章、第 3 章）、箱式模型模拟（第 12 章）、空气质量模型模拟（第 13 章）等方法对二次有机气溶胶的污染特征、形成机制、影响因素等进行了研究，主要内容包括：

（1）以外场观测的颗粒物和 VOCs 等数据为基础，运用 OC/EC 最小比值法、气溶胶生成系数法等方法研究了北京市 SOA 的大气污染特征，并指认对 SOA 生成贡献率较大的 VOCs 物种，从而为烟雾箱实验 VOCs 物种的选取提供依据（第 2 章、第 3 章）。

（2）详细描述了清华大学室内烟雾箱实验系统的构建和表征（第 4 章）。利用烟雾箱实验系统研究了各主要前体物的 SOA 生成潜势（第 5 章），并对无机颗粒和 SOA 的相互影响（第 6～10 章）以及 SOA 的吸湿特性（第 11 章）进行了研究。

（3）构建了甲苯光氧化生成 SOA 的箱式模型，分别在箱式模型和大尺度的空气质量模型中引入上述烟雾箱实验的量化结果，并对模拟结果进行了评价（第 12 章、第 13 章）。

第 2 章　大气 SOA 污染特征研究：
Ⅰ. OC/EC 最小比值法

通过对所研究地区布点、采样、测量从而直接获取 SOA 数据，是了解 SOA 时空分布和变化规律最直接的手段。本章基于对北京市清华、昌平、密云 3 个观测点气溶胶及其碳质组分的长期连续观测数据，利用有机碳（Organic Carbon，OC）、元素碳（Element Carbon，EC）最小比值法，估算了北京市二次有机碳（Secondary Organic Carbon，SOC）在颗粒物中的比例。

2.1　样品的采集与测定

2.1.1　采样点的设置

研究在北京海淀区清华园、昌平郊区和密云水库附近各设一个采样点进行 $PM_{2.5}$ 采样，分别代表北京城区、郊区和背景点，如图 2.1 所示。清华园采样点位于北四环以外的清华大学校园内，邻近交通繁忙的清华大学西门路口（即中关村北大街与清华西路之间的丁字路口），处于城郊结合部。早期的大气研究中所指的城区一般仅包括三环以内的区域，四环以外包括清华大学在内的区域往往被视为郊区采样点。但随着北京经济的迅速发展以及城市化进程的加快，尤其是在承办 2008 年奥运会的背景下，城区、郊区的格局正在逐步发生变化。近几年随着城市北扩工程加大实施力度，清华园地区受交通污染的影响也日渐突出。五环路是奥运基础设施之一，自 2001 年 9 月第一期工程竣工并投入使用，至 2003 年 10 月全线建成通车，在改善北京城市交通环境、促进沿线经济发展的同时，也意味着城区范围的进一步扩展。人类活动的增加势必导致各种污染物排放的增加。上述变化使得清华大学及其附近区域呈现以下特点：一是随着机动车保有量的增加和附近交通干道的修建，交通排放污染物的量也相应升高；二是冬季供暖仍以燃煤为主，并且附近民用燃煤炉也仍然是烹调和取暖的重要方式之一，因而燃煤排放在短期内仍将处于污染源的主导位置。初期的研究发现，清华园采样点 $PM_{2.5}$ 的质量浓度及其化学组分质量浓度与车公庄交通监测点相应浓度处于同一污染水平[102]。根据北京大气污染控制对策研究课题的研究结果，与清华园邻近的北京大学校园 $PM_{2.5}$ 中来自于机动车与交通排放的贡献比市区的南池子采样点还要高。另一方面，北京市自 1998 年底采取了一系列控制大气污染的紧急措施，包括控制燃煤污染排放、控制机动车污染以及控制道路扬尘和建筑扬尘,等等。在上述背景下,本研究在清华园设置了 $PM_{2.5}$ 采样点,以连续观测颗粒物浓度水平变化尤其是含碳气溶胶污染特征。昌平采样点位于北京市郊昌平区清华大学核能与新能源技术研究院院内,距城区约 50 km;背景点位于密云水库附近,距北京城区约 100 km。这两个采样点附近都没有大的人为污染源。

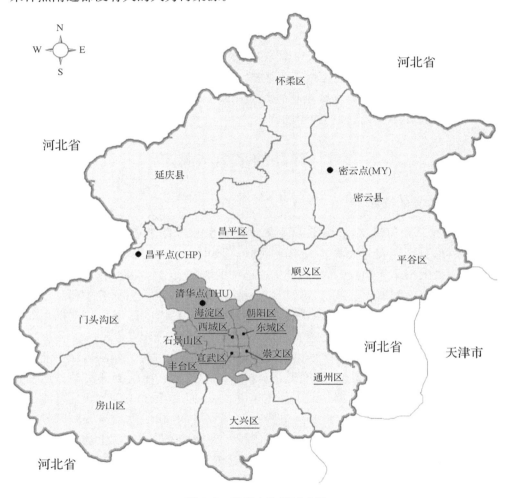

图 2.1　采样点位置示意图

2.1.2　采样系统

　　研究采用美国气溶胶动力学公司(Aerosol Dynamics Inc.,Berkeley,CA)生产的三通道小流量采样器(Low Flow-rate Sampler,LFS,采样流量 0.4 L/min)对环

境大气细颗粒物 $PM_{2.5}$ 进行长期连续观测。三个观测点采样期间有所不同：清华观测点时间为 2001 年 9 月至 2004 年 10 月，昌平郊区和密云背景点采样时间为 2003 年 6 月至 2004 年 10 月。其中昌平观测点仅在非寒、暑假期间进行采样。每个样品采集周期均为一周，累计采样流量约为 4 m^3。该 LFS 采样器由三个平行采样通道构成：溶蚀器（Denuder）＋Teflon 膜＋Nylon 膜采样头所采集的样品用以分析 $PM_{2.5}$ 中水溶性离子物种，如 SO_4^{2-}、NO_3^-、Cl^-、NH_4^+、Na^+、K^+、Ca^{2+} 等；Teflon 膜单膜采样头用于分析 $PM_{2.5}$ 的质量浓度和无机多元素；石英滤膜采样头所采集的样品用于分析 $PM_{2.5}$ 中碳质组分 OC、EC。He 等[102]详细介绍了该仪器的结构组成及功能。应用北京地质仪器厂生产的中流量 $PM_{2.5}$ 单通道采样器进行 $PM_{2.5}$ 短期监测。该仪器切割头是按照惯性碰撞原理设计的，切割粒径为（2.5±0.2）μm，颗粒物采集误差≤±5%。采样时段为 2003 年 9 月至 2004 年 7 月，每月采集至少 4 个气溶胶样品，每个样品采集 24～48 h，采样流量为 77.56 L/min。余学春等[123]详细论述了中流量采样器的有关原理、与小流量采样器的采样结果比对以及采样过程的质量控制与保证。小流量、中流量 $PM_{2.5}$ 采样器均放置在距地面约3～4 m 高的平台上，气流入口距地面约 4.5～5.5 m。用于进行碳质组分分析的样品所用滤膜均为石英纤维滤膜（♯2500QAT-UP），直径分别为 47 mm 和 90 mm。使用前于 500 ℃灼烧 2 h，以除去可能吸附的有机污染物。所采集的气溶胶样品均用铝箔密封于－4 ℃下储存，直到分析测试。

2.1.3　碳质组分 OC、EC 的测定

本研究早期由于仪器设备条件所限，上述所采集的样品碳质组分的测定先后采用了两种方法：CHN 元素分析法和热光反射（TOR）法。其中，2001 年 9 月至 2003 年 8 月期间清华观测点 $PM_{2.5}$ 小流量样品测定采用 CHN 元素分析法，样品分析工作由国家环境分析测试中心协助完成。CHN 元素分析法基于热氧化原理，是国际上几种常用的测定方法之一，也是国内应用比较早的 OC、EC 测定方法[124]。所使用的仪器是日本柳本（Yanaco）公司 1995 年生产的 MT-5 型 C、H、N 元素自动分析仪，采用示差热导检测法测定 C、H、N 含量。其基本原理是：有机样品进入燃烧管后，在较高温度下于氦、氧混合气中燃烧分解，分解产物在氧化炉中通过催化剂被定量转化为 CO_2 和水，干扰性产物如卤素、硫或磷的氧化物则被氧化炉中特定的吸收剂吸收。还原管在相对较低的温度下，将氮氧化物还原为氮并吸收过量的氧。待测组分由氦载气带入泵中均匀混合后送入三组热导池，采用示差热导法获得相应组分的浓度。该方法和仪器的分析性能可以通过有机化合物纯品的分析来评估。本方法的定性检测下限和定量检测下限分别为 4.74 μg C 和 13.8 μg C[124]，标准工作状态的实验参数列于表 2.1。实验条件的优化以及测试方法的精度、准确度等结果参见文献[124]。

表 2.1　MT-5 型元素分析仪标准工作状态参数

	参数
载气(He)流速	180 mL/min
氧气流速	15 mL/min
燃烧炉温度	950 ℃
氧化炉温度	850 ℃
还原炉温度	550 ℃
检测箱温度	100 ℃
泵箱温度	55 ℃
桥流	H 85 mA,C 65 mA,N 120 mA

2003 年 9 月之后本研究三个观测点的小流量 $PM_{2.5}$ 样品和清华观测点中流量 $PM_{2.5}$ 样品均采用 TOR 分析,分析工作在中国科学院地球环境研究所(西安)完成。该方法是美国 IMPROVE(Interagency Monitoring of Protected Visual Environment)分析协议规定的气溶胶样品中 OC/EC 测定方法。其主要测试原理是:在无氧的纯 He 环境中,分别在 120 ℃(OC1),250 ℃(OC2),450 ℃(OC3)和 550 ℃(OC4)的温度下,对 0.530 cm^2 的滤膜片进行加热,将滤纸上的颗粒态碳转化为 CO_2;然后再将样品在含 2%氧气的氦气环境下,分别于 550 ℃(EC1),700 ℃(EC2)和 800 ℃(EC3)逐步加热,此时样品中的元素碳释放出来。上述各个温度梯度下产生的 CO_2,经 MnO_2 催化,于还原环境下转化为可通过火焰离子化检测器(FID)检测的 CH_4。样品在加热过程中,部分有机碳可发生碳化现象而形成黑碳,使滤膜变黑,导致热谱图上的 OC 和 EC 峰不易区分。因此,在测量过程中,采用 633 nm 的氦-氖激光监测滤纸的反光光强,利用光强的变化明确指示出 EC 氧化的起始点。OC 碳化过程中形成的碳化物称之为聚合碳(OPC)。为此,当一个样品完成测试时,有机碳和元素碳的 8 个组分(OC1、OC2、OC3、OC4、EC1、EC2、EC3、OPC)同时给出(见图 2.2),IMPROVE 协议将有机碳定义为 OC1+OC2+OC3+OC4+OPC,将 EC 定义为 EC1+EC2+EC3－OPC。该方法中 OC、EC、TC(总碳)的最低检测限分别为 0.82 $\mu gC/cm^2$、0.19 $\mu gC/cm^2$ 和 0.93 $\mu gC/cm^2$;测量范围 0.2～750 $\mu gC/cm^2$。

为了保证数据的可靠性,对 TOR 测试从几个方面进行质量控制:每天在进行样品分析之前,采用 CH_4/CO_2 标准气体对仪器进行校正,当天样品分析结束后仍采用 CH_4/CO_2 标准气体校准仪器;每 10 个样品中将随机抽出 1 个进行平行分析;每周进行 2 次标准样品的测量;每周测量仪器的系统空白以及实验室空白;通过国际比对对数据结果准确性进行评估。与美国沙漠研究所同类型号、AtmAA 公司的热锰氧化法的测量结果对比表明,TC 的实验误差小于 5%,OC 和 EC 的实验误差均小于 10%[125,126]。

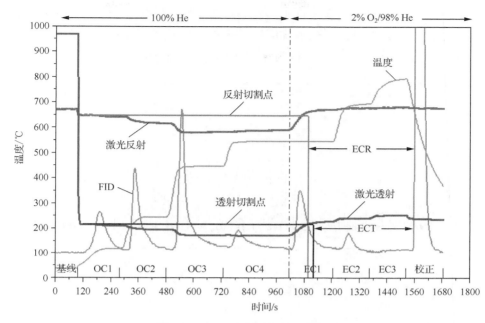

图 2.2　TOR 法分析 OC、EC 谱图

FID：氢火焰检测器；ECR：反射法所测元素碳；ECT：透射法所测元素碳

2.2　北京市 OC、EC 浓度水平及时空变化

OC、EC 质量浓度日变化特征以 2003 年 6 月至 2004 年 8 月的中流量 PM$_{2.5}$ 采样为基础讨论，日均变化趋势如图 2.3(a)所示。为了便于比较，图 2.3(b)同时列出了 PM$_{2.5}$、PM$_{10}$、SO$_2$ 和 NO$_2$ 的变化趋势，其中 PM$_{10}$、SO$_2$ 和 NO$_2$ 的日均值数据根据北京市环境保护局(http://www.bjepb.gov.cn)公布的城区 12 个监测点平均污染物指数折算而成。OC、EC 平均值分别为(16.87±13.76) μgC/m^3、(4.11±1.39) μgC/m^3，日变化范围分别为 5.25~63.34 μgC/m^3、0.7~6.43 μgC/m^3。OC 最大值出现在 1 月 4~6 日，最小值出现在 5 月 29~31 日。EC 最大值出现在 1 月 14~16 日，最小值出现在 3 月 29~31 日。尽管 OC、EC 极大、极小值不是分别出现在同一天，但 OC 浓度呈现高值时，EC 浓度一般也较高。反之亦然。例如 1 月 4~6 日、5 月 29~31 日 EC 浓度分别为 5.41 μgC/m^3、1.36 μgC/m^3；1 月 14~16 日、3 月 29~31 日 OC 浓度分别为 42.24 μgC/m^3、5.43 μgC/m^3。OC、EC 呈现大体一致的变化趋势，说明二者可能具有相似的来源。PM$_{2.5}$ 浓度变化范围为 19.43~227.31 μg/m^3，平均为(96.38±55.86) μg/m^3，11 月 22~24 日和 3 月 9~11 日都出现最高值。PM$_{10}$ 浓度变化范围为 29~351.6 μg/m^3，平均为(154.35±

74.57) μg/m³,最高值出现在 3 月 27～29 日。SO₂平均为(36.68±23.33) μg/m³,变化范围为 8.1～106.3 μg/m³。NO₂则在全年范围内变化幅度比较小,平均为(67.58±16.17) μg/m³,变化范围为 35.20～130.93 μg/m³。

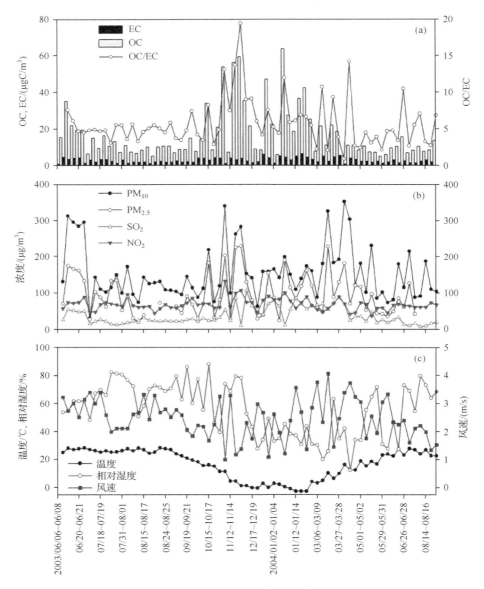

图 2.3　2003 年 6 月至 2004 年 8 月期间观测结果
(a)OC 和 EC;(b)各种污染物质量浓度日均变化;(c)气象条件的变化

由图 2.3 可以看出，碳质组分浓度出现高值的时间段，颗粒物浓度以及气态污染物浓度也大致呈现较高值。上述污染物浓度高值出现在几个时间段：2003 年 6 月底和 10 月底、2003 年 11 月至 2004 年 2 月中旬以及 2004 年 3 月份。6 月份对应麦收季节的生物质燃烧源的排放。研究表明，农田秸秆焚烧对城市气溶胶中 OC 浓度的贡献可达 43%[127]。10 月底对应秋季落叶物理粉碎过程或焚烧过程贡献以及活跃的光化学反应。11 月至次年 2 月份是北京市集中供暖季节（采暖期），燃煤量的增加导致各种污染物尤其是 SO_2、烟尘等的排放增加。3 月份则是春季沙尘期，因富含地壳物质一般会导致粗颗粒物浓度的增加，同时由于土壤中有机质的存在，也可能对 OC 有所贡献。

上述重污染情况的发生除了几种主要排放源的贡献外，气象条件是另一个重要因素。合适的气象条件往往会造成气态污染累积而导致二次颗粒物的生成。从图 2.3(a) 和 (c) 可以看出，OC 浓度出现高值的 10 月 29～31 日（53.66 $\mu gC/m^3$）、11 月 12～14 日（56.16 $\mu gC/m^3$）以及 22～24 日（59.13 $\mu gC/m^3$），气象条件具有相似性，即高的相对湿度（分别为 73.7%、79.3%、78.0%）和低的风速（分别为 1.0 m/s、1.2 m/s、1.4 m/s）。此外，1 月 4～6 日 OC 浓度最高 63.64 $\mu gC/m^3$，相对湿度 45%，风速为 1.2 m/s。较低的风速通常导致气态污染物累积，而有利于 SOA 的形成。虽然相对湿度对 SOA 形成的影响目前并不十分清楚，但有研究认为较高的相对湿度条件下可能利于极性或酸性物种的溶解。本研究中在上述气象条件下，11 月 22～24 日二次有机碳（SOC）的浓度占 OC 总浓度超过 50%（见"2.5 北京市大气 SOC 的估算"）。

OC、EC 质量浓度的周均、月均、季均以及年均变化特征以 2001 年 9 月至 2004 年 10 月连续 3 年 $PM_{2.5}$ 小流量采样为基础进行讨论。清华观测点碳质组分 OC、EC 质量浓度的周际变化趋势如图 2.4 所示，图中同时列出了 $PM_{2.5}$、PM_{10}、SO_2 和 NO_2 的变化趋势。可以看出，OC、EC 浓度的周际变化显著，变化幅度较大的时段主要发生在每年冬季。周均质量浓度在秋、冬季的月份较高，在春、夏季的月份较低，与 $PM_{2.5}$、SO_2 浓度的周际变化相似。OC、EC 周均浓度的变化范围分别为 5.68～83.54 $\mu gC/m^3$ 和 0.49～13.11 $\mu gC/m^3$。

各种污染物的逐月变化趋势中（图 2.5、图 2.6），OC、EC 趋势与 $PM_{2.5}$、SO_2 类似，即每年 11 月份至 2 月底采暖期间浓度显著高于其他非采暖月份的质量浓度。12 个月份 3 年平均浓度相比较，可以看出 OC、EC、$PM_{2.5}$、SO_2、NO_2 最高浓度分别出现在 11 月、1 月、2 月、11 月、1 月，说明燃煤源对北京市大气气溶胶的贡献以细颗粒为主，而且远远超过其他污染源的影响。PM_{10} 最高浓度出现在 3～4 月份，说明沙尘暴对气溶胶的贡献以粗颗粒为主。上述 6 种污染物的最低浓度都出现在 7～8 月份，可能受两个因素影响：其一，夏季燃煤量的减少，直接导致了各种污染

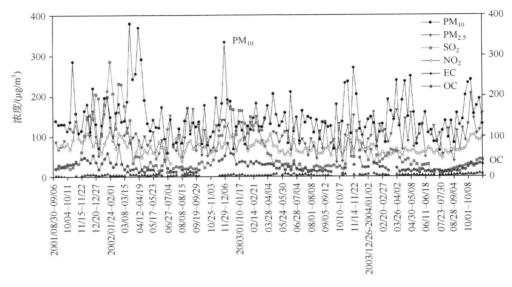

图 2.4　2001 年 9 月至 2004 年 10 月清华观测点各种污染物质量浓度周均变化特征

本图另见书末彩图

物排放的减少;其二,全年降水主要集中在这两个月份,降水过程的物理去除作用
导致各种污染物浓度的降低。

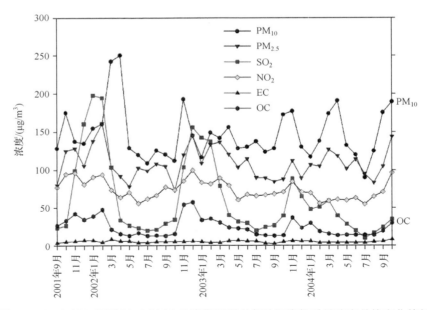

图 2.5　2001 年 9 月至 2004 年 10 月清华观测点各种污染物质量浓度月均变化特征

本图另见书末彩图

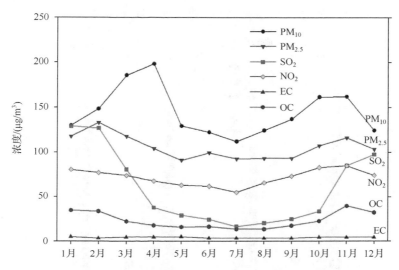

图 2.6　清华观测点各种污染物质量浓度 3 年(2001～2004 年)月均变化特征

　　研究中季节的划分是根据北京市气温变化及污染源特点综合考虑的。由于燃煤是北京市大气污染的主要来源之一，并且大部分煤炭消耗集中在采暖期(每年的 11 月 15 日至次年 3 月 15 日)，因此该研究将整个采暖期划为冬季。春、夏、秋季三个季节的划分分别为：春季从 3 月 16 日至 5 月 31 日、夏季从 6 月 1 日至 8 月 31 日、秋季从 9 月 1 日至 11 月 14 日。

　　如图 2.7 所示，OC、EC 质量浓度季节变化特征明显。就 3 年平均而言，冬季 OC 和 EC 的平均浓度分别为 37.5 $\mu gC/m^3$ 和 4.72 $\mu gC/m^3$，分别比春季的平均浓度(18.93 $\mu gC/m^3$、4.42 $\mu gC/m^3$)高 98% 和 7%，比夏季的平均浓度(15.07 $\mu gC/m^3$、3.84 $\mu gC/m^3$)高 1.49 倍和 23%，比秋季平均浓度(19.91 $\mu gC/m^3$、4.41 $\mu gC/m^3$)高 88% 和 15%。可以看出，与其他季节相比，冬季 OC 浓度的增幅高于 EC 浓度的增幅，说明除了采暖期燃煤大量增加是二者共同影响因素外，冬季的低温条件和易于发生的逆温也对形成二次 OC 有利。此外，由于环境温度低，机动车的冷启动时间延长也可能导致含碳颗粒物排放增多。$PM_{2.5}$ 冬季浓度最高，为 121.48 $\mu g/m^3$，其次为春季、秋季，分别为 105.36 $\mu g/m^3$、101.73 $\mu g/m^3$；夏季浓度最低，为 90.22 $\mu g/m^3$。冬季浓度是夏季浓度的 1.34 倍。在 6 种污染物中，SO_2 浓度季节变化幅度最大，冬季(118.19 $\mu g/m^3$)是夏季(20.92 $\mu g/m^3$)的 5.6 倍。不少其他地区开展的研究中都报道了污染物浓度的季节变化特征。例如 Ye 等[128] 曾报道上海市区的两个采样点 $PM_{2.5}$ 浓度在冬季最高、夏季最低；Dolislager 与 Motallebi[129] 于 1989～1996 年在美国加州的研究也发现，除南海岸和偏远沙漠地区外，其他地区 $PM_{2.5}$ 的浓度均呈现显著的季节变化特征，即冬季的浓度远高于夏季；在 SJVAB

(San Joaquin Valley Air Basin)地区,最高的 PM$_{2.5}$ 日均浓度通常出现在 11 月至次年 2 月。

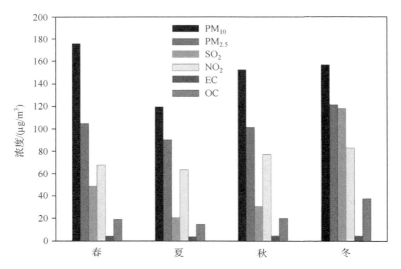

图 2.7　2001 年 9 月至 2004 年 10 月清华观测点各种污染物质量浓度季节变化特征

本图另见书末彩图

NO$_2$ 季节变化特征不明显,说明与燃煤源关系相对较小。4 个季节其质量浓度由高到低依次为冬季(83.75 μg/m^3)、秋季(77.83 μg/m^3)、春季(68.08 μg/m^3)和夏季(63.65 μg/m^3),冬季仅为夏季的 1.31 倍。PM$_{10}$ 春季质量浓度远远高于其他季节,说明了春季沙尘的贡献大于其他污染源的贡献。PM$_{2.5}$ 与 PM$_{10}$ 季节变化特征的差异表明细颗粒与粗颗粒随季节性变化的来源显著不同。春季频繁发生的沙尘天气可能导致粗颗粒物的浓度大幅度上升,对细颗粒的浓度的贡献相对于燃煤贡献来说,影响稍小;而冬季因供暖燃煤量的增加可能引起细颗粒物的浓度大幅度上升,对粗颗粒浓度的影响则可能相对较小。

OC、EC 的质量浓度 3 年平均分别为(24.56±13.89)μgC/m^3 和(4.53±1.65)μgC/m^3,其中 OC 的浓度比美国 20 世纪七八十年代城市的污染水平(～6 μgC/m^3)[130]还要高 3 倍,EC 则高 1.5 倍左右,表明北京 PM$_{2.5}$ 中 OC 与 EC 均处于很高的污染水平,并且主要来自于人为活动。PM$_{2.5}$、PM$_{10}$、SO$_2$、NO$_2$ 平均浓度分别为(111.13±33.88)μg/m^3、(148.64±56.06)μg/m^3、(60.72±57.93)μg/m^3、(73.90±17.06)μg/m^3。与最新国家环境空气质量二级标准相比,SO$_2$ 已经基本达标,NO$_2$ 是年均标准值(40 μg/m^3)的近 2 倍,PM$_{10}$ 则是年均标准值(70 μg/m^3)的 2 倍多。而 PM$_{2.5}$ 3 年平均质量浓度是年均标准值(35 μg/m^3)的 3.2 倍,是美国 PM$_{2.5}$ 年均标准值(15 μg/m^3)的 7.3 倍。

2.3　OC、EC 相关性

如前所述，含碳组分来源十分复杂，其中 EC 是一次污染物，主要来自燃烧过程的直接排放，如燃煤、燃油、生物质燃烧等；OC 既来自燃烧源的直接排放，又可通过有机气态前体物 VOCs 经过复杂大气过程，形成 SOA。由此可见，二者的直接来源存在很大相似性，因此，通过有机碳与元素碳的相关性可为解析其一次来源提供依据。来源于直接排放的 OC 除了伴随 EC 来自燃烧过程外，还有部分来自非燃烧过程如土壤扬尘、建筑扬尘等。由于某一类燃烧源内在的化学组成基本恒定，可以期望在相同或类似的燃烧条件下所排放的颗粒物中 OC/EC 具有恒定比值。同时，由于 EC 具有化学惰性，在大气相对比较稳定，因此，相关研究中往往把 EC 作为燃烧源的示踪物。不少研究中通过它们之间的相关性初步估计 OC、EC 的污染来源[131]。该研究将分别讨论清华观测点与密云背景点 PM$_{2.5}$ 中 OC、EC 相关性。

为了便于比较，本部分针对 PM$_{2.5}$ 将集中讨论清华（城区）、密云（背景点）两观测点同步采样时间段（2003 年 10 月至 2004 年 10 月）内的 OC、EC 相关性。如图 2.8 所示，清华、密云 OC、EC 都呈现出较强的相关性。清华观测点相关性系数 R^2 为 0.61，斜率为 4.12±0.58，截距为（1.47±0.81）μgC/m³；密云观测点则分别为 0.65 μgC/m³、（4.36±0.58）μgC/m³、（2.68±1.24）μgC/m³。

强的相关性意味着 OC、EC 相似的来源，例如交通排放、燃煤排放等。在发达国家，交通排放一般是城市大气的首要污染源，例如 Salma 等[132]、Park 等[133,134]的研究中 OC、EC 相关性指示了交通排放污染源的贡献。在我国，随着经济的发展，大气污染已经由原来的煤烟型污染转为煤烟-交通混合型污染[135]。Dan 等[136]的研究表明机动车尾气排放也是北京市碳质组分的重要来源之一。清华观测点所在的海淀区是城乡并存和城乡结合地带。20 世纪 90 年代初以及更早时期一般将四环以外的部分包括清华园视作郊区。随着北京经济的迅速发展及城市化进程的加快，海淀区南半部已完全实现城市化。清华园也逐渐由半郊区向城区过渡。各种污染源排放的增加，以及由于空气流动导致污染物在一定区域内的稀释混合，使得清华观测点大气污染程度与其他城区监测观测点的污染程度已经不相上下，有时甚至更高。He 等[102]的研究发现清华采样点与车公庄道路交通监测点在 PM$_{2.5}$ 质量浓度水平以及化学组成上并无大的差别。Street 等[137]估算 1995 年中国交通排放 EC 的量为 43 Gg，并且预计 2020 年会超过 139 Gg。柴油车通常会释放出大量的颗粒物，由于缺乏相应控制措施，EC 排放尤其严重。在北京，交通源每年大约排放 6.7 万吨和 3.7 万吨的 PM$_{10}$ 和 PM$_{2.5}$，其中 PAHs 高达 3 000 吨和 2 400吨[138]。

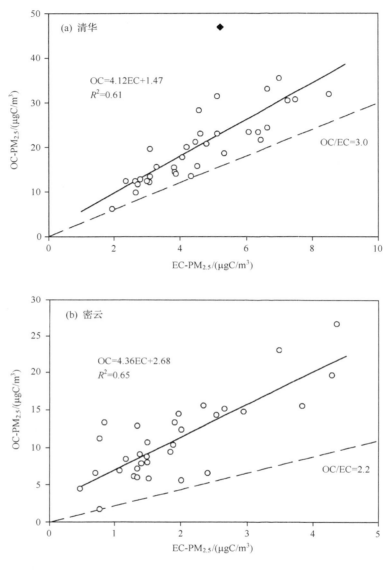

图 2.8 $PM_{2.5}$ 中 OC、EC 相关性

(a)清华观测点;(b)密云观测点

不同季节 OC、EC 的相关性可能存在差异,这种差异反映了不同季节两者的共同来源可能存在变化。例如 Lee 等[139]在韩国全州的研究表明 OC 与 EC 的浓度

除在春季的相关性稍差($R = 0.74$)之外,在其他季节均高度相关($R = 0.91 \sim 0.96$),因此他们认为该地区的OC与EC由相同的源排放,并认为春季相关性较差是沙尘天气的影响所致。Offenberg等[140]曾报道美国芝加哥城区OC与EC具有很好的相关性,并因此认为它们来自于相同的污染源。

我们发现,$PM_{2.5}$中OC、EC相关性在采暖期与非采暖期存在差异。非采暖期$PM_{2.5}$中OC、EC相关性要强于采暖期,清华观测点分别为0.89、0.52,密云观测点分别为0.72、0.55。对于北京碳质组分的来源而言,采暖期与非采暖期最大的区别在于燃煤源一次排放量的变化,所排放的污染物中除OC、EC外,还包括SO_2、VOCs等多种气态污染物(例如采暖期SO_2、NO_2平均浓度分别为60.47 $\mu g/m^3$、69.19 $\mu g/m^3$)。另一方面,采暖期与非采暖期的气象条件有很大差别。相对来说,采暖期日照时间短、温度低、混合层高度降低,并易发生逆温现象。风向以西北风或北风为主导风向,但常常发生昼、夜之间南、北风向交替变化的现象。上述气象条件除日照因素外,其他因素都有利于污染物的累积与二次污染物的形成。例如Castro等[8]的研究表明冬季也同样能形成二次OC。由于大气化学反应一般不生成EC,二次OC的形成势必影响到OC与EC的相关性,使之相关性系数减小。而非采暖期尤其是夏、秋季节,湿度大、太阳辐射强等因素将有利于二次污染物的形成。尤其是与清华园邻近的中关村,是北京市城郊O_3浓度水平最高的地区之一,研究表明是北京市大气光化学较活跃的地区之一[141]。但是,当影响二次OC的因素在一段时期比较稳定时,其前体物与一次OC及EC在大气中所受的稀释扩散影响相似,对OC与EC相关性的影响可能不显著。因此,基于OC与EC的相关性显著判断其来源相同只是初步的。

不同季节碳质组分浓度高值的出现往往会影响到OC、EC相关性。例如,2003年11月22~29日这一周,清华观测点$PM_{2.5}$中OC、EC浓度平均值分别为46.92 $\mu gC/m^3$和5.23 $\mu gC/m^3$,其中OC浓度是2003年9月至2004年10月期间的最高值(该点在图2.8中以实心菱形表示)。若去掉该点,图中OC、EC相关系数则由0.61增大为0.72。这意味着可能该时间段内发生了特殊污染事件,例如稳定气象条件下污染物的累积,使得OC、EC浓度同步升高的同时,还可能生成二次OC。

2.4　OC、EC比值

如前所述,EC主要来自燃烧过程的直接排放,且由于其惰性特征在大气中具有良好的稳定性;OC既来自于燃烧过程与非燃烧过程的一次排放,又来自二次化学反应转化。燃烧过程一次排放的OC与EC在大气中的物理行为如沉降、传输等过程受大气扩散稀释能力的影响相似,因而理论上其浓度之间具有较好的相关性。二次 OC 则主要取决于前体物的浓度和影响光化学反应的因素如氧化剂浓度、温度和湿度等，其浓度的变化将影响 OC 与 EC 的相对含量（OC/EC）及其相关性。

不同污染源排放的 OC、EC 相对含量存在差异，尤其是燃烧源，由于其燃料本身化学组成存在差异，在燃烧过程中碳氢化合物经过一系列复杂化学反应后生成的产物也不同。此外，即使具有相同化学组成的燃料，由于其燃烧条件如温度、压力及空气含氧量等的不同，所排放的污染物组成及结构也相去甚远。例如 Seinfeld 和 Pandis[11]认为燃烧过程中碳氧比小于 1 的条件下易形成表观类似烟炱，而结构类似于石墨，直径约 2～3 nm 的非定向结晶体物质（EC 的一种）。Ebert[142]发现柴油不完全燃烧刚产生的 EC 按质量计含有约 92% 的碳、6% 的氧、1% 的氢、0.5% 的硫和 0.3% 的氮；另有其他几种燃料在不完全燃烧时产生的 EC 也具有类似的组成。Gray 等[143]的研究认为汽油车一次排放的 OC/EC 比值为 2.4，柴油车为 0.3。WHO 与 UNECE 曾报告典型柴油车排放的 OC/EC 在 0.8～1 之间[144]。因此，在目前缺乏系统、全面的碳质组分源排放清单的情况下，利用 OC/EC 初步识别其污染来源以及判断大气中二次 OC 是否存在是可行的。

本研究中清华观测点小流量 $PM_{2.5}$ 样品的测定先后采用了两种方法：CHN 元素分析法和热光法。CHN 分别与两种热光法进行测试数据比对结果表明，OC 一致性良好，相关系数 R^2 约为 0.95，测定结果比值约为 1.05；而 EC 一致性较差，相关系数 $R^2 < 0.5$，CHN 测定值与两种热光法相比偏低。在上述背景下，两种方法的 OC/EC 差别也比较大。为了便于比较，本研究中关于 $PM_{2.5}$ 仅讨论应用 TOR 方法测定的 OC、EC 的比值。清华和密云两个观测点的 $PM_{2.5}$ 中 OC/EC 平均值分别为 3.96 和 4.43，变化范围分别是 2.97～6.15、2.15～15.23。不同季节 OC/EC 略有不同。2003 年 9 月至 2004 年 9 月清华观测点秋、冬、春、夏季 OC/EC 分别为 4.12、3.56、3.94 和 4.25，采暖期 OC/EC 低于非采暖期。OC/EC 为 2.2 常被用来作为判断 SOC 的存在的依据[131]，Chow 等[145]则建议采用 2.0 来做判据。显然，无论采用哪个数值，清华和密云大气环境中都有二次有机气溶胶的存在。

2.5　北京市大气环境中 SOC 的估算

EC 可以作为一次 OC 的示踪剂，因此若认为 OC 和 EC 的值相对不变的话，SOC 可以由 OC、EC 的比值计算得到。Turpin 等[22]报道的 OC/EC 在 1.7～2.9 的范围内。然而，如何完全测定污染源直接排放的 OC/EC 尚十分困难，因为它们取决于污染源的种类且受源排放条件制约。Castro 等[8]提出假设在有些情况下气象条件不适于 SOC 的形成，可以应用大气气溶胶 OC/EC 的最小值作为主 OC/EC 来估算环境中的 SOC。上述假设成立的条件包括无直接太阳光辐射、低的 O_3

浓度和非稳定的大气气团等。据此，可以用下述方程式半定量地计算 SOC 值：

$$OC_{sec} = OC_{tot} - EC \times (OC/EC)_{min} \tag{2-1}$$

其中，OC_{sec} 为二次有机碳 SOC；OC_{tot} 是总有机碳测定值；$(OC/EC)_{min}$ 是气溶胶中 OC/EC 最小值。

清华观测点基于 $PM_{2.5}$ 周浓度的 OC/EC 最小值约为 3，如图 2.8 所示。该值出现在 2003 年 10 月 10～17 日这一周，其 OC、EC 浓度差不多是整个采样期间的浓度极低值，分别为 6.16 μgC/m³、2.05 μgC/m³。气象条件显示，10～17 日平均风速为 3.2 m/s，高于相邻两周，其中 10 月 10～12 日出现连续降水和大风天气，11 日降水量达 44.6 mm，风速达 6.2 m/s。这种特殊的天气条件有利于颗粒态污染物的去除和气态污染物的扩散，因而不利于形成二次有机物。密云 OC/EC 最小值 2.2 也是出现在同一周，其 OC、EC 浓度分别为 1.65 μgC/m³、0.76 μgC/m³。该最小值恰好是文献中推荐的判断 SOC 是否存在的数值。因此两个采样点我们统一采用 2.2 作为估算 SOC 的 OC/EC 最小值。根据上述计算，清华观测点 $PM_{2.5}$ 中 SOC 浓度平均值则为 (8.1±4.1) μgC/m³，变化范围为 3.9～24.4 μgC/m³。SOC 浓度的最大值出现在 11 月 22～30 日。这一周平均风速 1.9 m/s 是 6 周以来的最小值，平均相对湿度为 80.8%，是整个采样期间相对湿度的最高值。OC 浓度 46.92 μgC/m³ 也是整个采样期间的极大值。密云观测点 $PM_{2.5}$ 中 SOC 浓度平均值则为 (6.4±3.3) μgC/m³，变化范围为 1.1～15.5 μgC/m³。

SOC 的形成通常发生在合适气象条件下光化学反应比较强烈的夏季和秋季。Strader 等[77]指出冬季 SOC 浓度可能会较夏季下降，然而仍不能忽略。我们的研究结果与上述观点基本一致。本研究中 11 月份 PM_{10} 中 SOC 浓度为 10.4 μgC/m³，近似于总平均值。在冬季，燃煤加重了污染物的排放，包括一次含碳颗粒物和有机气体。冬季混合层高度变低导致 SOC 前体物怠滞从而有利于 SOC 的形成。这种协同作用抵消了一些不利于 SOC 形成的因素如太阳辐射时间短等。SOC 占清华观测点 $PM_{2.5}$ 中 OC 总量的 45%，密云观测点则高达 70%。高的 SOC、OC 比值通常与低风速和高湿度相关。与相关研究相比，研究发现 SOC 的浓度高出其他城市至少一倍，但 SOC 在 OC 中所占比例比较接近。例如高雄市、赫尔辛基市 SOC 的浓度、SOC/OC 分别为 4.2 μgC/m³、40% 和 1.8 μgC/m³、50%[146,147]。

2.6　本 章 小 结

（1）城区和背景点 $PM_{2.5}$ 中 OC、EC 都呈现良好的相关性，相关系数 R^2 大于 0.6；基于实时观测的 PM_{10} 日均值中，OC、EC 也呈现很好的相关性，相关性系数 R^2 为 0.80。通过相关性可以初步判断 OC、EC 具有相同的污染来源。EC 与 SO_2 非采暖期相关性比较差（$R^2=0.3$），而采暖期相关性良好（R^2 为 0.74），说明采暖期燃煤排放是 EC 和 SO_2 的主要贡献。不同季节重污染事件的发生往往导致碳质组分浓度出现高值从而使得 OC、EC 相关性减弱。

（2）清华和密云两个观测点 $PM_{2.5}$ 的 OC/EC 平均值分别为 3.96 和 4.43，最小值则分别为 3.0 和 2.2。与文献推荐的判断二次有机气溶胶是否存在的比值 2.0 或 2.2 相比，说明北京无论城区还是郊区都存在的二次有机气溶胶。

（3）清华观测点 $PM_{2.5}$ 中 SOC 浓度高于文献中的浓度水平，为 8.1 μgC/m³。作为背景点，密云观测点的 SOC 浓度也呈现较高水平，为 6.4 μgC/m³，该数值甚至高于高雄市、赫尔辛基市等城市地区的 SOC 浓度水平。

第 3 章 大气 SOA 污染特征研究：
Ⅱ．气溶胶生成系数法

目前还没有一种方法能完全区分有机气溶胶中的一次和二次组分。第 2 章介绍的 OC、EC 比值法[109,146-149]需要以长期高质量的 OC、EC 监测数据为基础，结果受排放源 OC、EC 比值选取的影响大，且只能得到 SOA 在有机气溶胶中的比例，无法反映各个前体物对 SOA 生成的相对贡献。用大尺度的空气质量模型对 SOA 的生成进行评估计算繁琐[150]，且由于模型复杂、SOA 生成模块过于简化，不确定性很大。近年来，有人用气溶胶生成系数 FAC 对 SOA 的生成潜势进行估算[32,36,71,79,151]。这种方法的优点在于它能从 VOCs 的排放清单或者环境浓度直接估算 SOA 的浓度，并能反映各 SOA 前体物的相对贡献。本章结合北京市的实际情况和最新的烟雾箱研究结果，对原 FAC 估算 SOA 的方法进行了改进，并在对北京市夏季高臭氧浓度期间 VOCs 浓度和 O_3 生成潜势研究的基础上[152]，估算了这段期间的 SOA 生成潜势。研究结果对北京市 SOA 污染状况的了解、主要前体物的指认和控制政策的制定有重要的意义，同时也为烟雾箱实验 VOCs 物种的选取提供了依据。

3.1 VOCs 样品的采集、分析及质量保证和控制

Duan 等[152]对本研究采用的 VOCs 样品的采集和分析方法做了详细的介绍，简述如下：采样点位于清华大学校园内东北门附近，周围没有明显的污染源。校园内所有可能对采样产生影响的设施，如食堂等，距采样点均大于 400 m，荷清路和地铁 13 号线从采样点东侧大约 300 m 的校外经过。采样时间为 2006 年 8 月 16日到 20 日，期间白天天气晴朗，高温（28 ℃）、高湿（76％）、风速低（6 km/h），是光化学烟雾发生的典型条件[104]。采样期间的气象条件如图 3.1 所示，对 O_3 的同时监测显示，这段时间内，除了 17 日最大 O_3 浓度为 153 μg/m³ 外，其余日最大 O_3 浓度都超过 200 μg/m³ 的国家环境空气质量二级标准（GB 3095—1996）[152]。

气态羰基化合物通过涂布有 2,4-二硝基苯肼（DNPH）的硅胶柱进行采集，采样流量 0.8～1.4 L/min，采样高度距地面 1.5 m，每 3 h 采集 1 个样品。采样时在硅胶柱前加一个涂布碘化钾的铜管来去除环境大气中的 O_3[153]。样品首先用乙腈缓慢地冲洗下来，用 2 mL 的容量瓶定量，然后用高效液相色谱（HPLC，Agilent，HP1100）进行检测，色谱柱为 Agilent RP-C18 反相柱（250 mm×4.6 mm，5 μm）。

分析采用梯度洗脱,流动相为乙腈和水,流速 1 mL/min。洗脱条件为 $60\%\sim70\%$ 乙腈 20 min,$70\%\sim100\%$ 乙腈 3 min,100% 乙腈 6 min,$60\%\sim100\%$ 乙腈 5 min,60% 乙腈 5 min。UV 检测波长为 360 nm,样品进样量为 10 μL。采用外标法根据保留时间对实际样品定性并通过峰面积计算定量。实验中配制 5 个不同浓度的标样($0.5\sim10$ ng/μL)来绘制标准曲线。标准曲线的回归系数 R^2 大于 0.999。

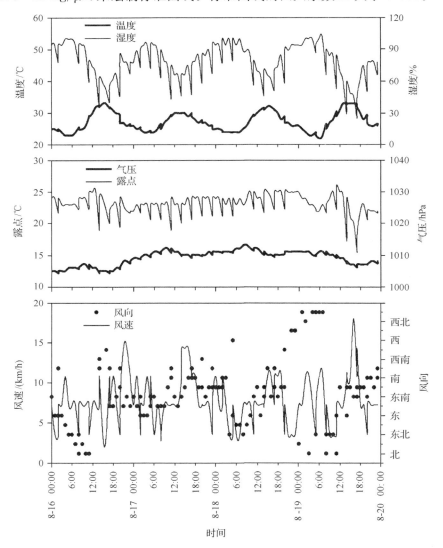

图 3.1　北京市 2006 年 8 月 16～20 日高臭氧浓度期间的气象条件

引自:http://www.wunderground.com/

非甲烷碳氢化合物（NMHCs）用抽真空的 2 L 不锈钢采样罐采集（NUPRO，97-300），每 3 h 采集 1 次，每次采样时间约 3 min。样品采集后送中国科学院广州地球化学研究所有机地球化学国家重点实验室根据美国环境保护局（USEPA）的 TO-14 法，在预浓缩系统/色谱/质谱上分析测定。色谱柱为 HP-VOCs 毛细管柱（60 m×0.32 mm，1.8 μm），氦气流速为 1.2 mL/min，不分流，进样量为 250 mL。升温程序为柱温 40 ℃保留 2 min，然后以 6 ℃/min 升温至 230 ℃，保留 10 min。通过对照标样与样品的保留时间以及质谱图进行定性，并通过色谱图峰面积计算定量。混合标样（Supelco TO-14 Calibration Mix）稀释成 7 个不同浓度作标准曲线，标准曲线的回归系数 R^2 大于 0.995。

3.2　SOA 的计算方法

3.2.1　气溶胶生成系数

气溶胶生成系数（FAC）是 SOA 生成潜势的一种表达方式[32,71]。对于可以形成 SOA 的 VOCs 组分 i，其 FAC 可以定义为：

$$\text{FAC}_i = \frac{\text{生成的 SOA 浓度 } A_i(\mu g/m^3)}{\text{初始 VOC 浓度 } C_{i,0}(\mu g/m^3)} \tag{3-1}$$

这样，前体 VOCs 的环境初始浓度乘以相应的 FAC 就可以得到生成的 SOA 浓度。目前使用比较多的一套 FAC 值是 Grosjean 和 Seinfeld 在综合大量烟雾箱实验数据和大气化学动力学数据的基础上提出的，包括 17 种烯烃，超过 40 种的烷烃、环烷烃，20 种芳香烃和一些含氧的 VOCs 组分[32,71]。本书涉及的 FAC 值列于表 3.1。尽管 SOA 的生成受温度、湿度、有机气溶胶质量等很多因素的影响，并不能用一个固定的 FAC 完全表示，但是通过 FAC 计算的 SOA 生成潜势仍能给出一些 SOA 的重要信息，比如 SOA 生成的大致数量级，各 SOA 前体物的相对贡献等[151]。

表 3.1　北京市夏季 SOA 生成潜势的估算

	VOCs 物种	VOCs 浓度 /(μg/m³)	k_{OH} ×10¹²	O₃ MIR 浓度 /(μg/m³)	FAC/%	SOA 浓度 /(μg/m³)	SOA 贡献率/%
烷烃	乙烷	2.43	0.26	0.61	0		
	丙烷	10.52	1.15	5.05	0		
	异丁烷	6.49	2.12	7.85	0		
	正丁烷	8.71	2.54	8.88	0		
	异戊烷	11.38	3.60	15.70	0		

	VOCs 物种	VOCs 浓度 /(μg/m³)	k_{OH} ×10¹²	O₃ MIR 浓度 /(μg/m³)	FAC/%	SOA 浓度 /(μg/m³)	SOA 贡献率/%
烷烃	正戊烷	10.70	3.94	11.13	0		
	2,2-二甲基丁烷	0.40	2.32	0.33	0		
	环戊烷	0.62	5.16	1.49	0		
	2,3-二甲基丁烷	3.58	6.30	3.83	0		
	2-甲基戊烷	3.56	5.60	5.34	0		
	3-甲基戊烷	2.77	5.70	4.16	0		
	正己烷	19.47	5.16	19.08	0		
	甲基环戊烷	2.34	5	6.54	0.17	0.011	0.13
	2,4-二甲基戊烷	0.62	4.77	0.92	0		
	环己烷	0.82	6.97	1.05	0.17	0.004	0.05
	2-甲基己烷	1.19		1.28	0		
	3-甲基己烷	1.82		2.55	0		
	2,2,4-三甲基戊烷	0.61	3.34	0.57	0		
	正庚烷	1.65	6.76	1.34	0.06	0.003	0.03
	甲基环己烷	0.98	9.64	1.76	2.7	0.075	0.88
	2,3,4-三甲基戊烷	0	6.60	0	0		
	2-甲基庚烷	0.64	5	0.61	0.5	0.009	0.10
	3-甲基庚烷	0.62	5	0.61	0.5	0.008	0.10
	正辛烷	3.62	8.11	2.17	0.06	0.006	0.07
	正癸烷	2.84	11	1.30	2	0.161	1.90
	正十一烷	4.91	12.3	2.06	2.5	0.351	4.14
烯烃（含乙炔）	乙烯	6.13	8.52	45.35	0		
	丙烯	5.55	26.30	52.16	0		
	异丁烯	1.94	51.40	10.28	0		
	反-2-丁烯	0.72	64.00	7.22	0		
	1,3-丁二烯	0.03	66.60	0.30	0		
	顺-2-丁烯	0.79	56.40	7.89	0		
	3-甲基-1-丁烯	0.30	31.80	1.86	0		
	1-戊烯	1.24	31.40	7.66	0		
	异戊二烯	3.55	100	32.26	2	0.212	2.50
	反-2-戊烯	0.76	67.00	6.67	0		

续表

	VOCs 物种	VOCs 浓度 /(μg/m³)	k_{OH} ×10¹²	O₃ MIR 浓度 /(μg/m³)	FAC/%	SOA 浓度 /(μg/m³)	SOA 贡献 率/%
烯烃（含乙炔）	2-甲基-2-丁烯	0.47	68.90	3.00	0		
	顺-2-戊烯	1.31	65.00	11.53	0		
	α-蒎烯	0.98	52.3	3.23	30	0.872	10.28
	β-蒎烯	0.34	74.3	1.50	30	0.304	3.58
	乙炔	6.06	0.90	3.03	0		
芳香烃	苯	8.37	1.22	3.52	2	0.321	3.78
	甲苯	11.41	5.63	30.80	5.4	1.668	19.66
	乙苯	5.14	7	13.87	5.4	0.766	9.03
	间/对二甲苯	9.67	23.1	71.58	4.7	1.328	15.66
	邻二甲苯	3.68	13.6	23.89	5	0.528	6.23
	异丙基苯	0.55	6.3	1.21	4	0.060	0.71
	正丙基苯	0.78	5.8	1.64	1.6	0.034	0.40
	间乙基甲苯	1.52	18.6	10.96	6.3	0.278	3.28
	对乙基甲苯	1.7	11.8	12.27	2.5	0.121	1.43
	邻乙基甲苯	2.1	11.9	15.12	5.6	0.336	3.96
	1,3,5-三甲苯	1.02	56.7	10.35	2.9	0.088	1.03
	1,2,4-三甲苯	4.13	32.5	36.32	2	0.243	2.87
	1,2,3-三甲苯	1.64	32.7	14.57	3.6	0.174	2.05
	1,3-二乙基苯	0.53	29	3.43	6.3	0.098	1.16
	1,4-二乙基苯	1.17	29	7.57	6.3	0.217	2.55
	1,2-二乙基苯	0.86	29	5.54	6.3	0.159	1.88
羰基化合物	甲醛	35.96	9.37	258.88	0		
	乙醛	10.97	15.00	60.36	0		
	丙酮	8.69	0.17	4.87	0		
	丙醛	2.39	20.00	15.53	0		
	丁醛	1.17	24.00	6.19	0		
	环己酮	2.29	6.40	1.95	0		
	戊醛	1.93	28.00	8.52	0		
	己醛	3.15	30.00	11.93	0		

VOCs 物种		VOCs 浓度 /(μg/m³)	k_{OH} ×10¹²	O₃ MIR 浓度 /(μg/m³)	FAC/%	SOA 浓度 /(μg/m³)	SOA 贡献率/%
羰基化合物	庚醛	0.93	30.00	3.08	0		
	辛醛	1.52	30	4.50	0.24	0.011	0.13
	壬醛	3.86	30	0	0.24	0.027	0.32
	癸醛	1.83	30	0	0.24	0.013	0.15
	苯醛	2.05	12.00	−1.17	0		
总计		264.5		937.44		8.48	100

3.2.2　光化学反应情景假设

由于现场采样得到的 VOCs 数据是 4 天内,每 3 h 采样一次的平均值($C_{平均}$),并不是式(3-1)中的初始浓度(C_0),因此首先要对环境中 VOCs 浓度的初始值进行估算。Grosjean 等[32,71]设计了这样一种情景,假设 SOA 的生成只在白天发生,且 SOA 前体物只与·OH发生反应生成 SOA:

$$\mathrm{VOC}_i + \cdot \mathrm{OH} \xrightarrow{k_{\mathrm{OH},i}} \mathrm{SOA}_i \tag{3-2}$$

其中,$k_{\mathrm{OH},i}$是 VOCs 组分 i 与·OH反应的反应速率常数。假设大气中的·OH浓度不变,光化学反应持续时间为 t,则光化学反应结束时大气中 VOCs$_i$ 的浓度($C_{i,t}$)为:

$$C_{i,t} = C_{i,0} \cdot \mathrm{e}^{-k_{\mathrm{OH},i}[\mathrm{OH}]t} \tag{3-3}$$

Barthelmie 等[79]把该浓度作为现场采样得到的 $C_{平均}$,利用式(3-3)来计算 C_0。由于环境测得的 $C_{平均}$ 是 VOCs 源与汇在测量时间内的综合结果,显然这种方法过高地估计了大气中 SOA 的含量。本研究对这种方法进行了改进,具体如图 3.2 所示:假设光化学反应从上午 9 点进行到下午 5 点,期间 VOCs 浓度按照式(3-3)变化;下午 5 点到次日上午 9 点,VOCs 浓度又逐渐线性增加到 C_0。根据此情景,VOCs$_i$ 的平均浓度可以表示为:

$$C_{平均,i} = C_{i,0} \frac{\int_0^{8\,\mathrm{h}} \mathrm{e}^{-k_{\mathrm{OH},i} \cdot [\mathrm{OH}] \cdot t}\mathrm{d}t + (1 + \mathrm{e}^{-k_{\mathrm{OH},i} \cdot [\mathrm{OH}] \cdot 8\,\mathrm{h}}) \times (24\,\mathrm{h} - 8\,\mathrm{h})/2}{24\,\mathrm{h}} \tag{3-4}$$

这样,结合式(3-4)和式(3-1)就可以估算 SOA 的生成。

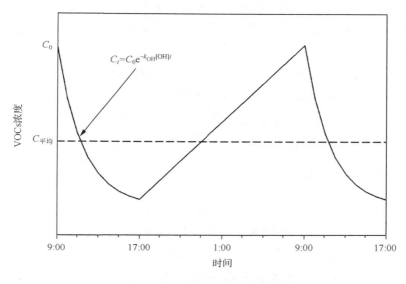

图 3.2　VOCs 浓度变化的情景假设

3.2.3　·OH浓度的确定

式(3-4)需要确定·OH的浓度。任信荣等[154,155]对北京市夏季(2000 年 6 月 4~11 日,24~27 日)晴朗天气条件下大气·OH浓度进行了测定,下午 5 点以前·OH 浓度范围为 $3.3 \times 10^7 \sim 8.0 \times 10^7$ 个/cm³。本研究取其平均值 5.7×10^7 个/cm³。

3.3　北京市高臭氧浓度期间 SOA 生成潜势的估算

3.3.1　对苯和异戊二烯的处理

通常认为含有 6 个碳以上的前体 VOCs 氧化才可能形成 SOA[12,32,71],低碳数 VOCs 的氧化产物饱和蒸气压太高,不能凝结在颗粒相,因此无法产生 SOA。苯 (C_6H_6)和异戊二烯(C_5H_8)等低碳数分子长期以来一直被认为不产生 SOA,但是最近的研究发现,这些物种氧化产生的含羰基产物可以通过低聚等异相反应生成 SOA[70,156,157]。例如利用烟雾箱实验,Martin-Reviejo 等[157]发现苯的二级氧化产物可以形成 SOA,SOA 产率在 8%~25%;Kroll 等[156]的研究也显示,异戊二烯是重要的 SOA 前体物,产率在 0.9%~3.0%。由于烯烃分子与·OH、O_3 和 NO_3^- 等氧化物种的反应速率常数都非常大,所有的烯烃分子都将在反应过程中消耗,因此消耗的烯烃浓度等于其初始浓度。即对于异戊二烯,FAC 等于 SOA 产率。对于苯,根据 Martin-Reviejo 等[157] 提供的实验数据,FAC 值可以估算在 0.6%～3.5%。

对北京市来说,由于苯和异戊二烯的环境浓度较高(见表 3.1,苯是仅次于甲苯和间/对二甲苯环境浓度第三高的芳香烃物种,异戊二烯是生物排放 VOCs 中含量最大的物种),因此不能忽略这两种 VOCs 对 SOA 生成的影响。本研究将考虑它们对 SOA 生成潜势的贡献,FAC 值均取平均值 2%。

3.3.2　SOA 浓度的估算

本研究共对 70 种 VOCs(包括烷烃、烯烃、芳香烃和羰基化合物)进行了测定,其浓度见表 3.1,其中 31 种 VOCs 具有 SOA 生成潜势。表 3.1 同时列出这些 VOCs 与·OH反应的反应速率常数[158]、FAC 值[71]、O_3 生成潜势[152]和估算的 SOA 浓度。其中 O_3 生成潜势数据基于 O_3 的最大增量反应活性法(Maximum Incremental Reactivity,MIR)计算。烷烃、烯烃、芳香烃和羰基化合物对 VOCs 浓度、O_3 生成潜势和 SOA 生成潜势的相对贡献见图 3.3。在检测到的 70 种 VOCs 中,烷烃是含量最高的 VOCs 物种,占 39%,其次是羰基化合物、芳香烃和烯烃,分别占 29%、21% 和 11%。对于 O_3 的 MIR 贡献率,烷烃最低(11%),羰基化合物最高(40%),芳香烃和烯烃分别占 28% 和 21%。

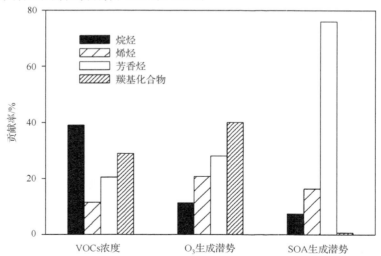

图 3.3　烷烃、烯烃、芳香烃和羰基化合物对 VOCs 浓度、O_3 生成潜势
和 SOA 生成潜势的相对贡献率

根据式(3-1)和式(3-4)，31 种 SOA 前体物共可产生 8.48 μg/m^3 的有机气溶胶，其中甲苯、二甲苯、蒎烯、乙苯和正十一烷是贡献率最高的物种，共占到 SOA 生成潜势的 69%。从 VOCs 的分类看，芳香烃对 SOA 的贡献率最大，占到 SOA 生成潜势的 76%。这个结果与国外一些研究结果接近，比如希腊雅典环境大气中 60%～90% 的 SOA 来自芳香烃[36]，美国南加州地区 61% 的 SOA 由芳香烃前体物氧化生成[71]，在加拿大英属哥伦比亚地区，这个比例约为 80%[79]。由于北京市大气中的芳香烃主要来自交通源[152]，因此减少机动车芳香烃化合物的排放可以有效地控制 SOA 生成。烯烃对 SOA 生成潜势的贡献仅次于芳香烃，约占 16%。从表 3.1 可以看出，生成 SOA 的烯烃(异戊二烯、α-蒎烯和 β-蒎烯)是三种源于生物排放的 VOCs，说明在北京城市区域范围内，生物 VOCs 源对 SOA 的贡献虽然比人为源的贡献小，但仍不能忽略。同时，这个比例与 Pandis 等[10]报道到的洛杉矶盆地的结果相近，即约 16% 的 SOA 是生物排放 VOCs 贡献的。烷烃和羰基化合物对 SOA 的贡献率较小，对 VOCs 浓度贡献最大的烷烃只占 7%，而对 O$_3$ 生成潜势贡献最大的羰基化合物只占不到 1%。

3.3.3　SOA 化学成分的估算

在总结大量理论研究、实验室研究和环境监测数据的基础上，Grosjean 等[71]将 SOA 的成分分为 4 类，分别是苯环类(包括硝基苯、硝基酚、苯酚类)、脂肪族酸类、脂肪族硝酸酯类和羰基化合物类。比如对于链状烷烃，它氧化生成 SOA 的成分主要是羰基化合物和脂肪族硝酸酯；对于环状烯烃，它氧化生成 SOA 的成分包括羰基化合物、脂肪族酸和脂肪族硝酸酯。Grosjean 等[71]给出了各种 VOCs 对这 4 种成分的分担率，据此估算的北京市夏季 SOA 化学成分的分担情况见图 3.4。结果显示，SOA 中的主要成分是来自芳香烃氧化形成的硝基苯、硝基酚、苯酚这类产物，这与芳香烃有最大的 SOA 生成贡献率是一致的。脂肪族酸类物质和羰基化合物各占 14% 和 11%，脂肪族硝酸酯含量最少，占 3%。尽管目前的分析技术能解析出超过 1000 种有机组分，但是这些组分的总量也不到有机气溶胶的 30%[159]，因此本研究估算的结果尚无法和环境数据相比较。另一方面，这个结果可能过分夸大了苯环类产物在 SOA 中所占的比例。在对芳香烃产物分担率的处理过程中，Grosjean 等[71]并没有考虑苯环的开环产物。然而，最近的研究表明，芳香烃在·OH 作用下开环生成的含羰基的不饱和产物可以通过聚合过程生成 SOA[33,70]，因此图 3.4 可能高估了苯环类产物的比例，可能低估了羰基化合物的比例。

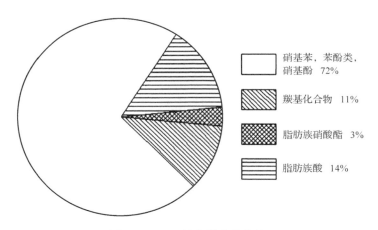

图 3.4　SOA 的化学成分估算

3.3.4　SOA 前体物的环境浓度和 O_3 生成潜势

图 3.5 显示了 SOA 前体物和非 SOA 前体物对 VOCs 浓度和 O_3 生成潜势的相对贡献。在本研究中,苯被考虑为是具有 SOA 生成潜势的物种,因此所有的芳香烃化合物都是 SOA 前体物。由图 3.5 可以看出,烷烃、烯烃和羰基化合物中的 SOA 前体物只占 VOCs 浓度的 12%,占 O_3 生成潜势的 6%。考虑芳香烃化合物,所有 SOA 前体物对 VOCs 浓度和 O_3 生成潜势的贡献也只有 32% 和 34%。这说明在环境大气中浓度较高、O_3 生成潜势较大的 VOCs 往往是含碳数较低的物种,

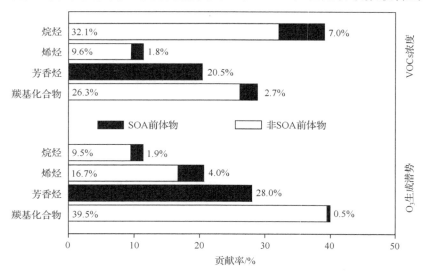

图 3.5　SOA 前体物和非 SOA 前体物对 VOCs 浓度和 O_3 生成潜势的相对贡献

这些物种的大气氧化产物挥发度相对较高，不能生成 SOA；而具有 SOA 生成潜势的物种往往环境浓度和 O_3 生成潜势都相对较低。该结果对大气污染控制政策的制定有一定的指导意义，即在 VOCs 污染控制上，要综合考虑其对环境浓度、O_3 生成和 SOA 生成的贡献，只关注对环境浓度和 O_3 生成贡献大的物种可能无法有效控制 SOA 的生成。

3.3.5　与相关研究的比较和讨论

第 2 章基于清华大学环境科学与工程系颗粒物采样站（距本章采样点约 400 m）的长期监测数据，利用 OC、EC 最小比值法估算得到 $PM_{2.5}$ 中二次有机碳（Secondary Organic Carbon, SOC）平均浓度为 8.1 μg/m³，变化范围为 3.9～24.4 μg/m³。OC 到有机气溶胶的转化系数一般为 1.2～1.6[160]，取平均值 1.4，则清华观测点 $PM_{2.5}$ 中 SOA 平均浓度约 11.3 μg/m³，变化范围 5.5～34.2 μg/m³。本章估算的 SOA 浓度在这个范围内，略微偏低。高雄市[146]、赫尔辛基市[147] 和加州中南部[148] 夏季 SOA 的浓度平均值分别为 5.9 μg/m³、2.5 μg/m³ 和 2.0 μg/m³，与这些城市和地区相比，北京市 SOA 浓度至少高出 1 倍，表明北京市 SOA 污染非常严重。

清华观测点在本研究采样期间监测到的 $PM_{2.5}$ 中 OC 浓度为 20.3 μg/m³，即有机气溶胶浓度为 28.4 μg/m³，据此估算的 SOA 占有机气溶胶的比例为 30%。第 2 章用 OC、EC 最小比值法估算的这个比例为 45%[109]。一般认为 SOA 占 $PM_{2.5}$ 中有机组分的 20%～70%[10,22]，高雄市[146]、赫尔辛基市[147] 和加州中南部[148] 这个比例平均分别是 40%、50% 和 35%。本章所得结果与这些研究相比接近，但仍偏低。

上述比较可以看出，用 FAC 估算的 SOA 生成潜势虽然偏低，但是仍能给出 SOA 生成的大致数量级，并指明各 SOA 前体物的相对贡献[151]。造成偏低估算的原因主要有以下几个方面：首先，本研究只检测了 70 种 VOCs 物种，而 SOA 生成潜势高的物种大气浓度可能都很低，因此一些对 SOA 生成潜势贡献大的物种未被检测到。其次，一些检测到的 VOCs 物种可能目前尚未被认识到是 SOA 前体物。比如本研究结合了最近的烟雾箱研究成果，考虑苯和异戊二烯为 SOA 前体物，使估算的 SOA 浓度增加了 7%。第三，一些目前新发现的 SOA 生成机理尚无法量化。比如最近的烟雾箱实验表明，大气中一些 5 个碳以下小分子的羰基化合物（如乙二醛、甲基乙二醛等）可以通过异相酸催化作用聚合成分子量较大的低聚物，从而分配在颗粒相形成 SOA[70,156,157]。但这个过程机理目前仍不十分清楚，量化研究更少，尚无法引入计算。

3.4　本章小结

（1）利用气溶胶生成系数 FAC 可以直接从大气环境 VOCs 浓度估算 SOA 的生成潜势，估算结果能反映各 SOA 前体物的相对贡献率，对了解 SOA 污染状况，制定 VOCs 控制政策有一定的指导意义。

（2）北京市 2006 年 8 月 16 日到 20 日的高臭氧浓度期间，估算得到的 SOA 为 8.48 μg/m³，占 PM$_{2.5}$ 中有机组分的 30%。与其他城市和地区相比，北京市 SOA 浓度偏高，SOA 污染严重。甲苯、二甲苯、蒎烯、乙苯和正十一烷是对 SOA 贡献率最高的物种。人为源排放的芳香烃对 SOA 的贡献率最大，占到 SOA 生成潜势的 76%。天然源排放的烯烃对 SOA 生成潜势的贡献仅次于芳香烃，约占 16%。对 VOCs 浓度贡献最大的烷烃只占 SOA 生成潜势的 7%，而对 O$_3$ 生成潜势贡献最大的羰基化合物只占不到 1%。对于后文的烟雾箱实验室研究，甲苯、二甲苯、三甲苯等芳香烃物种，蒎烯、异戊二烯等烯烃物种和正十一烷等烷烃物种是适于选取的研究对象。

（3）SOA 的主要成分是来自芳香烃氧化形成的硝基苯、硝基酚、苯酚这类产物，占 SOA 质量的 72%。脂肪族酸类物质和羰基化合物各占 14% 和 11%，脂肪族硝酸酯含量最少，占 3%。

（4）除芳香烃外，具有 SOA 生成潜势的物种往往环境浓度和 O$_3$ 生成潜势都较低，比如烷烃、烯烃和羰基化合物中的 SOA 前体物只占 VOCs 浓度的 12%、O$_3$ 生成潜势的 6%。结果表明，在 VOCs 污染控制上，要综合考虑其对环境浓度、O$_3$ 生成和 SOA 生成的贡献，只关注环境浓度和 O$_3$ 生成贡献大的 VOCs 物种可能无法有效控制 SOA 的生成。

第4章　清华大学室内烟雾箱实验系统的构建和表征

大气化学反应是在十分复杂的体系里发生的。烟雾箱可以将大气化学反应和大气环境中的其他可变因素（诸如气象条件、污染物的连续排放等）分离开来，是实验室研究气相大气化学和气溶胶大气化学最重要的工具。在过去的四十年中，国内外众多的研究小组搭建了大量各式各样的烟雾箱实验系统。本章将首先对这些烟雾箱的研究进展进行评述。由于本书后续的实验室研究都是在清华大学环境科学与工程系烟雾箱实验系统中完成的，本章也将描述该烟雾箱实验系统的构建和相关参数的表征结果，并简述实验过程。

4.1　国内外的烟雾箱实验系统

4.1.1　国外的烟雾箱实验系统

国外的烟雾箱研究开始于 20 世纪 70 年代，迄今为止，很多大学和研究机构都拥有性能完备的烟雾箱系统[161]。1976 年，为收集大气化学反应基础数据并评价大气化学反应机理（CB-Ⅳ[120]、SAPRC[118]、RADM[117]、RACM[162]等），美国北卡罗来纳大学（University of North Carolina, UNC）就开始进行室外烟雾箱的研究。烟雾箱建在空气相对清洁的地区，NO_x 和 NMHCs 的本底浓度分别小于 15 ppb① 和 0.20 ppmC。反应器为 FEP-Teflon 膜材料，共两个，每个 156 m^3，表面积体积比为 1.31 m^{-1}，可以同时进行两个实验进行对比。系统除了配备有总碳氢化合物、气相色谱（GC）、气相色谱/质谱（GC/MS）、CH_4、CO、NO、NO_2、O_3 等气相检测仪器外，还有记录太阳辐射、紫外辐射、空气温度、露点等的标准气象仪器。1995 年之后，UNC 又搭建了一个 190 m^3 的室外烟雾箱，增加了扫描迁移率粒子测定仪（SMPS）等仪器用于测量颗粒物的粒径分布和粒数浓度，开始开展二次有机气溶胶（SOA）的相关研究[163-169]。

美国加州大学河边分校（University of California at Riverside, UCR）于 1975 年开始进行烟雾箱实验，用于大气化学反应机理（CB-Ⅳ[120]、SAPRC[118]、RADM[117]、RACM[162]等）的研究。1999 年以前，UCR 先后共建立了 7 个不同的室内（6 个，体积 3.5~6 m^3）、室外（1 个，50 m^3）烟雾箱，进行了上千次的烟雾箱实

---

① ppb, parts per billion, 10^{-9} 量级

验,为 SAPRC 等光化学反应机理的评价和修正提供了大量的实验数据[161,170-172]。室内烟雾箱以黑光灯或者氙灯为光源,其中氙灯的相对光谱在 300~450 nm 的范围内与太阳光非常接近,用于模拟实际的阳光。1999~2004 年,为研究污染物在环境浓度条件下(如约 2 ppb NO_x)O_3 和 SOA 生成的大气化学反应过程,为大气化学反应机理的评估提供更准确、更全面的数据,UCR 在美国环境保护局(USEPA)的资助下,建立了目前世界上最大的室内烟雾箱实验系统。该系统包含了两个 90 m³ 的反应器(尺寸 5.5 m×3 m×5.5 m),由 54 μm 厚的 FEP-Teflon 膜围成,以 80 盏黑光灯或者 1 个 200 kW 的氙弧灯作为光源,并配备了大量的分析仪器[173]。同时,该系统还含有恒温设施,反应温度可以控制在一个很小的范围内波动。经表征,该烟雾箱背景效应较其他烟雾箱小,实验数据精度较其他烟雾箱高一个数量级以上[174]。

　　近年来,欧洲也建立了一些规模较大的烟雾箱实验系统。2004 年 6 月,欧洲 12 家研究机构启动了一项 EUROCHAMP 计划(Integration of European Simulation Chamber for Investigating Atmospheric Processes)。在该计划的支持下,欧洲的相关研究人员可以使用 EUROCHAMP 网络中的任何烟雾箱从事大气化学方面的研究。在 EUROCHAMP 网络中,最有代表性的是位于西班牙瓦伦西亚的 EUPHORE(EUropean PHOtoREactor)烟雾箱。该烟雾箱包括两个半球形的 Teflon 反应器,每个体积约 200 m³,是目前世界上最大的室外烟雾箱。系统配有完备的检测仪器,除了传统的分析仪器外(GC、GC/MS、HPLC、O_3、NO_x、NO_y 分析仪等),还专门设计了长光程微分吸收光谱仪(DOAS)和长光程傅里叶红外分析仪(FTIR)等仪器。此外,为了控制烟雾箱的温度,系统还设计了地面加热和冷却系统,解决了室外烟雾箱无法有效控制反应温度的问题[175]。EUPHORE 烟雾箱主要从事的研究包括:烯烃 O_3 氧化过程中·OH 的产率[176],·OH 与某种氧化产物的反应速率[177-179],烯烃与 NO_3^- 的反应[180],天然排放 VOCs 与 O_3 的反应[181],甲苯/NO_x 体系光反应过程[182],苯氧化生成 SOA 的过程[157]等。实验数据主要用于评价 MCM 机理[183-186]。

　　美国 TVA(Tennessee Valley Authority)室内烟雾箱建于 1978 年,反应器为一个由 0.13 mm 厚的 FEP-Teflon 膜制成的十面圆柱体,体积 28 m³。该实验系统的特点是光源由 3 种共 580 盏黑光灯提供,3 种黑光灯经精细的组合使相对光谱在 280~450 nm 的范围内与太阳光非常接近。实验的 NO_x 浓度范围一般在 25~167 ppb,VOCs 与 NO_x 比值的范围在 2.7~10。系统配备有 GC、NO、NO_x、O_3、CO 等分析仪,主要研究 SO_2 和其他由工厂排放的污染物的大气化学反应,评价光化学氧化剂反应机制和 CB-Ⅳ 化学反应机理[187,188]。

　　1979 年,澳大利亚联邦科学与工程研究组织(CSIRO)在悉尼市郊区建立了由两个 20 m³ 的反应器组成的室外烟雾箱实验系统,主要进行复杂 VOCs 混合物的实验,如汽油的挥发组分、悉尼地区的商业溶剂、汽车尾气组分等。大多数情况下,这些 VOCs 的混合物都包含了多达 70 种组分,与悉尼市的实际情况相吻合。但由于反应物的复杂性,其数据很难进行反应机理的研究,只有少数含 16 种 VOCs 混合物的实验被用于评价 CB-Ⅳ 反应机理[161]。2004 年以后,该烟雾箱的实验数据还用于评价 MCMv3.1 机理[90,189,190]。

美国环境保护局(U. S. Environmental Protection Agency,USEPA)的烟雾箱建于 1993 年,包括室内、室外两个 9 m³ 的反应器,均为 FEP-Teflon 材质。室内反应器 Teflon 膜厚 50.8 μm,光源由两种黑光灯组成,在 300～400 nm 的光谱范围内与太阳光非常接近。室外为车载反应器,Teflon 膜厚 127 μm,以太阳光为光源,进行与汽车尾气有关的实验[191,192]。后来 USEPA 又建造了一个 11.3 m³ 的烟雾箱,反应器的 FEP-Teflon 膜厚 1.6 mm,配备有 NO_x、SO_2、O_3、CO_2/H_2O 分析仪、GC-FID、GC/MS、LC、IC、温湿度测定仪、光谱辐射计、SMPS 等检测仪器。开展的研究包括干燥亚微米硫酸铵气溶胶对芳香烃光氧化生成 SOA 的影响[91],颗粒相水对芳香烃光氧化生成 SOA 的影响[86],异戊二烯光氧化生成 SOA[29],NO_x 和 SO_2 存在下异戊二烯和 α-蒎烯光氧化生成 SOA[193],NO_x 存在下 d-柠檬油精光氧化生成 SOA[194],SOA 中有机硫的形态[195] 等。

2001 年,美国加州理工大学(California Institute of Technology,CIT)建成了一套用于研究气溶胶大气化学的室内烟雾箱实验系统,包括 2 个体积为 28 m³ 的 FEP-Teflon 反应器,以 300 盏黑光灯为光源。系统配备了 NO_x、O_3 检测仪、温湿度传感器、GC-FID、GC/MS、颗粒物计数器(CPC)、扫描电子迁移率分光计(SEMS,测量气溶胶粒径分布和粒数浓度)、串联微分迁移率分析仪(TDMA,测量颗粒物吸湿增长因子)等。该系统既能研究黑暗条件下的单一氧化反应,也能实现对复杂的光化学体系的模拟[93]。

此外,一些大型汽车公司的研究机构也有其自己的烟雾箱实验系统。例如,美国通用汽车公司(General Motors,GM)在 1993 年搭建了一个烟雾箱实验系统,主要用于测量单独或者混合 VOCs 的反应活性。系统由 4 个 0.7 m³ 的 Teflon 反应器组成,壁厚 0.05 mm,光源是 4 个 6 kW 的氙灯,其光谱在紫外和可见光范围内与太阳光非常接近[196,197]。日本丰田汽车公司中央研究院(Toyota Central Research and Development Laboratories,TCRDL)的室内烟雾箱体积 2 m³,以黑光灯为光源,配备有 SMPS、GC-FID 以及 NO_x、O_3、CO、SO_2 分析仪等,曾对碳氢化合物光化学反应产生 SOA 过程中温度的影响进行了研究[76]。

4.1.2　国内的烟雾箱实验系统

国内的烟雾箱研究起步较晚。北京大学在 20 世纪 80 年代为研究当时在兰州地区出现的光化学烟雾现象并模拟光化学烟雾的时空变化,建成了我国最早的室内光化学反应烟雾箱,主要进行 ppm 级碳氢化合物和 0.1 ppm 级 NO_x 的光化学反应实验。烟雾箱反应器材料为 50 μm 厚的 FEP 薄膜,呈圆柱体,体积 1.2 m^3,表面积体积比为 5 m^{-1},以 160 盏 20 W 的黑光灯作为光源,配有 O_3 分析仪、NO_x 分析仪和气相色谱等检测仪器[104,198]。1997 年,北京大学还搭建了另外一个体积为 28.5 L 的圆柱形石英气体池烟雾箱,通过冷风法控制气体池温度,使用傅里叶变化红外光谱仪(FTIR)作为检测仪器,研究异戊二烯与 O_3 的大气化学反应[199],并用 4 支 40 W 黑光灯作为光源,研究了甲苯、三甲苯等芳香烃化合物在光化学反应中的衰减[200]。

1989 年,中国环境科学研究院搭建了一套光化学反应烟雾箱实验系统,研究了甲烷光氧化的反应速率以及甲烷在大气中的寿命[201,202]。这个烟雾箱由两段各长为 145 cm、直径 30 cm、壁厚 0.35 cm 的石英玻璃管串联组成,总体积 234 L,以黑光灯作为光源,使用长光程 FTIR 系统作为检测仪器。1997 年,环科院还搭建了一个体积 3 m^3 的 Teflon 圆柱形烟雾箱,以研究煤烟粒子中多环芳烃(PAHs)光化学降解的动力学过程。其颗粒物样品经过滤采集后,用高效液相色谱(HPLC)进行分析[203]。

2001 年,中国科学院生态环境研究中心搭建了一个 100 L 的 Teflon 膜烟雾箱。系统以两只低压汞灯(40 W 和 30 W,波长 253.7 nm)作为光源激发产生自由基,以气相色谱(GC)作为分析仪器,利用相对速率法测定了 Cl 原子和 ·OH 与一系列低碳醇的反应速率常数[204,205]。

中国科学院安徽光学精密机械研究所于 2002 年利用一个约 23 L 的烟雾箱研究了苯和甲苯在大气中的演化过程和产物,并利用气溶胶飞行时间质谱在线测量氧化过程中产生的单个二次有机气溶胶(SOA)颗粒[206-212]。反应器为石英玻璃材质,壁厚 4 mm,表面积体积比 22.4 m^{-1},光源为 16 支 20 W 的黑光灯。

清华大学工程力学系于 2005 年建成了目前国内最大的室外光化学烟雾箱实验系统。该烟雾箱反应器为 Teflon 材质的长方体,长、宽和高分别为 5.8 m、2.5 m 和 2.0 m,总体积 29 m^3,可分为两个独立且对称的分箱。该系统具有分箱实验和确保两箱自然光照完全相同的特征,能够开展基于对比实验的敏感性分析研究[213]。

中国科学院化学研究所于 2006 年搭建了一个体积为 70 L 的烟雾箱实验系统,反应器为 FEP-Teflon 材料的薄膜经热封加工而成,壁厚 50 μm,置于保温箱中,并配有黑光灯作为模拟光源。检测仪器包括 O_3 分析仪、NO_x 分析仪、GC-FID 等,主要研究 O_3 与一系列 VOCs 的反应动力学过程、不同 VOCs 与 NO_x 光化学反应的模拟等[214-223]。

此外,复旦大学环境科学与工程系搭建的大气气溶胶烟雾箱,以长程怀特池-FTIR 以及红外漫反射光谱仪为主要实验手段研究大气气溶胶多相反应[224];中国科学院广州地球化学研究所搭建的 160 L 光化学反应箱,主要用于鉴别甲苯光化学反应的产物,并研究光强、湿度、甲苯初始浓度对光降解效率的影响[225-227]。

在日本丰田汽车公司和日本丰田中央研究院(TCRDL)的资助下,清华大学环境科学与工程系于 2003 年开始筹建室内烟雾箱实验系统,并于 2005 年搭建完成。该烟雾箱的反应器体积 2 m³,为 FEP-Teflon 材质。实验系统可精确控温,以紫外灯作为光反应光源。根据功能的不同,烟雾箱实验系统可以分为反应器、空气净化系统、注样系统、分析检测仪器、自动控制和数据采集系统、配电系统等部分。系统主要进行颗粒物存在下,大气化学反应过程的研究,尤其是颗粒物对 O₃ 和 SOA 生成影响的研究,目的是为空气质量模型中引入颗粒物修正提供技术支持。本章后续部分将详细描述该烟雾箱实验系统的构建和相关参数的表征结果,并简述实验过程。

4.2　清华大学室内烟雾箱实验系统的构建

清华大学的室内烟雾箱实验系统的示意图如图 4.1 所示[228,229]。烟雾箱反应器由 50 μm 厚的 FEP-Teflon 膜(Toray International Inc.)围成,体积为 2 m³,表面积体积比为 5 m⁻¹。反应器放置在可精确控温的温控箱(Escpec,SEWT-Z-120)

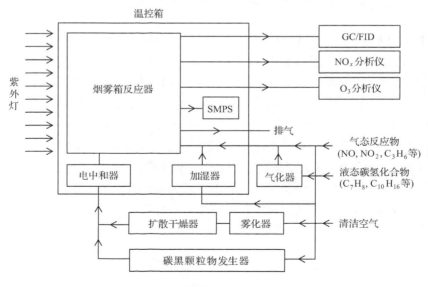

图 4.1　烟雾箱实验系统示意图

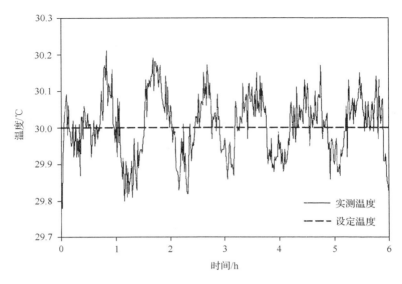

图 4.2　温控箱温控效果

中,温控范围 $10\sim60\ ℃$,波动 $\pm0.5\ ℃$(温控效果见图 4.2)。温控箱内以 40 盏紫外灯(GE,F40T12/BLB,峰值强度在 365 nm)作为光反应的光源,并铺有不锈钢板增大温控箱内光强。经表征,烟雾箱内 NO_2 的光解速率常数为 $0.21\ min^{-1}$(紫外灯光谱及相应的表征见"4.3.4　烟雾箱内紫外光强度的表征")。

4.2.1　Teflon 反应器

烟雾箱 FEP-Teflon 薄膜反应器固定在尺寸为 $2\ m(L)\times1\ m(W)\times1\ m(H)$ 的铝框上,体积约 $2\ m^3$,表面积体积比约 $5\ m^{-1}$。反应器的搭建和固定方法见图 4.3。反应器在固定的时候留有一定的松弛度,因此从反应器采样的时候,反应器内体积虽然不断减少,但始终保持一个大气压。经估算,反应器的最大采样体积约 $0.8\ m^3$。FEP-Teflon 膜对近紫外区域的光有很高的透过率(图 4.4),且化学性质稳定、小分子穿透率低,非常适合用作光化学反应器的壁材料[93,173,213,223]。FEP-Teflon 膜的缺点是表面易由于静电作用积累电荷,从而增大颗粒物在膜表面的沉积。膜反应器使用一段时间后,沉积在膜表面的颗粒物和不挥发性有机物可能导致实验重复性下降,因此需要对反应器膜进行更换,一般这个周期在 $3\sim4$ 个月,视实验结果而定。

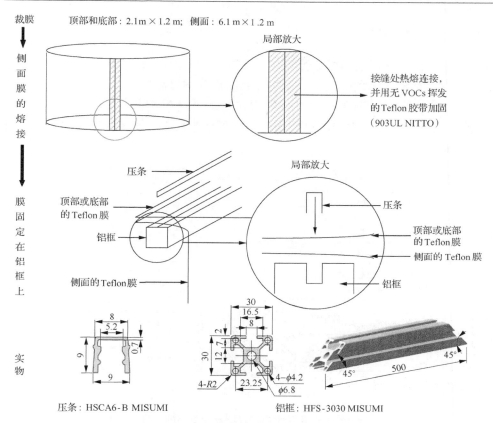

图 4.3　FEP-Teflon 反应器的搭建和固定

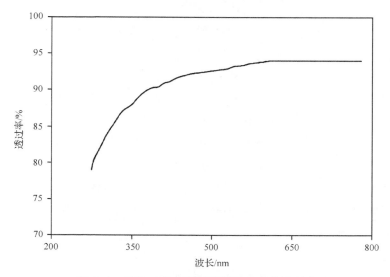

图 4.4　FEP-Teflon 膜对不同波长光的透过率

4.2.2　空气净化系统

空气净化系统可以向烟雾箱实验系统提供压力为 30 psi①,流量 20 L/min 的清洁空气。空气净化系统的示意图见图 4.5,涉及的过滤器、仪器的型号和功能见表 4.1。产生的清洁空气中残留污染物含量如下:[NMHC]<1 ppb,[NO$_x$]<1 ppb,[O$_3$]<1 ppb,[PM]<5 个/cm^3,露点低于−72 ℃。表征见"4.3.1　清洁空气的表征"。

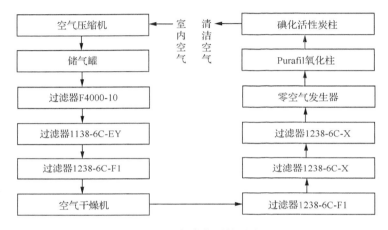

图 4.5　空气净化系统示意图

表 4.1　空气净化系统中各过滤器和仪器的型号及功能

	型号	功能
空气压缩机	HSEW20,舟山宏盛 Ltd.	气源
空气干燥机	HD-0.5-AC200V,CKD	除水
零空气发生器	Model 111,TEI	除残余 HC 和 CO
过滤器	F4000-10,CKD	去除 5 μm 以上颗粒
	1138-6C-EY,CKD	去除 99% 的焦油类物质
	1238-6C-F1,CKD	除油,出口浓度<0.1 ppm
	1238-6C-X,CKD	除嗅味物质
Purafil 氧化柱	No. 7075,TEI	氧化 NO 等还原性气体
碘化活性炭柱	No. 4157,TEI	吸附 NO$_2$等氧化产物

① 1 psi=6.894 76×10^3 Pa

4.2.3　注样系统

烟雾箱反应所需要的相对湿度是在反应器清洗过程的最后几个小时,通过加湿器向反应器内加湿实现的。常温下为气态的反应物来自以 N_2 为载气的高浓度混合气体(丙烯、NO 和 NO_2,北京氦普北分气体工业有限公司;CO,日本高千穗化学工业株式会社),根据实验需要注入烟雾箱。臭氧氧化反应所需要的 O_3 由 O_3 发生器(FSY-01,中奥环保)在纯氧条件下(>99.999%,北京氦普北分气体工业有限公司)放电产生。常温下为液态的碳氢化合物(如甲苯、蒎烯、正十一烷等)通过进样针注入加热的气化室气化,随后被清洁空气带入反应器内。

烟雾箱实验系统配有雾化器(Constant Output Atomizer,TSI Model 3076)和碳黑气溶胶发生器(PALAS GFG-1000)两种无机气溶胶发生器分别用于产生无机离子气溶胶(如硫酸铵、硫酸钙等)和碳黑气溶胶。可溶于水的盐类粒子都可以通过雾化器产生,产生的气溶胶平均粒径在 20~300 nm,几何标准偏差小于 1.9。碳黑气溶胶发生器通过在石墨电极间的电火花放电,产生粒径范围为 20~100 nm 的碳黑粒子,粒数浓度大于 10^7 个/cm^3,最大质量流量 6 mgC/h。雾化器生成的盐类粒子含有很高的湿度(RH>95%),经过扩散干燥器(Diffusion Dryer,TSI Model 3062)处理后,RH 可以降到 25%。由于雾化器和碳黑气溶胶发生器产生的颗粒都带有很高的电荷,会增大颗粒物在烟雾箱内的沉积,因此所有的无机气溶胶在注入烟雾箱前都要经过电中和器(Neutralizer,TSI Model 3077)以去除颗粒物的电荷。

4.2.4　分析检测仪器

系统配有气相和颗粒物分析仪器(见表 4.2),可以实现对反应体系内相关物质的在线测量。碳氢化合物(HC)通过气相色谱(GC-FID,SP-3420,北京分析仪器厂)进行测量,采样间隔为 15 min。GC-FID 所需的氢气和空气分别由全自动空气源(SPB-3,北京中惠普分析技术研究所)和高纯氢气发生器(GH-200,北京中兴汇利科技发展有限公司)产生。丙烯的测定采用 PLOT 毛细柱(Al_2O_3/KCl,30 m× 0.53 mm×15 μm,Agilent),其他 HC(如甲苯、间二甲苯、1,2,4-三甲苯、α-蒎烯、正十一烷、异戊二烯等)均采用 DM-5 毛细柱(30 m×0.53 mm×1.5 μm,Dikma)进行测定。NO_x 分析仪(Thermo Environmental Instruments,Model 42C)和 O_3 分析仪(Thermo Environmental Instruments,Model 49C)分别用于测量 NO_x 和 O_3 的浓度,采样间隔 1 min。

表 4.2　烟雾箱实验系统分析检测仪器一览表

仪器	型号	测量内容	精度
温湿度计	Vaisala HMT333	温度,0~100 ℃	0.1 ℃
		相对湿度,0~100%	1% RH
紫外辐照计	Handy UV-A	UV-A 段紫外光强度	0.5%
气相色谱仪	Beifen SP-3420	VOCs	10 ppbC
NO_x分析仪	TEI Model 42C	NO, NO_y	0.4 ppb
O_3分析仪	TEI Model 49C	O_3	1.0 ppb
CO 分析仪	TEI Model 48	CO	0.1 ppm
SMPS	TSI SMPS 3936	粒径分布,粒数浓度,17~982 nm	

　　颗粒物的粒数浓度和粒径分布通过扫描迁移率粒子测定仪(Scanning Mobility Particle Sizer, SMPS, TSI 3936)进行测量。该仪器由微分迁移率分析仪(Differential Mobility Analyzer, DMA, TSI 3081)、颗粒物计数器(Condensation Particle Counter, CPC, TSI 3010-S)和电中和器(Neutralizer, TSI Model 3077)组成,可以测量电迁移率直径为 17~982 nm 的粒子。采样周期为 6 min,其中上行扫描 4 min,下行扫描 2 min。基于颗粒的几何球形假设,得到的粒数浓度和粒径分布可以进一步转化为电迁移率表面积浓度和体积浓度。除了 SMPS 和温湿度传感器(Vaisala, HMT333)外,所有的测量仪器都安置在温控箱外。

4.2.5　其他

　　除了上述的几个部分外,烟雾箱实验系统还设有独立的配电系统、自动控制系统和数据采集系统。独立的强、弱电配电系统可以保证所有仪器设备的正常运行。自动控制系统可以实现对反应器冲洗的控制、采样方案的人为设定、紫外灯开关的自动控制、实验温度的精确控制等。数据采集系统可以实现对温湿度传感器、NO_x分析仪、O_3分析仪、CO 分析仪等具有模拟输出仪器数据的自动采集和记录。

4.3　清华大学室内烟雾箱实验系统的表征

　　表征实验是烟雾箱实验必不可缺的组成部分。通过表征实验可以了解烟雾箱运行的一些基本特征,如各物种在烟雾箱反应器内的沉积速率常数、紫外灯强度、清洁空气反应性等。这些特征不仅是后续研究性实验有效性的前提,也为烟雾箱的单箱大气化学模拟提供了必要的基础参数。另一方面,表征实验的结果还可以直接作为评价烟雾箱系统工作状态的依据,例如,当烟雾箱内表征参数发生显著变化,重复性下降的时候,反应器膜和实验系统就要进行更换和维护。烟雾箱的主要表征实验如表 4.3。

表 4.3　烟雾箱的主要表征实验及其内容

表征内容	表征实验方法和说明
清洁空气	1. 清洁空气中污染物浓度的表征； 2. 清洁空气反应性的表征；测定光照 6 h 后各污染物浓度变化。
气相物种的 沉积速率常数	无光的条件下，测量各气相物种（NO、NO_2、O_3、HC 等）在反应器内的浓度衰减。
颗粒物的 沉积速率常数	无光的条件下，测量低浓度颗粒物（<1000 个/cm^3）在反应器内的浓度衰减。
紫外光强度	测量 NO_2 的光解速率常数，用 NO_2 的光解速率常数表示。
壁的反应性	测定 FEP-Teflon 膜光照条件下自由基的释放程度。以简单的 CO/NO_x 光照实验系统为研究对象，用箱式模型计算。
结果的 可重复性	两个相同实验条件下研究性实验结果的比较。

4.3.1　清洁空气的表征

4.3.3.1　清洁空气中各污染物的浓度

烟雾箱反应器的清洗、配气，颗粒物发生器的工作等都需要用到清洁空气，因此清洁空气的纯净程度对实验至关重要。对清洁空气中各污染物浓度的测量还可以判断空气净化系统（见"4.2.2　空气净化系统"）的工作是否正常。表 4.4 给出了烟雾箱运行正常情况下，清洁空气中各污染物浓度的水平，并列出了日本丰田中央研究院（TCRDL）烟雾箱清洁空气的痕量污染物浓度水平[76]。可见，空气净化系统产生的清洁空气污染物浓度水平极低，与国外烟雾箱系统情况可比，可以满足实验需要。

表 4.4　清洁空气中各污染物的浓度

污染物	浓度	TCRDL 烟雾箱[76]
NO	<0.1 ppb	<1.0 ppb
NO_x	<1.0 ppb	<1.0 ppb
O_3	<1.0 ppb	<1.0 ppb
CO	<0.1 ppm	<0.1 ppm
HC	低于仪器检测限	低于仪器检测限
颗粒物	<10 个/cm^3	<10 个/cm^3
相对湿度	<0.5 %（30 ℃下）	<1.0 %（30 ℃下）

4.3.1.2 清洁空气的反应性

清洁空气还需要通过测定它在光照条件下 O_3 和 SOA 的生成量进一步考察其反应性。清洁空气中可能残留一些高分子量的碳氢化合物,它们可能无法用现有的仪器检测或者浓度低于仪器检测限。在光照条件下,这些物质可能与痕量的 NO_x 共同作用生成 O_3 和 SOA。如果清洁空气(背景)的 O_3 和 SOA 生成量过大,将对评估研究性实验的实验结果产生不利的影响。清洁空气光照 6 h 内各物种随时间的变化见图 4.6。

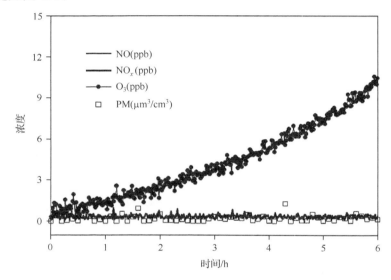

图 4.6　清洁空气光照条件下 NO、NO_x、O_3 和 PM 浓度随时间的变化(30 ℃,0.4% RH)

由图 4.6 可见,清洁空气中的 NO 和 NO_x 在整个实验过程中都不超过 1 ppb;6 h 后 O_3 生成小于 12 ppb;PM 生成小于 0.1 $\mu m^3/cm^3$。由于典型研究性实验 O_3 生成和 SOA 生成一般大于 150 ppb 和 15 $\mu m^3/cm^3$,由清洁空气产生的 O_3 和 SOA 对实验的结果影响很小。

4.3.2 气相物种在烟雾箱内沉积速率常数的表征

由于反应器壁的吸附、反应器微漏和化学转化等因素,气相物种(NO_x、O_3、VOCs 等)在烟雾箱反应器内的浓度会逐渐下降,通常把这个过程称为气相物种在烟雾箱内的沉积(deposition)[93,173]。气相物种在烟雾箱内的沉积速率常数是烟雾箱最重要的参数之一。一般认为,气体分子的沉积可以近似看成一个假一级反应过程[93,173],即气体分子 A 在烟雾箱内的沉积速率与其浓度成正比:

$$-\frac{d[A]}{dt} = k_{dep,A}[A] \tag{4-1}$$

其中，$k_{dep,A}$是气体分子 A 的沉积速率常数。积分式(4-1)可得 A 在烟雾箱中浓度的变化符合如下形式：

$$[A]_t = [A]_0 \cdot e^{-k_{dep,A} \cdot t} \tag{4-2}$$

其中，$[A]_0$和$[A]_t$分别是气相物种 A 的初始浓度和 t 时刻的浓度。这样，在无光的条件下监测某气相物种浓度的变化(6 h 以上)，利用式(4-2)对实验数据进行拟合就能得到该物种的沉积速率常数。

4.3.2.1　NO_2、O_3 和各 VOCs 的沉积速率常数

NO_2、O_3、丙烯、异戊二烯、α-蒎烯、正十一烷、甲苯、间二甲苯和 1,2,4-三甲苯的沉积速率常数都可以根据式(4-2)求得，实验的初始条件和结果见表 4.5。需要注意的是，根据式(4-2)得到的沉积速率常数还要综合考虑仪器精度(对 NO_2 和 O_3)或测量的标准偏差(对 VOCs)。以丙烯为例，丙烯的沉积表征实验见图 4.7，根据式(4-2)得到的沉积速率常数为 0.04% h^{-1}。则经过 8 h，丙烯沉积的浓度是其初始浓度的

$$1 - e^{-0.0004 \times 8} = 0.32\%$$

而气相色谱对丙烯测量的标准偏差为 0.5%，即实验中对丙烯测量的偏差要大于估算的 8 h 后浓度的衰减。因此不能认为丙烯的 k_{dep} 为 0.04% h^{-1}。对于这种情况，本研究认为丙烯在烟雾箱中不沉积，k_{dep} 为 0。根据这个标准，气相物种校验后的沉积速率常数见表 4.5。

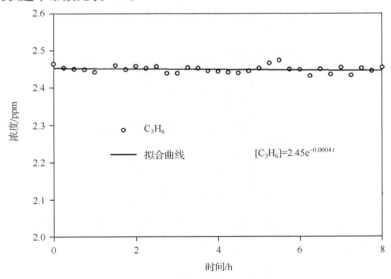

图 4.7　丙烯沉积实验的结果(30 ℃,62% RH)

表 4.5　NO₂、O₃ 和各 VOCs 沉积实验的初始条件和实验结果（30 ℃）

气相物种	初始浓度 /ppm	RH /%	时间 /h	测得的 k_{dep}/h^{-1}	仪器精度或测量 的标准偏差	校验后的 k_{dep}/h^{-1}
NO₂	0.431	8	6	0.0025	0.4 ppb	0.0025
O₃	0.217	26	6	0.0109	1.0 ppb	0.0109
丙烯	2.45	62	8	0.0004	0.5%	0
异戊二烯	2.12	60	6	0.0005	0.6%	0
α-蒎烯	0.21	60	6	0.0008	0.6%	0
正十一烷	2.31	55	6	0.0074	0.4%	0.0074
甲苯	2.22	61	6	0.0017	0.8%	0.0017
间二甲苯	1.99	60	8	0.0005	0.6%	0
1,2,4-三甲苯	1.95	61	6	0.0016	0.7%	0.0016

4.3.2.2　NO 的沉积速率常数

NO 在反应器表面的沉积可以同样可以看成是一个假一级反应,但与前述的气态物种不同,NO 在常温下不稳定,还发生如下反应生成 NO₂:

$$2NO + O_2 \longrightarrow 2NO_2 \tag{4-3}$$

这是一个三级反应,反应常数为[11]:

$$k_r = 3.3 \times 10^{-39} e^{\left(\frac{530}{T}\right)} \ cm^6 \cdot molecule^{-2} \cdot s^{-1} \tag{4-4}$$

30 ℃时,为 $6.67 \times 10^{-10} \ ppm^{-2} \ min^{-1}$。考虑反应(4-3)后,NO 在烟雾箱内的沉积速率为:

$$\frac{d[NO]}{dt} = -2k_r [NO]^2 [O_2] - k_{dep,NO}[NO] \tag{4-5}$$

积分上式,得到 NO 浓度随时间的变化关系为:

$$[NO]_t = \frac{k_{dep,NO}}{2k_r[O_2] \cdot [A \cdot e^{k_{dep,NO} \cdot t} - 1]} \tag{4-6}$$

其中,

$$A = \frac{[NO]_0 + \dfrac{k_{dep,NO}}{2k_r[O_2]}}{[NO]_0} \tag{4-7}$$

这样,利用式(4-6)和式(4-7)对 NO 沉积实验的数据进行拟合,就能得到 NO 的沉积速率常数 $k_{dep,NO}$。

图 4.8 为典型的 NO 沉积实验,从图中可以看出,在没有紫外灯照射的情况下,随着时间的推移,NO 的浓度逐渐降低,同时 NO_2 的浓度逐渐上升。用上述方法计算得到的 $k_{dep,NO}$ 为 0.0023 h^{-1}。经校验,NO 在 6 h 内的沉积大于 NO_x 分析仪的精度 0.4 ppb。

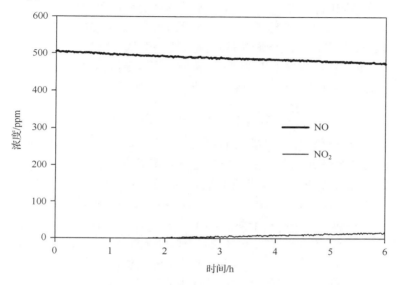

图 4.8　NO 沉积实验的结果(30 ℃,7% RH)

4.3.2.3　与相关研究的比较

烟雾箱 NO_2、NO、O_3 和 VOCs 的沉积速率常数与相关研究的比较见表 4.6。从比较来看,本研究的表征结果好于国内已有的一些烟雾箱实验系统,达到或接近国外先进烟雾箱水平。

表 4.6　气相物种的沉积速率常数与相关研究的比较

烟雾箱	NO/h^{-1}	NO_2/h^{-1}	O_3/h^{-1}	$VOCs/h^{-1}$
本研究	0.0023	0.0025	0.0109	<0.007
北京大学[198]		0.022~0.042	0.022~0.026	
清华大学工程力学系[213]			0.042	
中国科学院大气物理研究所[223]			0.014	
TCRDL[76]	0.0026	0.0030		<0.006
UCR[230]			0.0051~0.0102	<0.001

4.3.3　颗粒物沉积的表征

4.3.3.1　颗粒物沉积速率常数的测定

颗粒物在有限的反应器内受重力沉降、扩散沉降和静电沉降等作用的影响会发生沉积[76,93,173]。准确地表征颗粒物的沉积速率常数、描述颗粒物在反应器内的沉积过程是准确计算有机气溶胶生成的前提。一般认为颗粒是以一定的沉积速率常数 $k_{dep}(d_p)$ 沉积在反应器壁上的,这个速率常数与颗粒的粒数浓度 $N(d_p)$ 成正比,与粒径 d_p 有关,可以看成一个假一级动力学过程[76,93,173]:

$$\frac{dN(d_p,t)}{dt} = -k_{dep}(d_p) \cdot N(d_p,t) \tag{4-8}$$

因此通过某 d_p 下粒数浓度的衰减就能得到该 d_p 的 $k_{dep}(d_p)$。但是颗粒物在烟雾箱内粒数浓度的减少还有一个很重要的过程就是颗粒之间的凝并。Cocker 等[93]在对粒子沉积微观过程的详细分析研究后认为,当颗粒物粒数浓度为 10^7 个/cm³,10^6 个/cm³,10^5 个/cm³ 和 10^4 个/cm³ 的时候,凝并过程的半衰期分别为 200 s,33 min,5.6 h 和 56 h。由于一般烟雾箱实验进行的时间小于 10 h,因此对于气溶胶个数浓度小于 10^4 个/cm³ 的实验来说,粒子的凝并所导致的粒数浓度减少可以忽略,直接利用式(4-8)可以得到不同 d_p 下粒子的沉积速率常数。

Cocker 等[93]和 Carter 等[173]进一步认为 $k_{dep}(d_p)$ 随 d_p 的变化并不大,即不同粒径的粒子可以看成具有同样的沉积速率常数。这样式(4-8)可以进一步简化为

$$\frac{dN(t)}{dt} = -k_{dep} \cdot N(t) \tag{4-9}$$

即可以直接用总粒数浓度随时间的衰减计算总的颗粒物沉积速率常数 k_{dep}。

由于本书的很多实验都是在较高粒数浓度的颗粒物存在下进行的($>2\times10^4$ 个/cm³),颗粒物间的凝并不能忽略,因此用式(4-9)的方法并不合适。采用 Takekawa 等[76]提出的方法计算颗粒物沉积速率常数,方法简述如下:在无光的情况下,测量低粒数浓度(<1000 个/cm³,避免凝并)颗粒物的变化,并利用式(4-8)计算不同 d_p 粒子的沉积速率常数(如图 4.9)。Corner 等[231]理论推导了立方体容器中气溶胶粒子在重力沉降和扩散沉降作用下,k_{dep} 和 d_p 的关系:

$$k_{dep} = \frac{1}{100}\left[\frac{6\sqrt{K_eD}}{\pi} + V\coth\left(\frac{V\pi}{4\sqrt{K_eD}}\right)\right] \tag{4-10}$$

其中,K_e、D 和 V 分别是涡流扩散常数、布朗扩散率和自由沉降速度。图 4.9 给出了 K_e 分别取 1.2,0.6 和 0.3 时根据式(4-10)计算的理论曲线。可见,实测的数据与理论数据存在一定的偏差,这可能是温控箱的控温气流引起反应器膜的振动导致的。为更准确描述 k_{dep} 和 d_p 的关系,Takekawa 等[76]用下面的经验公式对实验数据进行处理:

$$k_{dep}(d_p) = a \cdot d_p^b + c/d_p^d \tag{4-11}$$

其中，k_{dep} 和 d_p 的单位分别为 h^{-1} 和 nm。根据对图 4.9 中实验数据的拟合，式 (4-11) 中参数 a, b, c 和 d 优化为 $4.37 \times 10^{-4}, 0.925, 84.3$ 和 1.40。对于 d_p 为 300 nm 的粒子，k_{dep} 为 0.0019 min^{-1}。加州理工大学（CIT）的烟雾箱实验系统，典型的 k_{dep} 范围在 $0.0015 \sim 0.003$ min^{-1}[93]；加州大学河边分校（UCR）的烟雾箱实验系统，这个值在 $0.003 \sim 0.007$ min^{-1}[173]；TCRDL 烟雾箱 300 nm 粒子的 k_{dep} 为 0.0017 min^{-1}[76]。可见清华大学环境科学与工程系烟雾箱实验系统颗粒物沉积速率常数与这些先进的烟雾箱实验系统基本一致[59,232]。

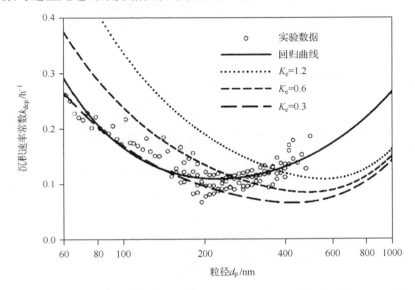

图 4.9　颗粒物沉积速率常数 k_{dep} 与粒径 d_p 的关系。回归曲线由式 (4-11) 计算

4.3.3.2　颗粒物沉积的校正

根据式 (4-8) 和式 (4-11)，结合实验中检测到的粒径分布和粒数浓度就能估算沉积在反应器壁上的颗粒总量。反应器中悬浮颗粒物的量加上沉积的颗粒物量就能得到校正后的颗粒物变化曲线。图 4.10 为无光条件下，烟雾箱中仅存在 $(NH_4)_2SO_4$ 气溶胶时（$PM_0 = 254$ $\mu g/m^3$），颗粒物体积浓度的变化和校正后的颗粒物浓度曲线。可见，由于颗粒物在烟雾箱内的沉积，其体积浓度逐渐降低。而校正后的颗粒物浓度可以维持在初始浓度 $\pm 8\%$ 以内，校正后的数值较好地弥补了颗粒物在烟雾箱内的损失。对于 SOA 生成的实验，无气溶胶种子和有气溶胶种子情况下典型的校正结果见图 4.11。

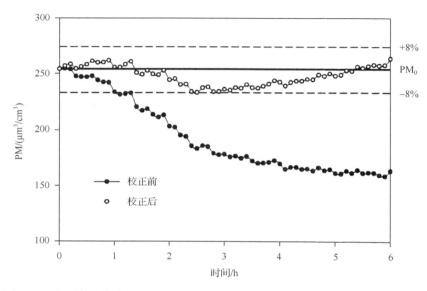

图 4.10　烟雾箱中仅存在(NH₄)₂SO₄时颗粒物浓度的变化(无光,30 ℃,60％RH)

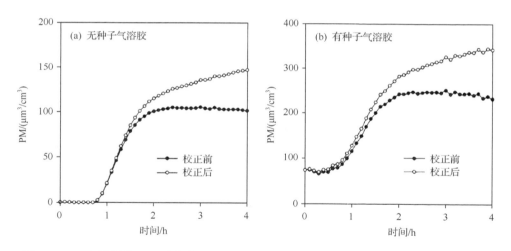

图 4.11　无初始颗粒(a)和有初始颗粒(b)情况下,间二甲苯/NOₓ光氧化生成 SOA 实验的
颗粒物校正

4.3.4　烟雾箱内紫外光强度的表征

对紫外灯光强的表征主要是为了在箱式模型模拟中,计算各光解反应的反应
速率常数[93,173]。例如,对于物种 A 的光解反应,其光解反应速率常数是被光解分

子 A 的吸收截面 $\sigma_A(\lambda)$（cm^2/分子）、量子产额 $\phi_A(\lambda)$ 和光谱光化通量 $I(\lambda)$（光子·$cm^{-2} \cdot s^{-1} \cdot nm^{-1}$）在全波段上的积分，表达式如下[11,233]：

$$j_A = \int \sigma_A(\lambda) \phi_A(\lambda) I(\lambda) d\lambda \tag{4-12}$$

吸收截面 $\sigma_A(\lambda)$ 和量子产额 $\phi_A(\lambda)$ 是由光解反应本身决定的，对于某固定光源，其光谱光化通量 $I(\lambda)$（绝对光强分布谱）也是不变的，因此根据式（4-12），对于给定的光源，各个光解反应的反应速率常数是确定的，之间的比值也是固定的。由于绝对光强分布谱一般较难测准，而相对光强分布谱较易获得，因此只要准确测量某一个光解反应的光解速率常数，通过各速率常数之间固定比值的换算就能推出其他光解反应的反应速率常数。由于 NO_2 光解的反应速率较易测得，因此几乎所有的烟雾箱实验系统都以测定 NO_2 的光解速率常数作为光强表征的核心内容[93,173]。

4.3.4.1　NO_2 光解速率常数的测定

NO_2 在紫外光照射的情况下发生如下光解反应，并生成 O_3：

$$NO_2 + O_2 + h\nu \xrightarrow{k_{NO_2}} NO + O_3 \tag{4-13}$$

O_3 一旦生成就会与 NO 反应再次生成 NO_2：

$$O_3 + NO \xrightarrow{k_-} NO_2 + O_2 \tag{4-14}$$

其中，k_{NO_2} 和 k_- 分别是式（4-13）和式（4-14）的反应速率常数。在达到光稳态的时候[11,233]，存在如下关系：

$$k_{NO_2} = k_- \frac{[O_3]_{eq}[NO]_{eq}}{[NO_2]_{eq}} \tag{4-15}$$

其中，$[O_3]_{eq}$、$[NO]_{eq}$ 和 $[NO_2]_{eq}$ 分别是达到光稳态平衡时，反应体系内 O_3、NO 和 NO_2 的浓度。这样，通过测量达到光稳态时烟雾箱内 O_3、NO 和 NO_2 的浓度，根据式（4-15）就能计算 NO_2 的光解速率常数。

典型的 NO_2 光解速率常数测定实验如图 4.12。反应开始前，烟雾箱内 NO 和 NO_2 的浓度分别为 11.8 ppb 和 86.0 ppb。反应开始后（开启紫外灯），反应器内 NO、NO_2 和 O_3 浓度发生急剧的变化，并迅速达到光稳态。此时测量得到的 NO、NO_2 和 O_3 浓度约为 27 ppb、71 ppb 和 16 ppb，带入式（4-15）就可以估算 NO_2 的光解速率常数。

Takekawa 等[76,234]认为直接将测量得到的光稳态 NO、NO_2 和 O_3 浓度带入式（4-15）计算存在一定的偏差。因为气体从反应器中经过采样管路进入监测仪器的过程是无紫外灯照射的，即在采样管路中只发生式（4-14）的反应，没有式（4-13）的反应。因此仪器检测到的 NO、NO_2 和 O_3 浓度并不是式（4-15）中的 $[NO]_{eq}$、

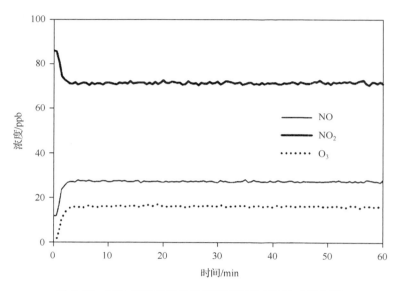

图 4.12　NO₂ 光解速率常数的测定实验(30 ℃,3% RH)

$[NO_2]_{eq}$ 和 $[O_3]_{eq}$,而是以它们为初始条件,在采样管路中发生(4-14)反应一段时间后的浓度。本研究采用 Takekawa 等[76,234] 的方法,对测量得到的 NO、NO₂ 和 O₃ 浓度进行校正。

　　根据测量,气体在 NO$_x$ 分析仪和 O₃ 分析仪前采样管路内的停留时间分别为 9.72 s 和 5.18 s。即测得的 NO 和 NO₂ 浓度为 $[NO]_{eq}$ 和 $[NO_2]_{eq}$ 无光下 9.72 s 后的浓度。由于 O₃ 的分析采用柱参比法,检测柱内有 1.4 s 的停留时间,为简化处理,认为测得的 O₃ 浓度为 $[O_3]_{eq}$ 无光下 5.18~6.58 s 内的平均浓度。假设反应器内 NO 和 O₃ 的平衡浓度为 $X_0 = [NO]_{eq}$ 和 $Y_0 = [O_3]_{eq}$,无光情况下 t 时间后的浓度为 $x(t)$ 和 $y(t)$。只发生式(4-14)的反应,反应速率为:

$$-\frac{\mathrm{d}x}{\mathrm{d}t} = -\frac{\mathrm{d}y}{\mathrm{d}t} = k_- xy \tag{4-16}$$

逆反应消耗 NO 和 O₃ 的速率相等,所以

$$X_0 - x = Y_0 - y \tag{4-17}$$

初始条件为:

$$\begin{cases} x(0) = X_0 \\ y(0) = Y_0 \end{cases} \tag{4-18}$$

积分式(4-16)~式(4-18)可得 NO 和 O₃ 在采样气路中浓度随时间变化的关系为:

$$\begin{cases} x(t) = \dfrac{(X_0 - Y_0)X_0 \mathrm{e}^{k_-(X_0 - Y_0)t}}{-Y_0 + X_0 \mathrm{e}^{k_-(X_0 - Y_0)t}} \\ y(t) = \dfrac{(Y_0 - Y_0)Y_0 \mathrm{e}^{k_-(Y_0 - X_0)t}}{-X_0 + Y_0 \mathrm{e}^{k_-(Y_0 - X_0)t}} \end{cases} \tag{4-19}$$

因此测量得到的 NO、NO$_2$ 和 O$_3$ 光稳态浓度为：

$$[NO] = x(9.72)$$
$$[NO_2] = [NO_x] - x(9.72)$$
$$[O_3] = \frac{1}{1.4}\int_{5.18}^{6.58} y(t)\,\mathrm{d}t$$

$(4\text{-}20)$

对式(4-20)进行求解，并带入式(4-15)得到 NO$_2$ 的光解速率常数为 $0.21\ \mathrm{min}^{-1}$。

4.3.4.2 烟雾箱内紫外灯和真实阳光光强的比较

烟雾箱内紫外光光强分布谱和真实阳光光强分布谱的比较见图 4.13。其中阳光光强分布谱选取的是北京市($39.93°\mathrm{N}, 116.33°\mathrm{E}$)奥运期间一天(2008 年 8 月 15 日)中午 12 点的光强分布谱，由美国北卡罗来纳大学的 JSpectra 太阳辐射模型计算得到[235]。光强分布谱经过标准化，有相同的 NO$_2$ 光解速率常数。

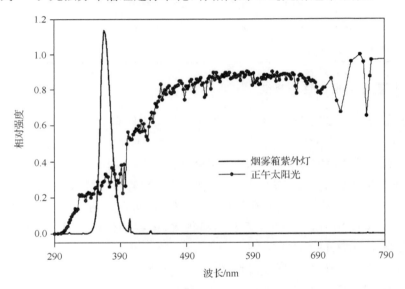

图 4.13　烟雾箱紫外灯相对光强分布谱和 2008 年 8 月 15 日北京市中午 12 点相对光强
分布谱的比较(标准化后的光强分布谱,具有相同的 NO$_2$ 光解速率常数)

紫外灯和太阳光下一些具有代表性的光解反应速率常数的比较见表 4.7。从图 4.13 的比较可以看出,紫外灯的光强分布在波长大于 380 nm 的区域明显低于太阳光强。这导致了紫外灯下受长波长影响大的一些光解反应的速率常数明显偏低,比如 NO$_3$ 的光解和 O$_3$ 的光解反应。需要指出的是,虽然紫外灯光强分布谱与真实阳光光强谱有明显的不同,但是只要在箱式模型模拟中使用经紫外灯光谱表征的光解反应速率常数,对机理的评估就不会有影响[173]。

表 4.7 正午阳光和紫外灯下一些光解反应速率常数的比较

光解反应	正午太阳光	紫外灯
NO₂的光解速率常数 k_{NO_2}/min^{-1}		
$NO_2 + h\nu \longrightarrow NO + O$	0.48	0.21
光解速率常数相对于 k_{NO_2} 的大小		
$NO_3 + h\nu \longrightarrow NO + O_2$	3.28×10^{-2}	3.00×10^{-6}
$NO_3 + h\nu \longrightarrow NO_2 + O$	3.99×10^{-1}	1.07×10^{-4}
$O_3 + h\nu \longrightarrow O + O_2$	1.08×10^{-3}	1.79×10^{-6}
$O_3 + h\nu \longrightarrow O(^1D) + O_2$	1.23×10^{-3}	8.76×10^{-7}
$HONO + h\nu \longrightarrow OH + NO$	3.19×10^{-3}	4.95×10^{-3}
$H_2O_2 + h\nu \longrightarrow 2OH$	1.37×10^{-5}	2.75×10^{-7}
$HCHO + h\nu \longrightarrow 2HO_2 + CO$	6.12×10^{-5}	3.12×10^{-7}
$HCHO + h\nu \longrightarrow H_2 + CO$	8.49×10^{-5}	3.29×10^{-6}

4.3.5 烟雾箱壁反应性的表征

大量研究结果表明烟雾箱的反应器壁会向反应体系释放 ·OH，如果箱式模型不考虑这一过程，模拟结果几乎无法与实验结果一致[230,236,237]。表征这个过程最好的实验是 CO/NOₓ 或烷烃/NOₓ 光氧化实验体系。由于 CO 和烷烃及其大气氧化产物都不是 ·OH 的引发物种[238]，因此在 CO/NOₓ 和烷烃/NOₓ 光氧化体系中 NO 的氧化将非常缓慢，且几乎没有 O₃ 的生成。但是在这两个体系实际的烟雾箱实验中，NO 的氧化和 O₃ 的生成都要明显得多，这些变化可以看成是反应器壁向反应体系内释放额外的 ·OH 造成的[173,236]。

Carter 等[230]的研究表明反应器壁 ·OH 的释放与另一种壁效应 NOₓ 的释放是相关的，可能来自同一过程。他们用如下假想反应对这一过程进行处理[173,230,238]：

$$反应器壁 + h\nu \xrightarrow{k_{NO_2} \times RN} HONO \tag{4-21}$$

生成的 HONO 会立即在紫外光的照射下光解为 ·OH 和 NO：

$$HONO + h\nu \longrightarrow \cdot OH + NO \tag{4-22}$$

这样反应(4-21)就能同时反映反应器壁 ·OH 和 NOₓ 的释放。反应(4-21)中 k_{NO_2} 为 NO₂ 的光解速率常数(0.21 min⁻¹)，RN 是 ·OH 和 NOₓ 的释放参数。

与烷烃/NO_x氧化体系相比,CO/NO_x的大气氧化机理更简单,研究的也更充分[11,238],因此本研究对烟雾箱壁反应性的表征采用 CO/NO_x 实验体系,箱式模型模拟采用 MCM 3.1 大气光化学机理[184,239,240]。典型的 CO/NO_x 光氧化实验及箱式模型模拟结果见图 4.14,实验初始条件:CO 43 ppm,NO 324 ppb,NO_2 30 ppb,T 30 ℃,RH 60%。由图 4.14 可以看出,如果不考虑反应(4-21)引入的自由基,实验体系中 NO 和 NO_2 的浓度在整个实验过程中不会有太大的变化,但是实际实验结果显示 NO 有明显的氧化。用 MCM 3.1 机理的箱式模型,通过调节反应(4-21)中 RN 的大小,使模拟结果与烟雾箱实验基本符合,得到 RN 约为 320 ppt[①]。UCR[173,230,238]、UNC[237]和 TVA[241]等一系列烟雾箱实验系统报道的 RN 范围在10~400 ppt,本研究烟雾箱的表征结果在这个范围内。

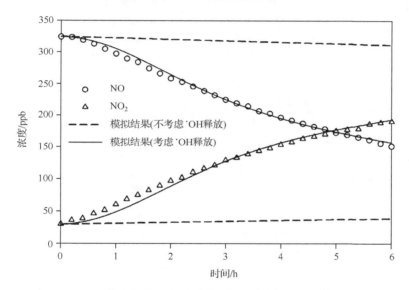

图 4.14 CO/NO_x光氧化实验结果和模拟结果(壁反应性表征实验,30 ℃,60%RH)

4.3.6 实验重复性的表征

本研究烟雾箱实验系统具有较好的重复性。图 4.15 为两个具有相似反应条件的甲苯/NO_x光氧化实验的结果比较,反应的初始条件见表 4.8。从图 4.15 的比较可以看到,两个实验的 NO_2-NO,O_3,校正前的 PM 和校正后的 PM 浓度变化曲线差别很小,表明实验系统具有较好的重复性。

---

① ppt,parts per trillion,10^{-12}量级

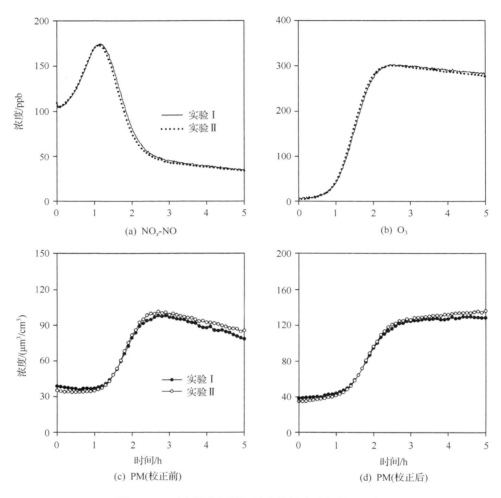

图 4.15　两个具有相同初始条件的实验的结果比较

表 4.8　重复性表征实验的初始条件

	NO /ppb	NO$_x$-NO /ppb	甲苯 /ppm	(NH$_4$)$_2$SO$_4$ /(μm³/cm³)	温度 /℃	RH /%
实验 I	110	108	1.85	38.7	30	59
实验 II	110	110	1.98	35.1	30	61

4.4　烟雾箱的清洗及实验的准备过程

烟雾箱实验每个实验的周期为 48 h,其中反应器冲洗为 40 h,实验准备及实验时间为 8 h。每个实验开始前,首先需要用清洁空气对反应器进行冲洗,一般认为,冲洗反应器的清洁空气体积至少是反应器体积的 10 倍才能达到清洁的目的[93]。清华大学烟雾箱实验系统的冲洗流量采用 15 L/min,总清洗体积大于 15 倍反应器体积。清洗过程的前 20 h 是在紫外灯开启、温度 36 ℃的情况下进行的,目的是消耗反应器壁上残留的碳氢化合物。清洗后,反应器内 O_3、NO_x、碳氢化合物和粒子浓度与清洁空气相同,均低于仪器检测限(见"4.3.1　清洁空气的表征")。

在反应器清洗过程的最后 10 小时,通过加湿器向反应器内加湿,以获得指定的相对湿度。实验准备期间,颗粒物、VOCs 前体物、NO 和 NO_2 等反应物根据实验的具体要求依次注入烟雾箱并在线监测其浓度。待反应物混合均匀后开始实验。对于光氧化反应,开启紫外灯以引发反应;对于臭氧氧化反应,向烟雾箱中注入 O_3 以引发反应。

4.5　本 章 小 结

(1)烟雾箱实验系统分为反应器、空气净化系统、注样系统、分析检测系统、配电系统、自动控制系统和数据采集系统等。反应器由 50 μm 厚的 FEP-Teflon 膜围成,体积 2 m³,放置在可精确控温的温控箱中,以 40 盏紫外灯作为光反应的光源;空气净化系统可以产生 20 L/min 的清洁空气,残留污染物含量均低于仪器检测限;根据实验的需要,可以向反应器内加湿,并注入 VOCs、NO_x、O_3、无机气溶胶等反应物,并通过相应的分析仪器进行在线测量;自控和数据采集系统可以实现对反应器冲洗、采样、控温和对在线仪器数据记录的自动控制。

(2)通过烟雾箱实验系统的表征实验可以了解烟雾箱运行的一些基本特征。这些特征不仅是后续研究性实验有效性的前提,也为烟雾箱的单箱大气化学模拟提供了必要的基础参数。相关表征结果如下:在对清洁空气 6 h 的紫外灯照射中,NO 和 NO_x 的变化都不超过 1 ppb,O_3 的生成小于 12 ppb,PM 生成小于 0.1 μm³/cm³,表明清洁空气痕量污染物浓度低,可以满足实验需要。NO_x 和 VOCs 等气态物种在烟雾箱内的沉积速率常数 k_{dep} 均不超过 0.007 h⁻¹(O_3 为 0.0109 h⁻¹);颗粒物的沉积速率常数与粒径 d_p 的关系可以表示为 $k_{dep}(d_p) = 4.37 \times 10^{-4} \times d_p^{0.925} + 84.3/d_p^{1.40}$。$NO_2$ 的光解速率常数经表征为 0.21 min⁻¹,

可以用来反映烟雾箱内紫外光的强度。反应器壁在光照的情况下向反应器内释放
·OH,其释放参数 RN 为 320 ppt。

（3）烟雾箱实验系统具有较好的实验重复性,且所有表征参数都与国内外其
他烟雾箱报道的参数范围一致,表明该烟雾箱系统设计合理,运行稳定,数据可信,
能够满足大气化学反应实验的要求。

第 5 章　主要前体 VOCs 氧化生成 SOA 的烟雾箱实验研究

第 3 章的研究表明,芳香烃、蒎烯、异戊二烯、长链烷烃等 VOCs 物种是 SOA 的主要前体物。本章首先对这些物种大气氧化生成 SOA 的反应过程进行综述,并选取甲苯、间二甲苯、1,2,4-三甲苯、α-蒎烯、异戊二烯、正十一烷等物种作为 SOA 主要前体 VOCs 的代表,利用烟雾箱初步研究了它们的 SOA 生成潜势。

5.1　主要前体 VOCs 氧化生成 SOA 的机理概述

5.1.1　芳香烃前体物

芳香烃化合物在大气中的去除主要是通过与·OH反应。虽然通过烟雾箱实验已经测得了绝大多数芳香烃化合物与·OH的反应速率常数[47],但是芳香烃化合物与·OH的反应路径还存在极大的不确定性。芳香烃与·OH的反应主要有两个途径:在烷基取代基上的氢摘取(对苯来说,从苯环上摘取 H)和在苯环上的加成。以甲苯与·OH的反应为例,如图 5.1 所示,·OH可以从甲基上摘取 H(~10%),经与 O_2 和 NO 反应生成苯甲醛和苯甲基硝酸酯,也可以加成在苯环上(~90%),形成·OH-甲苯加合物(产物 B)[47,158,242,243]。绝大多数加成反应发生在邻位[244-246],生成的·OH-甲苯加合物可以与 NO_2 反应生成硝基甲苯。但是这个反应只有在高浓度 NO_2(~500 ppb)存在时才显著,在环境大气条件下并不重要[247,248]。在实际大气中,·OH-甲苯加合物与 O_2 反应生成芳香烃过氧自由基(~80%,产物 C)[243,244,248,249],也可以通过氢摘取生成甲酚(~20%,产物 D)[182,250]。产物 C 只有在体系内存在几百 ppb NO 的情况下才会和 NO 反应,开环生成不饱和羰基化合物[244,248]。绝大多数情况下,产物 C 经过异构生成过氧双环自由基(产物 E)[244,249],进一步与 O_2 反应生成二次过氧自由基(产物 F)。这些过氧自由基与 $HO_2^·$、有机过氧自由基($RO_2^·$)等其他过氧自由基反应,或者将 NO 氧化为 NO_2,自己转化为烷氧自由基(产物 G)[47,244,249]。生成的烷氧自由基迅速开环分解为双羰基产物,如乙二醛(HC(O)CHO)、甲基乙二醛(CH_3C(O)CHO),不饱和双羰基产物,如 4-氧代-2-戊烯醛(HC(O)CH=CHC(O)CH_3)、1,4-丁烯二醛(HC(O)CH=CHCHO)等小分子物种[249,251]。

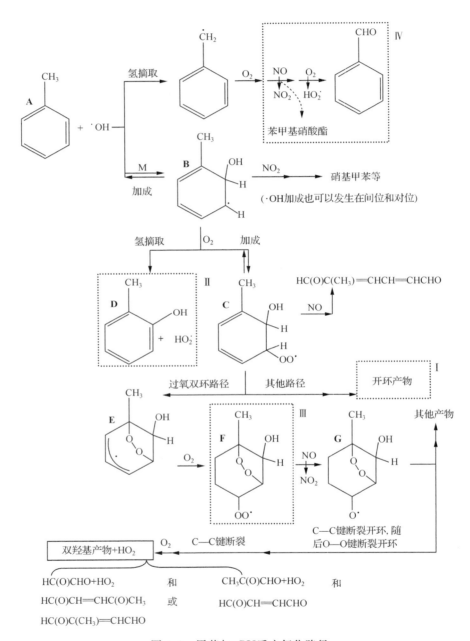

图 5.1 甲苯与·OH反应氧化路径

如图 5.2 所示,甲苯气相氧化生成的初级氧化产物(P, P', P'')经过进一步的氧化、气相/颗粒相分配、颗粒相反应等逐渐形成 SOA[252]。最初,Odum 等[35]认为甲苯光氧化生成的 SOA 是稳定的初级氧化产物通过气相/颗粒相吸收分配而形成的。但是,随后的一些烟雾箱实验研究发现,甲苯气相氧化的二级氧化产物也对 SOA 的生成有贡献[90,253,254]。这些二级氧化产物是由初级氧化产物进一步发生气相氧化得到的稳定物种。Hurley 等[253]认为甲苯光氧化生成的 SOA 成分主要来自初级氧化产物与 ·OH 反应生成的二级氧化产物(图 5.2,情景 1),即:

$$甲苯 + ·OH \rightarrow \rightarrow P, P', P'' \tag{5-1}$$

$$P + ·OH \rightarrow \rightarrow S \longrightarrow SOA \tag{5-2}$$

其中,P 代表初级产物中与 ·OH 反应的产物;S 代表相应生成的低挥发性二级产物。他们用这个机理成功地解释了高 NO_x 条件下($[NO_x]_0/[甲苯]_0 > 1$)的烟雾箱实验数据。但是这个情景并不适用于低 NO_x 的情况($[NO_x]_0/[甲苯]_0 < 1$),因此 SOA 的成分可能还包括了初级产物与 O_3、$NO_3^·$ 等反应生成的二级氧化产物[253]。Sato 等[252]的研究证实了这一点,他们发现当体系内 O_3 的生成速率达到最大的时候,SOA 开始生成。他们同时指出,当假设 SOA 成分主要来自烯烃类初级氧化产物与 O_3 反应生成的二级氧化产物时(图 5.2,情景 2),可以很好地解释实验数据中 SOA 的浓度:

$$P' + O_3 \rightarrow \rightarrow S' \longrightarrow SOA \tag{5-3}$$

其中,P' 代表初级产物中与 O_3 反应的产物;S' 代表相应生成的低挥发性二级产物(二羧酸等)。Johnson 等[90]在考察了大量烟雾箱实验数据的基础上指出,SOA 的生成通常开始于 NO 消耗殆尽的时候。他们用箱式模型发现 $RO_2^·$ 与过氧化氢自由基($HO_2^·$)反应生成的有机过氧化氢物(ROOH,R 为有机组分)是甲苯光氧化生成 SOA 的一个重要组成成分(图 5.2,情景 3)。体系内 NO 浓度的增加可以降低过氧自由基的含量,从而压制 SOA 的生成:

$$P'' + (·OH, O_3, NO_3^·) \longrightarrow R^· \tag{5-4}$$

$$R^· + O_2 + M \longrightarrow RO_2^· + M \tag{5-5}$$

$$RO_2^· + HO_2^· \longrightarrow ROOH + O_2 \tag{5-6}$$

$$RO_2^· + NO \longrightarrow RO^· + NO_2 \tag{5-7}$$

$$ROOH \longrightarrow SOA \tag{5-8}$$

其中,P'' 代表初级产物中可以与 ·OH、O_3、$NO_3^·$ 反应生成 $RO_2^·$ 的产物。尽管情景 2 和情景 3 均涉及初级氧化产物与 O_3 的反应,但假设生成的二级低挥发性产物是不同的。

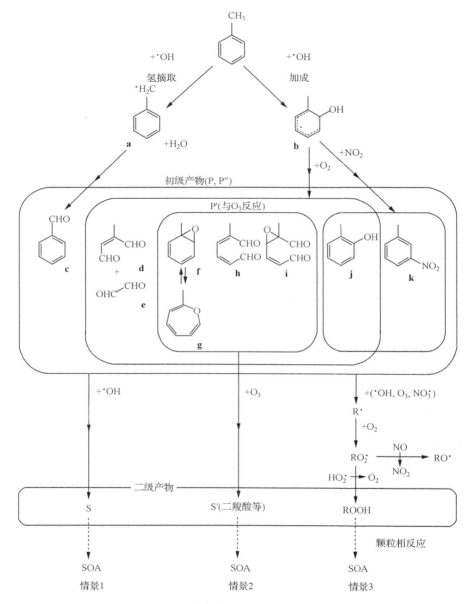

图 5.2　甲苯氧化生成 SOA 的可能路径

　　一般认为,其他芳香烃化合物与·OH反应生成 SOA 的基本过程与甲苯类似,只是反应更加复杂,产物更加繁多。表 5.1 给出了文献报道的目前已在甲苯、间二甲苯、1,2,4-三甲苯光氧化生成的 SOA 中鉴定出的化学物种[33,43,47,78,91,255,256]。需要指出的是,由于芳香烃光氧化过程十分复杂,产物鉴定十分困难,这些已鉴定组分在 SOA 生成总量中尚不足 30%[43]。

表 5.1　已鉴定出的甲苯、间二甲苯、1,2,4-三甲苯光氧化生成 SOA 的成分

VOCs	已鉴定 SOA 组分
甲苯	2,5-呋喃二酮,2-呋喃甲醛,2-羟基-5-硝基苯甲醛,2-甲基-1,4-苯醌,2-甲基-4,6-二硝基酚,3-羟基苯甲醛,3-甲基-2(5H)-呋喃酮,3-甲基-2,5-呋喃二酮,3-甲基-4-硝基酚,3-硝基甲苯,4-甲基-2-硝基酚,2-甲基-4-硝基酚,5-甲基-2(3H)-呋喃酮,5-甲基-2-呋喃甲醛,苯甲醛,苯甲酸,苯甲醇,二氢-2,5-呋喃二酮,邻/间/对甲酚,2-甲基呋喃,邻/间/对硝基苯,3-硝基甲酚异构体,4-氧-2-戊醛,2-甲基-2-丁烯醛,乙二酸,顺丁烯二酸酐,糠醛,甲基顺丁烯二酸酐,乙醇醛,乙醇酸,2-丙酮酸,2-羟基-3-丁酮-1,4-二醛,2-羟基-3-丙酮酸,2-羟基-3,4-二氧丁酸,2,3-二羟基-4-氧丁酸,乙二醛,甲基乙二醛
间二甲苯	2,4-二甲苯酚,2,5-呋喃二酮,2,6-二甲基-1,4-苯醌,2,6-二甲基-4-硝基酚,2,6-二甲苯酚,2-乙酰基-5-甲基呋喃,2-甲基-4,6-二硝基酚,3,4-二甲基呋喃二酮,3,5-二甲基-2(3H)-呋喃酮,3,5-二甲基-2H-吡喃-2-酮,3-甲基-2(5H)呋喃酮,3-甲基-2,5-呋喃二酮,3-甲基-4-硝基酚,3-甲苄醇,4-羟基-3-甲基苯甲醛,5-甲基-2(3H)-呋喃酮,5-甲基呋喃醛,苯甲醛,间甲苯甲醛,间甲苯酸,乙二醛,甲基乙二醛
1,2,4-三甲苯	2,3,5-三甲基-1,4-苯醌,2,4-二甲基苯甲醛,2,4-二甲苯酚,2,5-二甲基苯甲醛,2,5-二甲苯酚,2,5-呋喃二酮,2-乙酰基-5-甲基呋喃,3,4,5-三甲基-2(3H)-呋喃酮,3,4-二甲基苯甲醛,3,4-二甲基苯甲酸,3,4-二甲基呋喃二酮,3,4-/4,5-二甲基-2(3H)-呋喃酮,3-乙酰基-2,5-二甲基呋喃,3-甲基-2,5-呋喃二酮,3-甲基-2,5-己二酮,4-甲基邻苯二甲酸,5-甲基-2(3H)-呋喃甲醛,苯甲醛,乙二醛,甲基乙二醛

5.1.2　α-蒎烯

　　α-蒎烯(α-pinene)在大气中的氧化是对流层中 SOA 的重要来源,同时也对背景地区的 O₃ 化学起着非常重要的作用。α-蒎烯在大气中的化学转化主要是通过与 ·OH,NO₃·,O₃ 反应的三种氧化路径完成的[257,258]。对于含有不饱和碳碳双键的 α-蒎烯而言,三种氧化路径都不能忽略。

　　α-蒎烯对于 ·OH、O₃、NO₃· 都具有较高的反应活性,在 298 K 下,与 O₃、·OH、NO₃· 的反应速率常数分别为 8.66×10^{-17} cm³ · molecule⁻¹ · s⁻¹、5.4×10^{-11} cm³ · molecule⁻¹ · s⁻¹ 和 6.16×10^{-11} cm³ · molecule⁻¹ · s⁻¹,由此可以估算出其在对流层大气环境中的平均停留时间分别为 2.6 h、4.6 h 和 11 min。α-蒎烯与 ·OH 以及 NO₃· 的反应速率要比与 O₃ 的反应速率大,但是它们在大气中的浓度要远远低于 O₃,导致在白天 ·OH、O₃ 与 α-蒎烯的反应存在竞争;在夜间,NO₃· 与 O₃ 则成为 α-蒎烯的主要的汇[259]。由于 3 种氧化路径生成的氧化产物以及浓度分布具有显著差异,因此总的 SOA 产率也有较大的不同。α-蒎烯的 SOA 产率远高于芳香族化合物、烷烃等物质。O_3、·OH、NO_3^- 与 α-蒎烯的气相反应里,主要产物是羰基化合物。在环境条件下,羰基化合物具有比较高的蒸气压,难以达到饱和而成核。因此更关注次级反应产物如羧酸、酮酸、羟基酮、二醇、二羧酸等具有更强的原子间作用力、易于形成颗粒物的物质。

α-蒎烯与 O_3 反应的机理可概括如下:起始阶段是 O_3 在 α-蒎烯 C═C 双键上的加成反应,生成高能量的初级臭氧化物,接着快速分解形成羰基化合物和双自由基(Criegee 中间体)。Criegee 中间体通过异构化、分解、分子重排等形成蒎酮醛(Pinonaldehyde)、蒎酮酸(Pinonic acid)、蒎酸(Pinic acid)、降蒎酮醛(Norpinonal-dehyde)、降蒎酸(Norpinic acid)等产物。α-蒎烯与 O_3 的详细反应路径目前尚存争议,Yu 等[260]参照臭氧与烯烃的反应机理,利用类比的方法给出 α-蒎烯与 O_3 的反应路径,如图 5.3 所示。根据 O—O 键断裂部位的不同,臭氧化物快速分解产生两类 Criegee 中间体。由于臭氧与烯烃的反应为高放热反应,Criegee 中间体以激发态存在,并可通过碰撞失活参与分子间反应。其中一类 Criegee 中间体可以与 H_2O 反应生成蒎酮酸(**C**)。两类 Criegee 中间体均可通过 $O(^3P)$ 自由基消去反应生成蒎酮醛(**A**)。产物 **F** 被认为是由 Criegee 中间体通过 H_2O_2 反应路径生成的。高能量的氢过氧化物通过分解可生成比 Criegee 中间体含碳原子数少的产物,如降蒎酮醛(**B**)及 **D_2**。降蒎酮醛及 **D_2** 氧化可分别生成降蒎酮酸(**D_1**)与蒎酸(**E**),详细氧化机理尚不明确。**EN_1** 分解可产生 **I_1**,**EN_2** 分解产生 ·OH 及 **I_2**。**I_1** 与 **I_2** 被认为是 **G** 的前体物。除了图示反应路径之外,还有极少量的初级臭氧化物经分解生成环氧化物。另外,在 ·OH 去除剂用量不足的情况下,α-蒎烯还可能会与 **EN_2** 分解产生的 ·OH 发生反应。

Yu 等[73]给出 α-蒎烯臭氧氧化生成的主要产物及其在气相、颗粒相的分布。以碳原子计算,α-蒎烯经臭氧氧化后,气相产物与颗粒相产物中的可鉴别物种的碳含量占反应消耗 α-蒎烯的碳含量的 29%~67%,其中,产率大于 1% 的组分包括蒎酮醛(6%~19%)、降蒎酮酸及其异构体(4%~13%)、羟基蒎酮醛、蒎酮酸(2%~8%)、蒎酸(3%~6%)、羟基蒎酮酸(1%~4%)和降蒎酮醛(1%~3%)。蒎酮醛是 α-蒎烯与 ·OH、O_3、NO_3^- 反应生成的主要产物[261]。蒎酮醛经 O_3 反应生成的产率为 0.19 ± 0.04~0.51 ± 0.06。除了蒎酮醛之外,还有多种产物被报道,但尚无证据证明这些产物是由 α-蒎烯气相化学反应本身生成,还是由发生在反应器内壁的表面反应生成。对 α-蒎烯臭氧氧化生成 SOA 的化学成分鉴别表明,颗粒相中含有多种羧酸类物质:蒎酮酸 7%、降蒎酮酸 0.5%、蒎酸 3%[258]。从分子结构看,颗粒相鉴别出的物种均为具有多个极性官能团的化合物。

Peeters 等[262]给出了 ·OH 引发 α-蒎烯氧化的完整路径,如图 5.4 所示。·OH 与 α-蒎烯的反应中,·OH 在碳碳双键上的加成反应是其主要反应路径,以该方式参与反应的 α-蒎烯约占 88%。具体过程为:·OH 在双键上加成后,生成羟基烷基

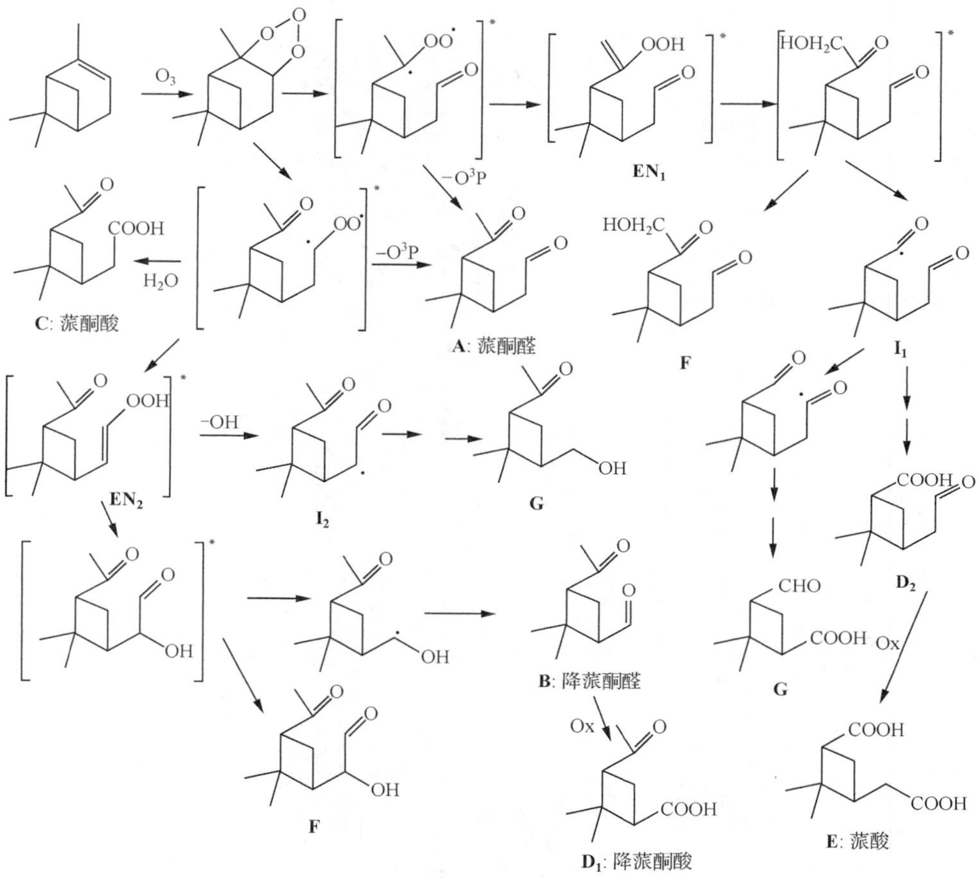

图 5.3　α-蒎烯臭氧氧化反应路径

自由基(图中用 P1OH† 与 P2OH 表示),P1OH†、P2OH 与 O$_2$ 迅速发生反应,生成羟基过氧烷基自由基。随后羟基过氧烷基自由基与 NO 作用,将 NO 转化为 NO$_2$ 的同时,自身转化为羟基烷氧自由基。羟基烷氧自由基经 1,5 位异构、O$_2$ 摘氢或者自身离解产生 HO$_2^·$ 以及其他一系列产物,包括有机酸、醛类、丙酮以及其他多种羰基化合物。除了碳碳双键加成反应之外,·OH 与 α-蒎烯反应还可以通过氢摘取反应进行,以该方式参与反应的 α-蒎烯约占 12%。如图 5.4 所示,根据所摘取的 H 原子的位置的不同,反应沿着三个不同的子反应路径进行,生成包括甲醛、硝基化合物、丙酮等物质在内的多种产物。相对于·OH 在碳碳双键加成的反应路径,此反应路径所占比例较小,产物浓度较低。

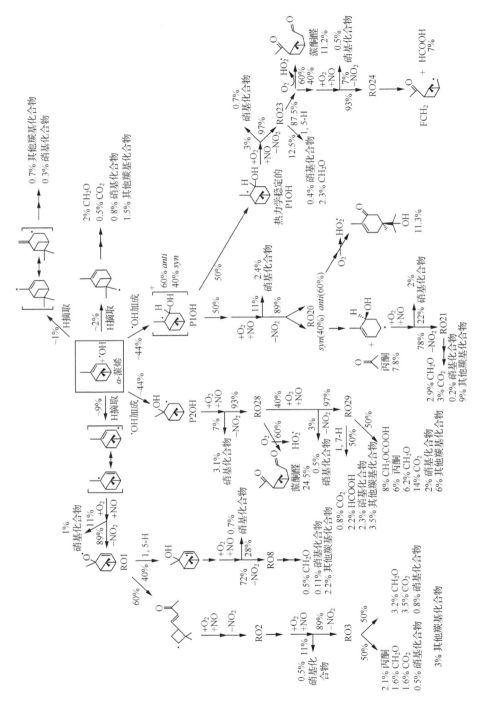

图 5.4 α-蒎烯与·OH反应氧化路径

α-蒎烯经·OH 氧化生成的气相、颗粒相产物除了甲醛、甲酸、丙酮、一氧化碳以及二氧化碳等低分子量化合物之外,主要是含 10 个碳的酮醛等高分子量化合物,如蒎酮醛($C_{10}H_{16}O_2$)、蒎酮酸($C_{10}H_{16}O_3$)等。产物鉴别研究表明,蒎酮醛与蒎酮酸是 α-蒎烯与·OH 反应后存在于气相中的主要产物[165]。蒎酮醛可以进一步与·OH 反应或者发生光解反应,主要产物为丙酮和降蒎酮醛,在整个 α-蒎烯反应机理中占有重要作用[263]。·OH 引发的 α-蒎烯氧化反应所生成的 SOA 中,可鉴别的化合物主要有蒎酮醛、蒎酮酸、羟基蒎酮醛($C_{10}H_{16}O_3$)、羟基蒎酮酸($C_{10}H_{16}O_4$)等。小分子的羰基化合物通常具有相对较高的蒸气压,因而在大气环境及模拟的实验条件下无法达到过饱和状态并通过均相成核形成颗粒物。因此,具有多官能团的二次产物被认为是 SOA 的主要来源,如羧酸、羟酮、羟羧酸、二羧酸等。

5.1.3　异戊二烯

异戊二烯(isoprene)是对流层中重要的非甲烷碳氢化合物,也是植被释放最多的 VOCs 物种,其排放量占植物烃类总排放量的 40% 以上[264]。特别是在农村和边远地区大气边界层中含量很高,对局地乃至区域空气质量、酸沉降、温室效应、全球 C 素平衡等都有极其重要的作用。由于分子中含有两个不饱和双键,异戊二烯在大气中的反应活性非常高,可以和·OH、NO_3^-、O_3、$Cl·$ 等物种反应。Fan 等[265]总结了异戊二烯与各自由基的反应机理,如图 5.5 和图 5.6 所示。

异戊二烯与·OH 的反应开始于·OH 在 C=C 双键上的加成,共可产生 4 种羟基烷基自由基(ISOA~ISOD,图 5.5),反应速率常数约 $1.0×10^{-11}$ $cm^3 · mole-cule^{-1} · s^{-1}$[266,267]。在实际大气环境下,ISOA 和 ISOD 和 O_2 反应,生成羟基过氧自由基[268];ISOB 先经过环化异构形成 α-羟基异戊二烯自由基,随后通过氢摘取生成羰基化合物[269];约 40% 的 ISOC 形成 α-羟基异戊二烯自由基,60% 的 ISOC 与 O_2 反应形成羟基过氧自由基(ISO2C)。之后,ISOA~ISOD 生成的羟基过氧自由基与 NO 反应生成硝酸酯类物质或羟基烷氧基自由基。ISO2A 和 ISO2D 生成的羟基烷氧基自由基经过分解,形成甲基乙烯基酮(MVK)和异丁烯醛(MACR)[270]。类似的,ISO2C 生成的羟基烷氧基自由基经过分解生成甲醛和相应的自由基,进一步与 O_2 反应后形成异丁烯醛[270]。ISO2E 和 ISO2F 生成的羟基烷氧基自由基经过复杂的异构、分解等过程可以形成 4C 和 5C 的含羟基的羰基化合物[271-273]。

异戊二烯与 O_3 的主要反应路径如图 5.6 所示。整体上,异戊二烯与 O_3 反应的反应速率常数约 $1.6×10^{-17}$ $cm^3 · molecule^{-1} · s^{-1}$[274]。$O_3$ 首先加成在异戊二烯的 C=C 双键上形成高能量的初级臭氧化物[274]。随后高能的初级臭氧化物分解为激发态的 Criegee 自由基,进一步生成 5 种主要羰基氧化物(**CI1~CI5**)。激发态的羰基氧化物经过稳定稳定化反应生成羰基化合物或者分子内反应生成双环氧

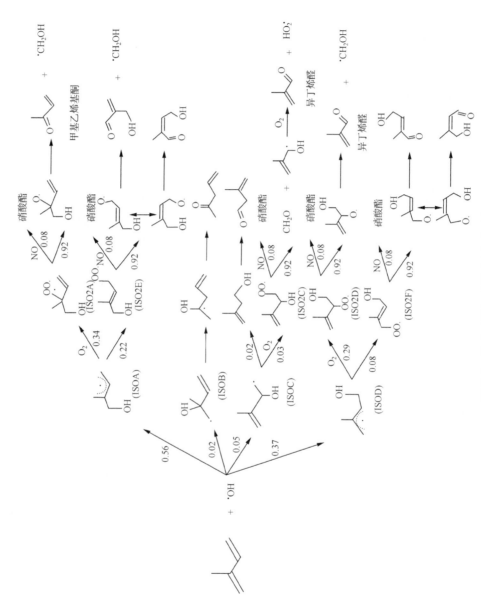

图 5.5　异戊二烯与·OH反应氧化路径

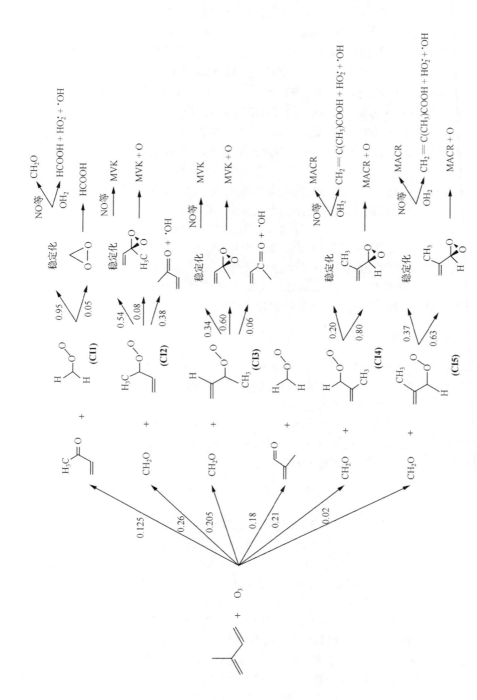

图 5.6　异戊二烯与 O₃ 反应氧化路径

化物,并释放·OH。在实际大气中,稳定化过程和分子内反应之间的竞争与羰基氧化物的分子结构有关。CI1 生成的双环氧化物可以进一步分解形成甲酸,而CI2～CI5 生成的双环氧化物可以分解生成甲基乙烯基酮(MVK)和异丁烯醛(MACR),并释放 O 原子[275,276]。稳定后的 CI1、CI4 和 CI5 有两条主要反应路径:与 H₂O 反应生成有机酸并释放·OH,或者与 NO(NO₂等)反应生成醛或酮[265]。稳定后的 CI2 和 CI3 可以和 NO(NO₂等)反应生成甲基乙烯基酮。

　　由于异戊二烯只含有 5 个碳原子,其氧化产物的挥发性也很高,因此长期以来一直不认为是 SOA 的前体物[32,71]。但是近些年的烟雾箱实验研究发现它的氧化产物也能产生 SOA[25,26]。目前,异戊二烯生成 SOA 的机理尚不清楚。可以肯定的是,在高 NOₓ 条件下,异丁烯醛是异戊二烯生成 SOA 过程中非常重要的中间产物[26]。其后续反应可能生成挥发性相对较低,含有 4～5 个碳原子和 3～4 个极性官能团的二次氧化产物。另一方面,颗粒相反应在异戊二烯 SOA 的形成中也起着至关重要的作用。从气溶胶的质谱分析中可以看到异戊二烯生成的 SOA 包含大量的低聚物[33,60-62]。这也从另一个侧面解释了为什么异戊二烯主要氧化产物之一异丁烯醛可以氧化生成 SOA,而另一主要产物甲基乙烯基酮不产生 SOA,因为醛比酮更容易受到亲核攻击而引发低聚反应[26]。

5.1.4　长链正构烷烃

　　在对流层大气中,烷烃可以被·OH和NO₃氧化。在白天,由于NO₃在大气中的停留时间很短(～5 s),与·OH的反应为烷烃主要的大气去除路径(>90%)。目前的研究认为,只有含碳数大于 7 的烷烃才可能在大气中氧化生成 SOA。Lim等[277]总结了长链正构烷烃被·OH氧化生成 SOA 的反应路径,如图 5.7 所示。首先,·OH从长链正构烷烃上摘取一个 H 原子,形成烷基自由基(R·)。虽然烷烃分子上任何一个 H 原子都可以被·OH摘取,但通常·OH趋向于攻击烷烃分子中最弱的 C—H 键。研究表明,叔氢(⟩CH—)与 ·OH 的反应速率常数大于仲氢(—CH₂—),最低的是伯氢(—CH₃)[278],即·OH更容易从叔氢上摘取 H,其次是仲氢和伯氢。比如对于丙烷(CH₃CH₂CH₃)来说,虽然伯氢的数量远多于仲氢,但大约有 70%的氢摘取会发生在仲氢上,只有 30%发生在伯氢上。对于长链正构烷烃,由于分子中没有叔氢,氢摘取主要发生在仲氢上。氢摘取生成的烷基自由基在大气中会迅速与 O₂分子反应,生成RO₂·,随后与大气中的 NO 反应,生成烷氧自由基(RO·)或烷基硝酸酯(RONO₂,产物 1)。烷氧自由基可以继续与 O₂反应形成羰基化合物(产物 2),或者分解成羰基化合物和烷基自由基(产物 3,4),还可以通过异构生成羟基烷基自由基。羟基烷基自由基随后经过类似于烷基自由基的反应路径形成羟基烷基硝酸酯(产物 5)和羟基羰基化合物(产物 6)。对于正辛烷与·OH的反应,产物 1,5 和 6 的产率分别为 22.6%,5.4%和 51%[279]。

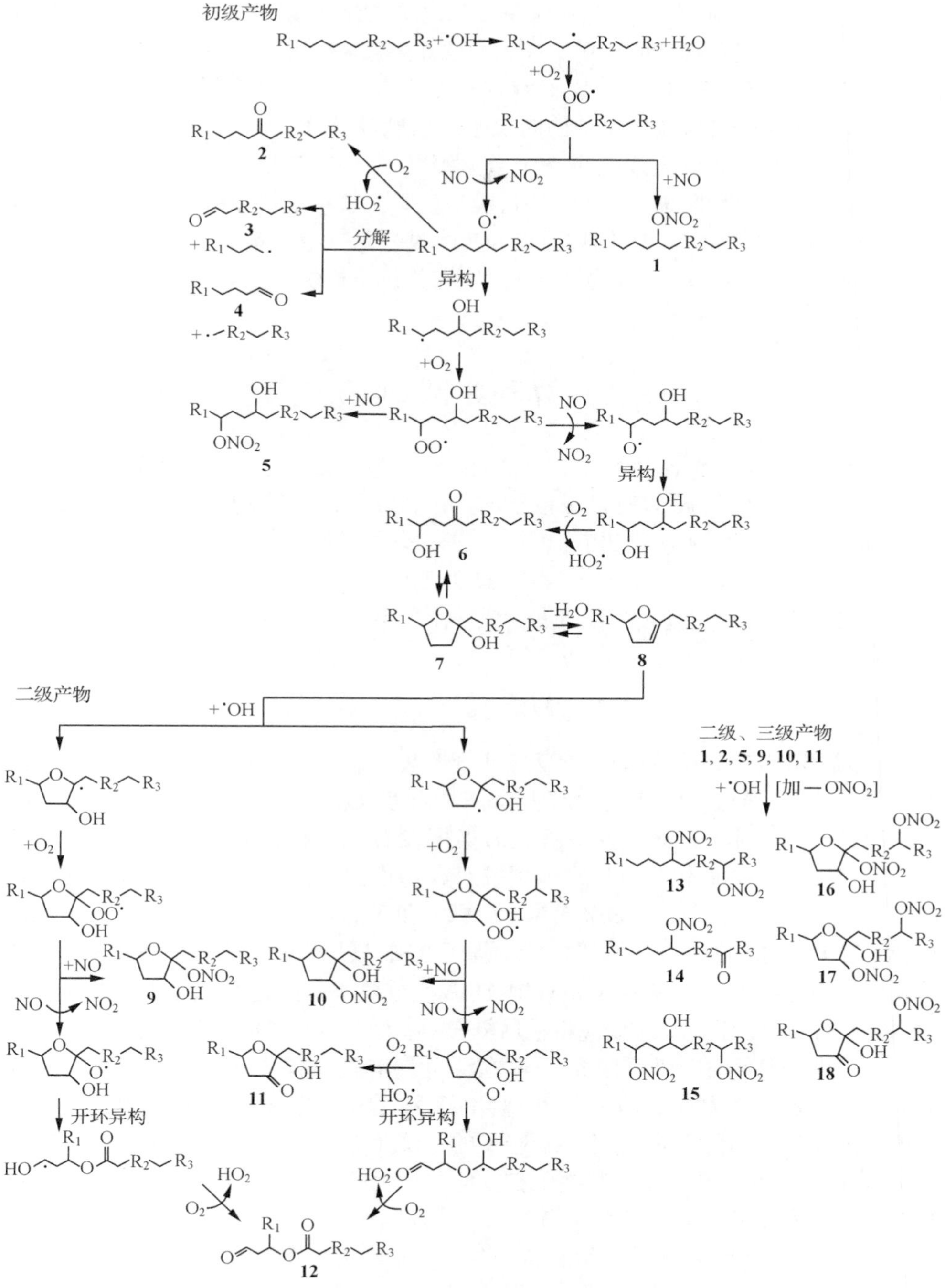

图 5.7　长链正构烷烃与·OH反应氧化路径(R_1,R_2,R_3表示烷基)

　　羟基羰基化合物(产物 **6**)是非常重要的二级氧化产物,它在长链烷烃 SOA 的生成过程中可能起着关键的作用。在大气中,羟基羰基化合物与其环半缩醛异构体(产物 **7**)及烷基二氢呋喃(产物 **8**)存在平衡关系[280-283]。这个平衡随着相对湿度的降低和正构烷烃含碳数的增加而向烷基二氢呋喃移动[282]。·OH 与烷基二氢呋喃的反应比与烷烃的反应快至少一个数量级[283],所以产物 **8** 会迅速与·OH 反应生成羟基烷基含氧硝酸酯(产物 **9,10**)、羟基烷基含氧羰基化合物(产物 **11**)和羰基酯(产物 **12**)等。产物 **1~12** 同样可以和·OH 发生氢摘取反应,生成更高级的氧化产物。图 5.7 中产物 **13~18** 为 Lim 等[277]在长链正构烷烃光氧化生成 SOA 的烟雾箱实验中,鉴别到的 SOA 组分。

5.2　SOA 产率的计算和典型 SOA 生成实验的结果

　　如无特殊说明,本书均采用 SOA 产率(Y)的概念量化 SOA 的生成,其定义为反应产生的有机气溶胶的质量浓度(M_o, $\mu g/m^3$)和消耗掉的前体 VOCs(ΔHC, $\mu g/m^3$)的比值[10,32],表达式如下:

$$Y = M_o/\Delta HC \qquad (5\text{-}9)$$

　　利用气相/颗粒相吸收分配理论,气溶胶产率 Y 可以推导为有机气溶胶浓度 M_o 的函数(详见"1.2.3.2　气溶胶产率"):

$$Y = M_o \sum_i \frac{\alpha_i K_{om,i}}{1 + K_{om,i} M_o} \qquad (5\text{-}10)$$

其中,α_i 是反应产物 i 的质量化学反应计量系数;$K_{om,i}$($m^3/\mu g$)是产物 i 经过 M_o 标准化后的分配系数。由于大气化学反应产物众多、路径复杂,不可能得到每种产物的 α_i 和 $K_{om,i}$ 值,因此通常假设将所有的半挥发有机产物归为一种($i=1$)或两种($i=2$),将式(5-10)简化为单产物模型或双产物模型。对于每种 VOCs,总气溶胶产率 Y 和 M_o 可以通过实验来确定,未知参数 α_i 和 $K_{om,i}$ 可以利用式(5-10)拟合。通过这种方法得到的 α_i 和 $K_{om,i}$ 并没有实际的物理意义,只是代表了所有半挥发有机产物的整体平均特性[38]。在很多 AQSM 中,SOA 生成模块也正是采用这种方法对 SOA 的生成进行模拟计算的。本研究将采用单产物模型对实验数据进行分析处理。

　　本书中,SOA 的产率根据式(5-9)在测量气溶胶体积浓度达到最大时进行计算。由于颗粒物重力沉积、扩散沉积、静电沉积等因素的作用,烟雾箱中的气溶胶浓度会随着时间而降低,这给估算 SOA 的生成带来一定的困难。为估算产生的 SOA 质量浓度 M_o,需要量化气溶胶在反应器壁上的损失,对测量值进行校正。颗粒物的校正方法见"4.3.3　颗粒物沉积的表征"。

　　一些实验室和外场观测研究认为,真实大气中 SOA 的密度在 1.2~1.4 g/cm³ 之间[160,284]。最近 Offenberg 等[285]报道甲苯/α-蒎烯混合 VOCs 光氧化生成的 SOA 密度接近 1.3 g/cm³,但单独甲苯或 α-蒎烯光氧化产生的 SOA 密度近似为

1 g/cm³。另一方面,先前绝大多数烟雾箱实验研究都假设 SOA 的密度为
1 g/cm³。因此本研究仍取这个值,用以将 SMPS 测得的颗粒物体积浓度转化为
质量浓度。

　　图 5.8 至图 5.10 为一个典型的间二甲苯光氧化生成 SOA 的烟雾箱实验结
果,实验的初始条件见表 5.2。实验以 CaSO₄ 作为气溶胶种子,图示包括间二甲苯
的消耗、NOₓ 及 O₃ 的变化、气溶胶体积浓度的增加和反应过程中粒径分布的变化。
如图 5.8 所示,反应开始后,间二甲苯在紫外光照射下不断被氧化,浓度不断降低。
光氧化生成的半挥发性或不挥发性有机产物积累到一定浓度后以 CaSO₄ 粒子为凝
结核开始形成 SOA。随着反应的进行,气溶胶浓度逐渐升高,粒径分布不断向粒
径增大方向偏移,峰值粒数浓度不断增加(图 5.10),表明产生大量 SOA。PM 浓
度在 2.4 h 后达到最大值,随后由于颗粒物在反应器壁上的沉积大于 SOA 的生
成,PM 浓度开始减小。

表 5.2　图 5.8 和图 5.10 所示实验的实验条件

项目	实验初始条件
间二甲苯	2.90 ppm
NOₓ	NOₓ(471 ppb),其中 NO(232 ppb)
间二甲苯/NOₓ	6.2
初始颗粒物	CaSO₄;粒数浓度:3.33×10^4 个/cm³;平均粒径:126 nm;标准偏差:1.65;体积浓度:73 μm³/cm³
温度、相对湿度	30 ℃,60% RH

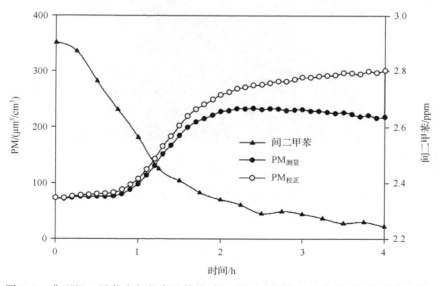

图 5.8　典型间二甲苯光氧化实验结果:间二甲苯和颗粒物浓度随时间的变化曲线

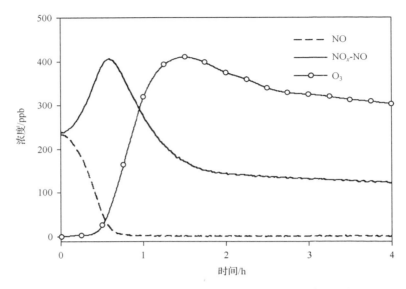

图 5.9　典型间二甲苯光氧化实验结果：NO、NO_x-NO、O_3 浓度随时间的变化曲线

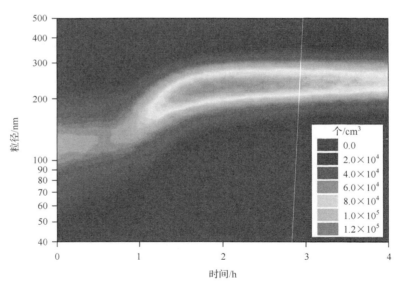

图 5.10　典型间二甲苯光氧化实验结果：粒径分布的变化

本图另见书末彩图

5.3　主要前体 VOCs 氧化生成 SOA 的研究

为研究各主要前体物的 SOA 生成潜势,本研究共进行了 24 项烟雾箱光氧化实验,实验的初始条件和结果见表 5.3。除 α-蒎烯外,所有实验都近似在 30 ℃,60％RH,没有初始颗粒物种子的条件下进行,以避免温度、RH 和初始颗粒物对 SOA 生成的影响(α-蒎烯实验相对湿度 40％)。

表 5.3　主要前体物光氧化实验的初始实验条件和结果

实验编号	HC_0 /ppm	NO_0 /ppb	$NO_{x,0}$ /ppb	$HC_0/NO_{x,0}$ /(ppm/ppm)	ΔHC /($\mu g/m^3$)	M_0 /($\mu g/m^3$)	Y /％
间二甲苯							
N. mXyl. 1	0.92	72	148	6.2	1179	66	5.6
N. mXyl. 2	1.26	102	209	6.0	1373	92	6.7
N. mXyl. 3	1.74	137	276	6.3	1671	122	7.3
N. mXyl. 4	1.68	132	273	6.2	1667	125	7.5
N. mXyl. 5	2.00	161	333	6.0	1947	148	7.6
N. mXyl. 6	2.51	182	381	6.6	2301	191	8.3
甲苯							
N. Tol. 1	2.33	108	223	10.4	753	64	8.5
N. Tol. 2	3.65	174	362	10.1	1070	107	10.0
N. Tol. 3	4.25	221	442	9.6	1294	143	11.0
1,2,4-三甲苯							
N. Tmb. 1	1.97	136	277	7.1	2109	44	2.1
N. Tmb. 2	2.99	204	412	7.3	2733	79	2.9
N. Tmb. 3	3.93	271	552	7.1	3317	118	3.6
α-蒎烯							
N. Pin. 1	0.088	25	51	1.7	482	40	8.3
N. Pin. 2	0.203	45	90	2.3	1120	131	11.7
N. Pin. 3	0.138	29	58	2.4	747	74	9.9
N. Pin. 4	0.181	41	82	2.2	982	107	10.9
N. Pin. 5	0.158	36	70	2.3	864	89	10.3
异戊二烯							
N. Iso. 1	0.94	124	254	3.7	2565	39	1.5
N. Iso. 2	1.58	220	503	3.1	3749	106	2.8

实验编号	HC_0 /ppm	NO_0 /ppb	$NO_{x,0}$ /ppb	$HC_0/NO_{x,0}$ /(ppm/ppm)	ΔHC /(μg/m³)	M_0 /(μg/m³)	Y /%
异戊二烯							
N. Iso. 3	2.08	266	630	3.3	5705	230	4.0
N. Iso. 4	2.59	284	755	3.4	6462	264	4.1
正十一烷							
N. Und. 1	3.03	239	484	6.3	2829	59	2.1
N. Und. 2	3.87	301	607	6.4	3455	83	2.4
N. Und. 3	4.85	389	797	6.1	4081	106	2.6

5.3.1　各前体物 SOA 产率与相关研究的比较

图 5.11 将间二甲苯实验（N. mXyl. 1～N. mXyl. 6）的 SOA 产率数据与 Takekawa 等[76]、Cocker 等[75] 和 Odum 等[38] 的研究做了比较。Takekawa 等[76] 的产率数据是在 2 m³ 的室内 Teflon 烟雾箱中获得的，实验温度 30℃，间二甲苯和 NO_x 的初始比值约为 10。Cocker 等[75] 在室内 28 m³ 的 Teflon 烟雾箱中研究了间二甲苯光氧化的 SOA 生成，实验温度 20℃，间二甲苯和 NO_x 的初始比值约 0.25。Odum 等[38] 的实验在室外 60 m³ 的 Teflon 烟雾箱中进行，实验温度和初始间二甲苯/NO_x 的范围分别在 35～40℃ 和 0.2～2.5 之间。需要注意的是，与本研究不同，以上这些研究都在实验开始前额外添加了一定量的丙烯，目的是促进反应初期 ·OH 的生成。但是，Song 等[92] 最近报道在间二甲苯光氧化实验中，丙烯的存在不但不会增加 ·OH 的生成，反而会降低 ·OH 的浓度。他们发现有丙烯存在下 SOA 的产率较没有丙烯的情况低 15% 以上。如图 5.11 所示，Takekawa 等的数据恰好落在本研究的 SOA 产率曲线上。和本研究的实验条件相比，Takekawa 等实验的间二甲苯/NO_x 更大，并添加了 1 ppm 的丙烯。丙烯的存在可能降低了 SOA 的产率，而高间二甲苯/NO_x 可以增加 SOA 的产率[89]，这两个差异共同导致了 Takekawa 等得到的 SOA 产率与本研究接近。Cocker 等的产率曲线远高于本研究结果，这可能是其实验温度较低（比本研究低 10℃）所致。对于给定的 M_0，SOA 产率在低温条件下会更高，这是因为纯物质的分配常数 K 反比于其蒸气压[49,50,76]。尽管 Cocker 等的数据是在低间二甲苯/NO_x 的条件下获得的，温度对 SOA 产率的影响可能更为显著[89]。与本研究实验条件相比，Odum 等的实验是在更高的温度、更低的间二甲苯/NO_x 以及 300 ppb 丙烯的存在下进行的，所有这些因素都会降低 SOA 的产率。

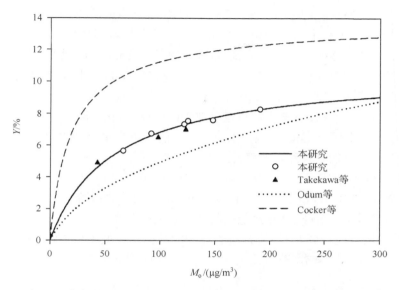

图 5.11　间二甲苯实验(N. mXyl. 1～N. mXyl. 6)的 SOA 产率数据与相关研究的比较

图 5.12 对甲苯实验数据(N. Tol. 1～N. Tol. 3)和 Izumi 等[72]、Odum 等[35]、Takekawa 等[76]的实验结果进行了比较。Izumi 等[72]在一个 4 m³ 的 Teflon 烟雾箱中研究了甲苯/NO_x光氧化体系 SOA 的生成,实验的初始甲苯/NO_x和温度分别为 4.5 和 29 ℃;Odum 等[35]的实验是在 60 m³ 的室外烟雾箱中进行的,甲苯/NO_x

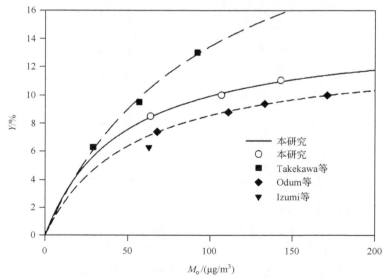

图 5.12　甲苯实验(N. Tol. 1～N. Tol. 3)的 SOA 产率数据与相关研究的比较

和温度的范围分别在 0.9～3.3 和 30～42 ℃；Takekawa 等[76] 的实验条件和本研究接近，甲苯/NO$_x$约 10，温度 30 ℃。由图 5.12 可见，本研究的产率数据比 Izumi 等的高，这可能是本研究甲苯/NO$_x$较高造成的[89]。Takekawa 等的实验初始条件与本研究接近，但是在他们的实验中，为了促进初始·OH 的生成，添加了 1 ppm 的丙烯。Song 等[92] 认为丙烯的添加将导致 SOA 产率的降低，但是 Takekawa 等[76] 认为丙烯氧化产生的过氧自由基将竞争与 NO 的反应，从而减少甲苯的消耗，增加 SOA 产率。和本研究实验条件相比，Odum 等的实验在更高的温度、更低的甲苯/NO$_x$下进行，这可能是导致其产率低于本研究的原因。

　　1,2,4-三甲苯实验数据（N. Tmb. 1～N. Tmb. 3）和 Odum 等[38]、Takekawa 等[76] 实验结果的比较见图 5.13。Takekawa 等[76] 实验的初始 1,2,4-三甲苯/NO$_x$约为 10，高于本研究的 8，这导致他们的产率数据高于本研究。Odum 等[38] 的实验在更低的温度下进行（22～26 ℃），尽管他们的数据是在低 HC/NO$_x$的条件下获得的，温度对 SOA 产率的影响可能更为显著[89]，因此 Odum 等的产率数据也高于本研究。

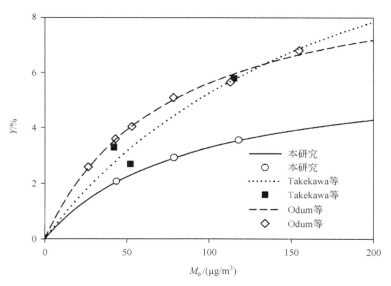

图 5.13　1,2,4-三甲苯实验（N. Tmb. 1～N. Tmb. 3）的 SOA 产率数据与相关研究的比较

　　α-蒎烯实验数据（N. Pin. 1～N. Pin. 5）和 Odum 等[38]、Takekawa 等[76] 实验结果的比较见图 5.14。Odum 等[38] 的实验是在温度 308～313 K，α-蒎烯/NO$_x$0.9～4.1 的条件下进行的；Takekawa 等[76] 的实验是在温度 303 K，α-蒎烯/NO$_x$约 1.8 的条件下进行的。由于这些实验条件与本研究接近，导致这些研究的 SOA 产率大多落在本研究的产率曲线附近。

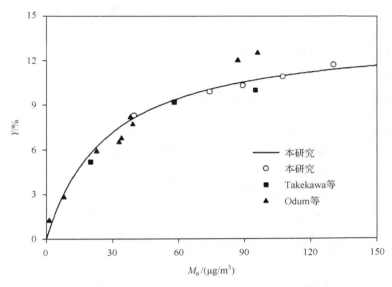

图 5.14　α-蒎烯实验(N. Pin. 1～N. Pin. 5)的 SOA 产率数据与相关研究的比较

目前,国外对正十一烷和异戊二烯系统的 SOA 产率研究较少。Takekawa 等[76]曾在研究温度对 SOA 生成的影响时,首次对正十一烷生成 SOA 进行了研究。他们在 30℃下获得的产率数据见图 5.15。和他们的产率数据相比,本研究的产

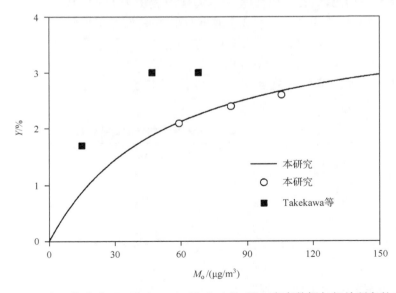

图 5.15　正十一烷实验(N. Und. 1～N. Und. 3)的 SOA 产率数据与相关研究的比较

率偏低,原因可能是 Takekawa 等的实验初始正十一烷/NO_x(~10)高于本研究(~6)。异戊二烯大气氧化可以生成 SOA 是近些年才被人们逐渐认识的。Kroll 等[26,156]的研究显示,异戊二烯的 SOA 产率在 0.9%~5.5%之间,这与本研究结果一致(1.5%~4.1%)。

5.3.2　各前体物 SOA 产率之间的比较

表 5.4 和图 5.16 总结了甲苯、间二甲苯、1,2,4-三甲苯、异戊二烯和正十一烷在无颗粒情况下得到的 SOA 单产物产率曲线参数和产率曲线。可见对 3 种芳香烃来说,SOA 产率由高到低的顺序为甲苯、间二甲苯和 1,2,4-三甲苯,与 Odum 等[35,38]和 Takekawa 等[76]的结果是一致的。这 3 种 VOCs 在 25 ℃时与·OH反应的反应速率常数分别为 5.96×10^{-12} $cm^3 \cdot molecule^{-1} \cdot s^{-1}$、$23.6\times10^{-12}$ $cm^3 \cdot molecule^{-1} \cdot s^{-1}$ 和 32.5×10^{-12} $cm^3 \cdot molecule^{-1} \cdot s^{-1[278]}$,与它们 SOA 产率的大小顺序正好相反。Takekawa 等[76]提供了如下的解释:以甲苯为例,Hurley 等[253]认为 SOA 是在二次反应中生成的。假设所有芳香烃 SOA 都是二次反应生成,且所有这些二次反应的反应速率常数都近似相同,那么一次反应速率常数小的 VOCs,其二次反应速率常数和一次反应速率常数之比就大。SOA 的产率定义为产生的 SOA 浓度与反应掉的 ROG 的比值,它应该与二次反应和一次反应的比成正比。因此,·OH反应速率常数较低的 VOCs 可能具有比较高的 SOA 产率。Odum 等[35,38]指出,芳香烃化合物中,含有 1 个或少于 1 个甲基或乙基取代的物种的 SOA 产率总体来说要比含有 2 个或更多甲基取代的物种要高。他们将甲苯、乙苯和正丙苯划为"高产率芳香烃"。这些物种在 25 ℃下与·OH的反应速率常数均低于 $7.1\times10^{-12} cm^3 \cdot molecule^{-1} \cdot s^{-1}$。二甲苯、三甲苯被划为"低产率芳香烃",它们与·OH的反应速率常数至少是上述"高产率芳香烃"的 1.9 倍。上述 VOCs 是符合这一解释的。

表 5.4　5 种 VOCs 的 SOA 单产物产率曲线参数

VOCs	α	$K_{om}/(m^3/\mu g)$	R^2
甲苯	0.1446	0.0219	0.9999
间二甲苯	0.1077	0.0174	0.9998
1,2,4-三甲苯	0.0618	0.0114	0.9999
α-蒎烯	0.1383	0.0358	0.9996
异戊二烯	0.0568	0.0096	0.9989
正十一烷	0.0402	0.0188	0.9995

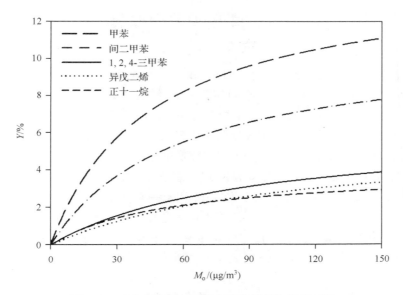

图 5.16　5 种 VOCs 气溶胶产率曲线的比较(30 ℃)

图 5.16 显示,间二甲苯的 SOA 产率比 1,2,4-三甲苯高,然而 Odum 等[38]认为这两种 VOCs 的 SOA 产率基本相等。可能的原因如下:Odum 等关于间二甲苯的实验是在 35～40 ℃的条件下进行的,这要比 1,2,4-三甲苯的实验条件(22～26 ℃)高。在较高温度下,SOA 产率会降低,因此若实验温度相同,间二甲苯的 SOA 产率应该比 1,2,4-三甲苯高。

在 5 种 VOCs 中,由于异戊二烯的分子量远小于其他物种,很容易理解它的氧化产物的挥发性也较高,因此异戊二烯具有较低的 SOA 产率。但是,正十一烷虽然是这 5 个物种中含碳数最大的物种,其 SOA 产率却非常低。可能的原因是:对于芳香烃和 α-蒎烯,在气溶胶产物中检测到了多取代基产物[43,234,260,286]。含有亚甲基官能团的正烷烃中的一个氢原子很可能被·OH或NO$_3^-$摘除,进而在气相中生成RO$_2^-$。在 NO 存在的情况下,RO$_2^-$ 大部分与 NO 反应生成 RO· 或者烷基硝基酯(RONO$_2$):

$$RO_2^- + NO + M \xrightarrow{k_a} RONO_2 \tag{5-11}$$

$$RO_2^- + NO \xrightarrow{k_b} RO^{\cdot} + NO_2 \tag{5-12}$$

这两个反应的反应速率常数之比可以用衰减(fall-off)反应的表达式表示[278]:

$$\frac{k_a}{k_b} = \left(\frac{Y_0^{300}[M](T/300)^{-m_0}}{1 + \dfrac{Y_0^{300}[M](T/300)^{-m_0}}{Y_\infty^{300}(T/300)^{-m_\infty}}} \right) F^Z \tag{5-13}$$

其中,

$$Z = \left\{ 1 + \left[\log\left(\frac{Y_0^{300}[M](T/300)^{-m_0}}{Y_\infty^{300}(T/300)^{-m_\infty}} \right) \right]^2 \right\}^{-1} \tag{5-14}$$

$$Y_0^{300} = \alpha \cdot e^{\beta \cdot n} \tag{5-15}$$

n 是过氧烷基自由基的碳原子数。Atkinson 等[278]对式(5-13)至式(5-15)的所有参数进行了实验评估。利用式(5-13)估算的十一烷过氧自由基生成十一烷硝酸盐的产率约为 0.44。十一烷基硝酸盐与十一烷基醇具有相近的蒸气压,约为 0.1 Torr[32]。因此,十一烷基硝酸盐存在于气溶胶相的可能性很小。高产率的十一烷基硝酸盐可能是正十一烷 SOA 产率较低的原因之一。

在无 NO 的条件下,绝大多数 $RO_2^\cdot$ 会和其他 $RO_2^\cdot$ 或 $HO_2^\cdot$ 发生反应,生成 $RO^\cdot$、醇或者酮类产物。同样,十一烷基醇和十一烷基酮的蒸气压不足以使它们存在于气溶胶相。$RO_2^\cdot$ 与 $HO_2^\cdot$ 反应可以生成烷基过氧化物。目前,很少有文献报道烷基过氧化物的蒸气压。假设十一烷过氧化物和十一烷酸有相近的蒸气压,约 10^{-5} Torr[32],那么它在气溶胶相中存在的可能性也很小。

在 $RO^\cdot$ 分解或者与 O_2 发生反应时能产生一些单取代基物种,而单取代基物种的挥发性一般较大;另一方面,$RO^\cdot$ 异构化能产生较多取代基的物种,通常具有较低的挥发性。正十一烷 SOA 产率很低,间接地反映了正十一烷氧化过程中参与异构化路径的 $RO^\cdot$ 较少,或者 $RO^\cdot$ 异构化产生的多取代物种的挥发性同样不足以使这些物种存在于颗粒相。

5.4 本 章 小 结

(1) 通过烟雾箱实验,获得了 30 ℃和 60% RH 的实验条件下,甲苯、间二甲苯、1,2,4-三甲苯、α-蒎烯、异戊二烯和正十一烷光氧化体系生成 SOA 的产率数据参数。以单产物模型表示,这些 VOCs 在无颗粒情况下的 α 和 K_{om} 值分别为 0.145、0.022 m³/μg,0.108、0.017 m³/μg,0.062、0.011 m³/μg,0.138、0.036 m³/μg,0.057、0010 m³/μg 和 0.040、0.019 m³/μg。3 种芳香烃 SOA 产率由高到低的顺序为甲苯、间二甲苯和 1,2,4-三甲苯,均大于异戊二烯和正十一烷。

(2) 各前体 VOCs 的 SOA 产率数据与相关研究可比,进一步表明清华大学环境科学与工程系烟雾箱实验系统运行稳定、数据可信,能够满足大气化学反应研究特别是 SOA 相关研究的要求。

第6章 无机颗粒和 SOA 相互影响的研究：
Ⅰ.无机离子颗粒对间二甲苯 SOA 生成的影响

烟雾箱是实验室研究大气光化学过程最重要的手段之一。在过去的 30 年中，国外相关研究人员针对单独 VOCs 物种的 SOA 生成进行了大量的烟雾箱实验[10,34,35,38,72,74-76,86,91,93,234,256,287]。如"1.2.4.5 气溶胶种子的添加"中所述，绝大多数这些实验都是在无颗粒或者无机颗粒物浓度相对较低的情况下进行的（$<20~\mu m^3/cm^3$）。然而我国很多城市大气细颗粒物中无机部分浓度往往很高。以北京市为例，$PM_{2.5}$ 的浓度常年维持在 $100~\mu g/m^3$ 左右，在一些极端条件下甚至可以达到 $300~\mu g/m^3$ 以上，其中无机离子组分（主要是 SO_4^{2-}，NO_3^- 和 NH_4^+）大约占 $1/3$[102,103]。如此高浓度的无机粒子对 SOA 的生成是否有影响、有怎样的影响，国内外尚无报道。另一方面，目前国内采用的 AQSM 中 SOA 模块往往只是简单应用模型的默认参数，而这些参数和模块本身并没有引入颗粒物的影响，并不一定适用于中国的实际情况。因此有必要针对高颗粒物浓度情况进行研究，修正机理、更新参数。本章考察了高浓度（$>15~\mu m^3/cm^3$）无机离子颗粒对间二甲苯光氧化生成 SOA 的影响。选取间二甲苯作为前体 VOCs 主要因为它是一种重要的人为排放的 SOA 前体物[10,33-35]，一般认为也是城市大气中最活跃的芳香烃物种[288]，在过去的烟雾箱研究中一直被广泛地用作光氧化前体物[35,38,75,76,89,92,289]。

6.1 对无机离子气溶胶的分类和选取

6.1.1 无机离子气溶胶的含水特性

无机离子气溶胶具有吸湿特性，在潮湿空气中会潮解并大量吸水形成液滴，而在干燥空气中则会结晶形成干燥颗粒[11]449-461。例如，对于 $(NH_4)_2SO_4$ 颗粒（如图 6.1 所示），当环境相对湿度逐渐增加而未达到潮解相对湿度（Deliquescence Relative Humidity, DRH）的时候，$(NH_4)_2SO_4$ 颗粒不会吸水，其质量与体积维持不变；一旦达到 DRH，$(NH_4)_2SO_4$ 颗粒就会瞬间吸收大量水汽，由干燥的固态气溶胶转变为均一的液态颗粒，此时气溶胶的质量与体积因吸收大量水气瞬间增长。RH 高于 DRH 后，$(NH_4)_2SO_4$ 颗粒可随 RH 的增加而持续吸收水分，使得气溶胶的质量与体积逐渐增大，但单位 RH 气溶胶质量与体积的改变量小于潮解瞬间的变化量[290]。

当环境 RH 由高向低逐渐下降的时候，$(NH_4)_2SO_4$ 液滴所吸收的水分会逐渐蒸发，可是在 RH 小于 DRH 的时候，气溶胶并不会立即将水分释出，而是以亚稳

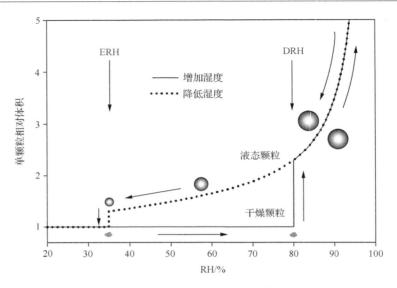

图 6.1　(NH₄)₂SO₄ 吸湿特性：单颗粒相对体积随 RH 的变化

态气溶胶液滴（即过饱和溶液）的形式存在于大气环境中[291-293]，直到环境 RH 低于风化相对湿度（Efflorescence Relative Humidity，ERH）或称为结晶相对湿度（Crystallization Relative Humidity，CRH）才会形成结晶的干燥气溶胶[11]449-461。

　　颗粒物的含水特性会影响其在大气中的物理、化学特性及形成云凝结核（Cloud Condensation Nuclei，CCN）的能力，同时也能影响大气酸沉降[294]、能见度[295]、气候变化[296]、人体健康等。表 6.1 列出了一些无机盐类 25 ℃时的 DRH 和 ERH 值。

表 6.1　一些无机盐类的 DRH 和 ERH(25 ℃)

无机盐类	DRH/% [a]	ERH/% [b]
KCl	84.2	59
Na₂SO₄	84.2	56
NH₄Cl	80.0	45
(NH₄)₂SO₄	79.9	35
NaCl	75.3	43
NaNO₃	74.3	无
NH₄NO₃	61.8	无
NaHSO₄	52.0	
NH₄HSO₄	40.0	无
CaSO₄	～97 [c]	
Ca(NO₃)₂	～12	

a. 无特殊说明来自文献[297-299]

b. 来自文献[300]

c. 来自文献[301]

6.1.2　无机离子气溶胶的分类和选取

大气颗粒物中包含了数十种无机离子物种，为简化实验，有必要对无机离子气溶胶进行一定程度的分类。本研究根据无机盐类的 DRH、ERH 值以及是否存在 NH_4^+，将无机离子气溶胶分为 4 类，如表 6.2 所示。例如 30 ℃时，$(NH_4)_2SO_4$ 的 DRH 和 ERH 分别约为 80%和 35%[11] 449-461。由雾化器（TSI Model 3076）产生的 $(NH_4)_2SO_4$ 颗粒（液态）在经过扩散干燥器（TSI Model 3062）后，RH 由大于 95%降到 25%（干燥），随后注入 RH 为 55%～57%的烟雾箱中（干燥）。又由于 $(NH_4)_2SO_4$ 包含 NH_4^+，是强酸弱碱盐，因此注入的 $(NH_4)_2SO_4$ 被认为是干燥酸性颗粒。最近，有大量研究利用高浓度（50～500 μg/m³）的液态酸性粒子（如 $(NH_4)_2SO_4 + H_2SO_4$）考察了颗粒物酸度对 SOA 生成的影响[61,68,70,99,100,302]。这些研究发现，液态酸性粒子可以促使多官能团羰基物种发生颗粒相异相酸催化反应生成高分子量的低聚物，从而增加 SOA 的生成，提高 SOA 的产率。因此，本研究只对前 3 种离子气溶胶进行了研究。Wang 等[103]在对北京市 PM$_{2.5}$ 成分做了细致的观测后认为，$CaSO_4$、$(NH_4)_2SO_4$ 和 $CaCO_3$ 是北京市沙尘天气下细颗粒物的主要成分，而 $(NH_4)_2SO_4$、$Ca(NO_3)_2$ 和 NH_4NO_3 是北京市阴霾天气下细颗粒物的主要成分。因此，本研究选取 $CaSO_4$、$Ca(NO_3)_2$ 和 $(NH_4)_2SO_4$ 分别代表干燥中性、液态中性和干燥酸性气溶胶种子，以期在一定程度上反映北京市细颗粒物无机离子部分的特征。

表 6.2　无机离子种子气溶胶的分类

分类	无机盐类[a]				
干燥中性	$CaSO_4$ *		Na_2SO_4	$NaNO_3$	$NaCl$　KCl
液态中性	$Ca(NO_3)_2$ *		$CaCl_2$		
干燥酸性	$(NH_4)_2SO_4$ *		NH_4Cl		
液态酸性	NH_4HSO_4		NH_4NO_3	$NaHSO_4$	

a. 标 * 号物种为选取研究的无机气溶胶

6.2　无机离子颗粒影响的检验性实验结果

为考察高浓度无机离子气溶胶对 SOA 的生成是否有影响，本研究共进行了 31 项间二甲苯光氧化实验，实验的初始条件和结果见表 6.3。其中种子气溶胶体积浓度范围 0～83 μm³/cm³，高于国外相关研究[38,74-76,91]。所有的实验都近似在 30 ℃、60%RH 和 HC/NO$_x$ 为 6 的条件下进行，以避免温度、RH、HC/NO$_x$ 对 SOA 生成的影响。表 6.3 同时列出了初始种子气溶胶的粒数浓度（N_0）、平均直径（$d_{mean,0}$）、几何标准偏差（$\sigma_{g,0}$）和体积浓度（PM$_0$）等信息。

表 6.3　不同无机离子颗粒存在下间二甲苯光氧化实验的初始实验条件和结果（温度 30 ℃）

实验编号	HC_0 /ppm	NO_0 /ppb	$NO_{x,0}$ /ppb	$N_0 \times 10^{-4}$ /(个/cm^3)	$d_{mean,0}$ /nm	$\sigma_{g,0}$	PM_0 /($\mu m^3/cm^3$)	$HC_0/NO_{x,0}$ /(ppm/ppm)	ΔHC /ppm	M_0 /($\mu g/m^3$)	Y /%
无 PM[a]											
N. mXyl. 1	0.92	72	148				0	6.2	0.27	66	5.6
N. mXyl. 2	1.26	102	209				0	6.0	0.32	92	6.7
N. mXyl. 3	1.74	137	276				0	6.3	0.39	122	7.3
N. mXyl. 4	1.68	132	273				0	6.2	0.39	125	7.5
N. mXyl. 5(S1)	2.00	161	333				0	6.0	0.45	148	7.6
N. mXyl. 6	2.51	182	381				0	6.6	0.54	191	8.3
$CaSO_4$[a]											
CS. mXyl. 1	1.17	86	174	1.35	100	1.69	16	6.7	0.29	67	5.4
CS. mXyl. 2	1.22	101	205	3.87	108	1.67	51	5.9	0.32	89	6.5
CS. mXyl. 3	1.76	134	283	3.21	113	1.63	48	6.2	0.40	113	6.7
CS. mXyl. 4(S2)	2.03	167	343	3.41	104	1.69	43	5.9	0.46	148	7.6
CS. mXyl. 5	2.90	232	471	3.33	126	1.65	73	6.2	0.59	201	8.0
CS. mXyl. 6	3.34	254	523	1.59	122	1.76	37	6.4	0.67	261	9.2
$Ca(NO_3)_2$[b]											
CN. mXyl. 1	1.24	98	203	3.98	95	1.66	44	6.1	0.29	59	4.8
CN. mXyl. 2	1.34	112	227	3.11	109	1.59	42	5.9	0.31	80	5.9
CN. mXyl. 3	1.68	137	282	3.51	103	1.62	43	6.0	0.37	106	6.7
CN. mXyl. 4(S3)	1.92	149	310	4.70	118	1.58	79	6.2	0.41	136	7.7

续表

实验编号	HC_0 /ppm	NO_0 /ppb	$NO_{x,0}$ /ppb	$N_0 \times 10^{-4}$ /(个/cm³)	$d_{mean,0}$ /nm	$\sigma_{g,0}$	PM_0 /(μm³/cm³)	$HC_0/NO_{x,0}$ /(tppm/ppm)	ΔHC /ppm	M_o /(μg/m³)	Y /%
CN.mXyl.5	2.23	179	359	3.29	108	1.57	43	6.2	0.51	174	8.0
CN.mXyl.6	2.43	196	406	4.29	125	1.56	83	6.0	0.53	183	8.1
CN.mXyl.7	3.01	239	484	4.86	113	1.58	74	6.2	0.60	230	8.9
$(NH_4)_2SO_4$[b]											
AS.mXyl.1	2.85	208	420	1.12	91	1.67	11	6.8	0.57	208	8.6
AS.mXyl.2(S4)	2.06	166	337	1.41	109	1.71	23	6.1	0.45	150	7.7
AS.mXyl.3(S5)	2.15	162	326	2.54	105	1.78	47	6.6	0.45	169	8.8
AS.mXyl.4	0.92	70	137	3.04	102	1.65	43	6.7	0.27	93	8.1
AS.mXyl.5	1.73	132	272	2.54	112	1.64	45	6.4	0.40	165	9.7
AS.mXyl.6	2.41	178	365	2.13	124	1.68	55	6.6	0.53	232	10.3
AS.mXyl.7	0.92	69	134	3.12	107	1.65	48	6.9	0.26	97	8.6
AS.mXyl.8	1.74	130	271	2.69	115	1.69	57	6.4	0.40	179	10.5
AS.mXyl.9(S6)	2.12	176	355	2.83	114	1.67	57	6.0	0.47	217	10.9
AS.mXyl.10	0.92	70	143	3.11	113	1.69	63	6.4	0.26	110	10.1
AS.mXyl.11	1.56	132	269	2.74	123	1.69	69	5.8	0.35	173	11.5
AS.mXyl.12(S7)	2.07	166	348	2.42	132	1.70	74	6.0	0.47	249	12.3

a. RH 60%

b. RH 55%~57%

如表 6.3 所示，实验 N. mXyl. 5，CS. mXyl. 4，CN. mXyl. 4，AS. mXyl. 2，
AS. mXyl. 3，AS. mXyl. 9 和 AS. mXyl. 12（重新编号为 S1～S7）除了初始颗粒物
浓度不同外，具有近似的初始反应条件。图 6.2 比较了这些实验 NO_x-NO、O_3 和

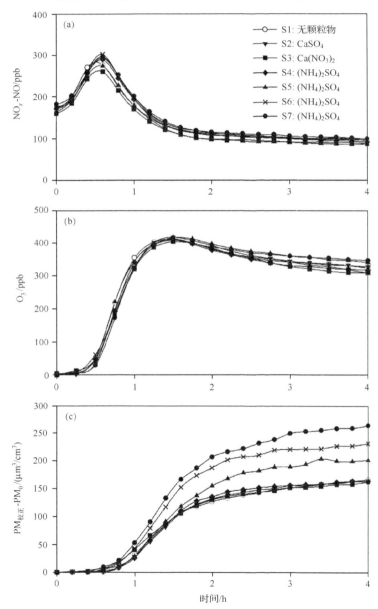

图 6.2　NO_x-NO(a)，O_3(b) 和 $PM_{校正}$-PM_0(c)随时间的变化（S1～S7）

$PM_{校正}$-PM_0 随时间的变化曲线，结果显示：

（1）高浓度的干燥 $CaSO_4$、液态 $Ca(NO_3)_2$ 和干燥 $(NH_4)_2SO_4$ 气溶胶对间二甲苯气相氧化过程基本没有影响。这些实验 NO_x-NO 和 O_3 变化曲线的趋势几乎一样，NO 和间二甲苯的变化曲线也几乎相同。这与 Kroll 等[94] 和 Cao 等[302] 的发现一致，即种子气溶胶对 HC 氧化过程的影响可以忽略。

（2）高浓度的干燥 $CaSO_4$ 和液态 $Ca(NO_3)_2$ 对 SOA 的形成也没有影响。实验 S1～S3 的 SOA 生成（$PM_{校正}$-PM_0）几乎一样。这与 Cocker 等[75] 发现低浓度（<10 $\mu g/m^3$）无机种子对间二甲苯光氧化生成 SOA 没有影响的结论也是一致的。

（3）高浓度干燥 $(NH_4)_2SO_4$ 气溶胶可以影响 SOA 的生成。实验 S4（23 $\mu m^3/cm^3$）的 $PM_{校正}$-PM_0 曲线与实验 S1～S3 几乎一样，但是在实验 S5～S7 中，干燥 $(NH_4)_2SO_4$ 气溶胶明显增加了 SOA 的产生，且这 3 个实验的 $PM_{校正}$-PM_0 曲线并不相同。这个结果表明，干燥 $(NH_4)_2SO_4$ 气溶胶对 SOA 生成的影响与其浓度有关。

6.3　中性粒子和干燥酸性粒子对 SOA 生成的影响

图 6.3 显示了所有间二甲苯光氧化实验的 SOA 产率随着有机气溶胶质量浓度 M_0 变化的关系。很明显，不含种子气溶胶的产率数据点（○）和含有干燥 $CaSO_4$（×）、液态 $Ca(NO_3)_2$（■）种子气溶胶的产率数据点几乎落在同一条产率曲线上。

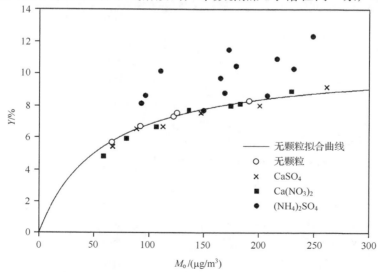

图 6.3　间二甲苯光氧化实验 SOA 产率随 M_0 的变化

用单产物模型对这条产率曲线进行拟合(实线),得到的质量化学反应计量系数 α 和标准化分配系数 K_{om} 分别为 0.109 和 0.017($R^2 = 0.9994$)。结果进一步确认了先前的结论,即高浓度干燥的 $CaSO_4$ 和液态的 $Ca(NO_3)_2$ 气溶胶对光氧化间二甲苯生成 SOA 没有明显的影响。这个结论也与国外低浓度($<20~\mu m^3/cm^3$)种子气溶胶的相关研究结果相符[75,86],即干燥和液态的种子气溶胶不会改变芳香烃光氧化相关半挥发性产物的生成量(α)和产物的分配特性(K_{om})。本研究将这一结论的适用范围扩展到了更高的种子气溶胶浓度($<90~\mu m^3/cm^3$),并推论中性粒子对 SOA 的生成并无明显影响。

　　与干燥 $CaSO_4$ 和液态 $Ca(NO_3)_2$ 种子气溶胶不同,图 6.3 显示除了实验 AS. mXyl. 1 和 AS. mXyl. 2 外(落在无颗粒拟合曲线上的两点),干燥酸性的 $(NH_4)_2SO_4$ 增加了 SOA 的产率,且产率数据点并不能用一条产率曲线进行描述。为了识别究竟是哪个因素与干燥 $(NH_4)_2SO_4$ 的影响有关,表 6.4 列出了有、无 $(NH_4)_2SO_4$ 所有实验颗粒物的一些其他信息,比如当 SOA 开始生成时 PM(即 $(NH_4)_2SO_4$)的体积($PM_{v,g}$)和表面积($PM_{s,g}$)浓度。可以看出,根据 $PM_{s,g}$ 的大小,实验可以分为不同的几组。如图 6.4 所示,实验 AS. mXyl. 1 和 AS. mXyl. 2 的 $PM_{s,g}$ 值小于 $7~cm^2/m^3$,它们落在无颗粒的产率曲线上(第 1 组);第 2 组到第 4 组分别由 $PM_{s,g}$ 大约 $13~cm^2/m^3$、$15~cm^2/m^3$ 和 $17~cm^2/m^3$ 的实验点组成。用单产

表 6.4　有、无 $(NH_4)_2SO_4$ 种子气溶胶实验的颗粒物信息和分类

组序	实验编号	PM_0 /($\mu m^3/cm^3$)	$PM_{v,g}$ /($\mu m^3/cm^3$)	$PM_{s,g}$ /(cm^2/m^3)	α	K_{om} /($m^3/\mu g$)
1	N. mXyl. 1~6	0	—	—	0.109	0.017
	AS. mXyl. 1	11	9	3.5		
	AS. mXyl. 2	23	20	6.7		
2	AS. mXyl. 4	43	41	13.2	0.130	0.018
	AS. mXyl. 5	45	42	12.8		
	AS. mXyl. 6	55	52	13.0		
3	AS. mXyl. 7	48	46	14.5	0.140	0.017
	AS. mXyl. 8	57	53	14.9		
	AS. mXyl. 9	57	54	15.4		
4	AS. mXyl. 10	63	59	16.7	0.152	0.018
	AS. mXyl. 11	69	65	17.1		
	AS. mXyl. 12	74	70	17.1		
其他	AS. mXyl. 3	47	42	11.0	—	—

物模型对每组进行拟合可以得到另外 3 条产率曲线（如图 6.4）。这个结果表明，当实验中 $(NH_4)_2SO_4$ 的 $PM_{s,g}$ 低于一个阈值的时候，干燥 $(NH_4)_2SO_4$ 的存在对 SOA 的生成没有（或不明显）影响，而当 $PM_{s,g}$ 高于这个阈值时，SOA 产率随着 $PM_{s,g}$ 的增加而增加。AS. mXyl. 3 的 $PM_{s,g}$ 为 11 cm^2/m^3，它正好落在第 1 组和第 2 组之间，说明阈值在 $7 \sim 11$ cm^2/m^3 之间。进一步的分析讨论见第 7 章。

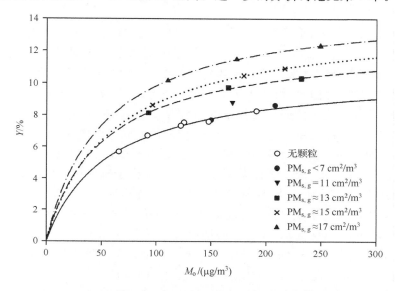

图 6.4　有、无 $(NH_4)_2SO_4$ 气溶胶实验 SOA 产率随 M_o 的变化

干燥 $(NH_4)_2SO_4$ 的影响可能与覆盖在种子气溶胶表面有机层的厚度有关。在产生 SOA 质量相同的情况下，种子气溶胶的表面积越大，有机层的厚度越薄。$(NH_4)_2SO_4$ 的影响在 $PM_{s,g}$ 大的时候，即有机层厚度薄的情况下更为显著。据此，可以对 Kroll 等[94] 和 Cocker 等[75] 的实验数据进行一定程度的分析。如 "1.2.4.5　气溶胶种子的添加" 中所述，Kroll 等[94] 和 Cocker 等[75] 的研究结论存在一定的差异。Cocker 等[75] 认为干燥的 $(NH_4)_2SO_4$ 对 SOA 的产生没有影响，而 Kroll 等[94] 发现干燥的 $(NH_4)_2SO_4$ 气溶胶增加了 SOA 的产率。根据 Cocker 等提供的实验信息，他们实验的初始 $(NH_4)_2SO_4$ 表面积小于 5 cm^2/m^3，而实验产生的 SOA 与本研究接近，因此干燥 $(NH_4)_2SO_4$ 的影响未能显现。而在 Kroll 等[94] 的研究中，$(NH_4)_2SO_4$ 的表面积比 Cocker 等的高 2 倍以上，且实验产生的 SOA 较少（<25 $\mu m^3/cm^3$，同样可以导致较薄的有机层厚度），因此他们观察到了干燥 $(NH_4)_2SO_4$ 的影响。

图 6.4 中每条 SOA 产率曲线的 α 和 K_{om} 值列于表 6.4。结果显示分配系数 K_{om} 随着 $PM_{s,g}$ 的增加变化不大，这说明间二甲苯光氧化产生的可凝结有机组分

(Condensable Organic Compounds, CCs)的整体分配特性在干燥$(NH_4)_2SO_4$存在下变化并不大。但是 α 随着 $PM_{s,g}$ 增加,表明在高表面积浓度干燥$(NH_4)_2SO_4$的存在下,产生了更多可生成 SOA 的产物(即 CCs)。下一节将对可能的原因进行探讨。

6.4　干燥酸性粒子对 SOA 生成影响的原因

最近的研究显示,除了物理吸附外,颗粒相反应对气相/颗粒相分配也有很大的贡献[11] 666-670。这类反应的产物是高分子量的低聚物,且这些成分已经在生物排放 VOCs 臭氧氧化[60,68]和芳香烃光氧化[33]生成的 SOA 中得到检测。由于高分子量低聚物的生成,相关气相产物将会更多的分配在颗粒相,从而增加 SOA 的产生。目前,不仅在有中性或酸性种子气溶胶存在的 SOA 生成体系中观察到低聚物[60,61,68,70,95,100],在无种子气溶胶的 SOA 生成体系同样也检测到了低聚结构的物质[33,61]。此外,有研究认为这类颗粒相反应与无机气溶胶的酸性有关。与中性种子和无种子存在的 SOA 生成体系相比,强酸液态种子气溶胶(如 H_2SO_4)可以引起异相酸催化反应,从而促进 SOA 的生成,增加 SOA 的产率[61,68,100,302]。Jang 等[70,95]认为酸催化的异相反应包括水合(hydration)、半缩醛和缩醛的产生(hemiacetal and acetal formation)、醇醛缩合(aldol condensation)、低聚(oligomerization)、碳阳离子重构(carbocation rearrangement)和环氧烷的形成(trioxane formation)等,且这些反应的单体是多功能团的羰基物种。

Kroll 等[94]认为干燥的$(NH_4)_2SO_4$颗粒可以导致颗粒相反应,生成高分子量、低挥发性的产物(低聚物等)。这一过程将降低颗粒相中 SVOCs 的浓度,从而使 SVOCs 的气相/颗粒相平衡向颗粒相偏移,增加 SOA 的生成。另一方面,由于干燥的 $CaSO_4$ 和液态的 $Ca(NO_3)_2$ 对 SOA 的生成均没有影响,而干燥的$(NH_4)_2SO_4$可以增加 SOA 的产率,因此干燥的$(NH_4)_2SO_4$的影响很可能是其自身酸性引起的。虽然注入烟雾箱的$(NH_4)_2SO_4$是干燥的,但在本研究实验条件下,$(NH_4)_2SO_4$仍可能展现一定的酸性(来自 NH_4^+ 水解)。有报道显示,有机层包裹纯无机晶体颗粒后,DRH、ERH 不会发生变化[91,303,304],即$(NH_4)_2SO_4$在 SOA 包裹后仍为固体形态。Cocker 等[75]的研究指出,间二甲苯光氧化均相成核生成的 SOA 在 50% RH 的条件下几乎不吸收水分。但是,大量的实验室研究和外场观测的结果表明,有机物和$(NH_4)_2SO_4$的混合颗粒即使在 RH<30% 的条件下,仍可吸收一定量的水分[304-307]。因此,在$(NH_4)_2SO_4$、水、有机物的相互作用下,晶体$(NH_4)_2SO_4$可能部分溶解产生酸性表面。干燥$(NH_4)_2SO_4$颗粒在 SOA 的包裹下发生部分溶解最近得到了实验证实。Meyer 等[307]在研究 α-蒎烯光氧化生成 SOA 的吸湿特性时,发现在 75%RH 下(低于$(NH_4)_2SO_4$的 DRH),SOA 包裹的干燥$(NH_4)_2SO_4$颗粒部分溶解,含有相当于其质量 20% 的水分。

Gao 等[61]认为干燥(NH$_4$)$_2$SO$_4$的酸度可能非常高。他们在 α-蒎烯臭氧氧化体系考察了无颗粒、有干燥(NH$_4$)$_2$SO$_4$颗粒、有液态(NH$_4$)$_2$SO$_4$颗粒和有液态酸性(NH$_4$)$_2$SO$_4$颗粒((NH$_4$)$_2$SO$_4$:H$_2$SO$_4$=3:5)条件下 SOA 的生成。质谱分析表明,有干燥(NH$_4$)$_2$SO$_4$颗粒存在下,SOA 成分包含了更多的低聚物。因此,他们认为干燥(NH$_4$)$_2$SO$_4$颗粒的酸度可能比液态(NH$_4$)$_2$SO$_4$(pH~4.6)和液态酸性(NH$_4$)$_2$SO$_4$(pH~2.4)都高。目前,干燥(NH$_4$)$_2$SO$_4$颗粒为什么有如此高的酸度尚不十分清楚。

由于颗粒酸度的增加能提高芳香烃光氧化 SOA 的生成[302],干燥(NH$_4$)$_2$SO$_4$颗粒可能通过同样的机理(异相表面酸催化,形成高分子量的低聚物等)促进 SOA 的生成。与酸性液态种子气溶胶不同,干燥的(NH$_4$)$_2$SO$_4$影响可能仅能在结晶(NH$_4$)$_2$SO$_4$表面有限的范围才能发挥,即随着有机层厚度的增加而减弱。这样,就能从一定程度上解释为什么干燥(NH$_4$)$_2$SO$_4$的影响与表面积浓度有关。首先,大的表面积提供了更多异相反应的反应点,其次大的表面积浓度降低了有机层的厚度,使得干燥(NH$_4$)$_2$SO$_4$的影响更加显著。

基于如上假设,α 随 PM$_{s,g}$的增大而增大也能得以解释。增加的 α 意味着在无种子存在的条件下,一些不会形成(或仅有少量参与形成)SOA 的高挥发性的产物。当有干燥(NH$_4$)$_2$SO$_4$存在时,可以通过某些过程分配在颗粒相,增加 SOA 产量。比如,乙二醛是一种间二甲苯光氧化开环的主要产物[47,308],它的蒸气压约18 Torr(20 ℃)[309],根本不可能通过吸收作用进入颗粒相。但是,乙二醛却可以通过形成低聚物成为甲苯光氧化生成 SOA 的成分之一[78,255,256]。此外,酸性种子气溶胶能促进乙二醛发生水合、聚合等异相酸催化反应,生成更多的SOA[78,310,311]。在芳香烃光氧化体系中,像乙二醛这样的其他短链醛类产物(如甲基乙二醛、4-氧代-2-戊烯醛等)也同时在气相和颗粒相中被检测[47,78,255,256,308]。这些物质也同样被认为可以通过异相反应形成低聚物,从而增加 SOA 的生成,尤其是在酸性种子气溶胶存在下[33,78]。另一条向颗粒相引入气相小分子产物的可能路径是一个高挥发性的气相羰基产物和另一个本身可以分配到颗粒相的低挥发性物种之间的反应。例如,Johnson 等[90,190]在芳香烃光氧化形成 SOA 的箱式模型中人为地引入了初级醛类产物和有机过氧化氢物的反应。他们猜测,高挥发性的初级醛类产物(如乙二醛、甲基乙二醛、4-氧代-2-戊烯醛等)可以通过颗粒相异相反应和有机过氧化氢物结合生成稳定的过氧半缩醛产物:

$$ROOH + HC(=O)R' \longrightarrow ROOC(OH)R'H \tag{6-1}$$

引入这些反应后,他们发现对芳香烃光氧化生成 SOA 的模拟都得到了不同程度的改进。以上这些异相反应都能向颗粒相引入高挥发性的羰基小分子产物,从而可以使基于质量的化学反应计量系数 α 增大。

因此,在颗粒相可能同时存在多种异相聚合反应,根据单体挥发性可以将这些反应分为三类,如表6.5所示。第一类是一些挥发度很高的小分子之间的聚合,形成可分配在颗粒相的大分子,例如乙二醛之间的低聚反应;第二类是本身可以分配在颗粒相形成SOA的一些物种在颗粒相内的反应;第三类是挥发度很高的小分子和本身可以分配在颗粒相的分子之间的反应,例如小分子醛类产物和有机过氧化氢物的反应。由于第一类和第三类反应都从质量上增加了可以形成SOA的气相物种。因此,三类反应的综合结果表现为 α 的增大。对于分配常数 K_{om},从表6.4可以看出,它随着干燥 $(NH_4)_2SO_4$ 表面积浓度的增加并没有明显的变化,这表明形成气溶胶所有物种的整体分配特性在体系内存在干燥 $(NH_4)_2SO_4$ 的情况下并没有发生明显的改变,这同样也能从表6.5列出的三类反应加以解释。第二类和第三类反应都使原先已经可以分配在颗粒相形成SOA的物种的分子量变得更大、挥发性更低;而第一类反应则产生了分子量较小的可分配物种,与原先的CC物种相比,它们可能具有较高的挥发性。因此,三类反应的综合结果可能使得 K_{om} 维持在一个相对不变的数值。

表 6.5　干燥 $(NH_4)_2SO_4$ 存在下颗粒相可能存在的三种异相反应及对 α 和 K_{om} 的影响

序号	异相反应[a]	对 α 的影响	对 K_{om} 的影响
第一类	IC+IC+⋯	增大	可能减小
第二类	CC+CC+⋯	不变	增大
第三类	IC+IC+⋯+CC+CC+⋯	增大	增大
	综合结果	增大	可能不变

a. IC 和 CC 分别表示以挥发性判断无法和可以分配到颗粒相的气相氧化产物

6.5　本章小结

(1) 根据无机盐类的 DRH、ERH 和是否存在 NH_4^+ 等因素,综合考虑烟雾箱的实验条件(30 ℃,60%RH),本研究将无机离子气溶胶分为干燥中性、液态中性、干燥酸性和液态酸性四类。结合北京市细颗粒物无机离子部分的外场观测结果,选取 $CaSO_4$、$Ca(NO_3)_2$ 和 $(NH_4)_2SO_4$ 分别代表干燥中性、液态中性和干燥酸性颗粒,考察它们对间二甲苯光氧化生成 SOA 的影响。

(2) 干燥 $CaSO_4$、液态 $Ca(NO_3)_2$ 和干燥 $(NH_4)_2SO_4$ 气溶胶对间二甲苯气相氧化过程均没有影响。干燥 $CaSO_4$ 和液态 $Ca(NO_3)_2$ 对 SOA 的生成也没有影响。国外相关研究认为低浓度(<20 μm³/cm³)无机气溶胶对芳香烃体系 SOA 的生成没有影响,即不会改变芳香烃光氧化相关半挥发性产物的生成量(α)和产物的分配特性(K_{om})。对中性粒子来说,本研究将这一结论的适用范围扩展到了更高的气溶胶浓度(<90 μm³/cm³)。

（3）干燥$(NH_4)_2SO_4$气溶胶对间二甲苯光氧化生成 SOA 的影响与当 SOA 开始生成时$(NH_4)_2SO_4$的表面积浓度 $PM_{s,g}$ 有关。当 $PM_{s,g}$ 小于 7 cm^2/m^3 时，干燥$(NH_4)_2SO_4$ 的存在对 SOA 的生成没有影响（或影响不明显），而当 $PM_{s,g}$ 高于 9 cm^2/m^3 的时候，SOA 产率随着 $PM_{s,g}$ 的增加而增加。从单产物模型的拟合结果来看，分配系数 K_{om} 不随 $PM_{s,g}$ 变化，说明干燥$(NH_4)_2SO_4$对间二甲苯光氧化产生的可凝结组分的整体分配特性影响并不明显。但是，α 在 $PM_{s,g}$ 大于 9 cm^2/m^3 的情况下随着 $PM_{s,g}$ 的增加而增加，表明在高表面积浓度干燥$(NH_4)_2SO_4$的存在下，产生了更多可生成 SOA 的产物，从而增加 SOA 的产率。

（4）干燥$(NH_4)_2SO_4$ 对 SOA 生成的影响可能是其自身酸性引起的（来自 NH_4^+ 水解）。在含水有机层的包裹下，晶体$(NH_4)_2SO_4$表面部分溶解产生酸性层，进而通过异相表面酸催化反应，促进高分子量、低挥发性产物（如低聚物等）的形成，增加 SOA 的产率。这种影响可能仅在晶体$(NH_4)_2SO_4$表面有限的范围才能发挥，即与覆盖的有机层的厚度有关。在产生 SOA 质量相同的情况下，$(NH_4)_2SO_4$的表面积越大，有机层的厚度越薄，$(NH_4)_2SO_4$的影响越显著。

第7章　无机颗粒和 SOA 相互影响的研究：
Ⅱ．干燥硫酸铵颗粒对 SOA 生成的影响

第6章在间二甲苯光氧化体系中,考察了不同种类的无机离子颗粒对 VOCs 气相氧化过程和 SOA 生成过程的影响。结果表明,无机离子颗粒物的存在对间二甲苯气相氧化过程没有明显的影响,同时中性的无机盐类(无论是干燥的还是液态的)对 SOA 的生成也没有可检测的影响,但干燥酸性的 $(NH_4)_2SO_4$ 颗粒却能促进 SOA 的生成,提高 SOA 的产率。第3章的估算表明,甲苯、二甲苯、三甲苯、蒎烯、正十一烷、异戊二烯等是北京市高臭氧浓度期间对 SOA 生成贡献最高的物种,约占 SOA 生成总量的 70% 左右。因此,在除间二甲苯外的其他 SOA 生成体系,干燥的 $(NH_4)_2SO_4$ 颗粒对 SOA 生成过程是否有类似的影响需要进行评估。本章分别在甲苯、间二甲苯、1,2,4-三甲苯、α-蒎烯、异戊二烯和正十一烷光氧化体系考察并量化了干燥 $(NH_4)_2SO_4$ 颗粒对 SOA 生成的影响。量化结果为进一步在 AQSM 中引入颗粒物的影响、修改 SOA 模块提供了必要的数据支持。

7.1　干燥硫酸铵颗粒对甲苯光氧化生成 SOA 的影响

干燥 $(NH_4)_2SO_4$ 颗粒对甲苯光氧化体系生成 SOA 的影响的实验初始条件和结果见表 7.1。所有的实验都近似在 30 ℃、60%RH 和 HC/NO$_x$ 为 10 的条件下进行,以避免温度、RH、HC/NO$_x$ 对 SOA 生成的影响。表 7.1 同时列出了初始种子气溶胶的具体信息,包括粒数浓度(N_0)、平均直径($d_{\text{mean},0}$)、几何标准偏差($\sigma_{g,0}$)和体积浓度(PM_0)。所有实验 SOA 产率对有机气溶胶质量 M_0 的变化见图 7.1。

图 7.1 显示,除了实验 AS. Tol. 2 和 AS. Tol. 3 外,所有的实验点都落在无颗粒拟合曲线(单产物拟合结果 $\alpha=0.145, K_{om}=0.022$ m³/μg)之上,表明干燥酸性的 $(NH_4)_2SO_4$ 增加了 SOA 的产率。与间二甲苯的实验结果一样,这些产率数据点也并不落在同一条产率曲线上。为了识别究竟是哪个因素与干燥 $(NH_4)_2SO_4$ 的影响有关,表 7.2 列出了所有实验当 SOA 开始生成时 PM(即 $(NH_4)_2SO_4$)的体积($PM_{v,g}$)和表面积($PM_{s,g}$)浓度。可以看出,根据 $PM_{s,g}$ 的大小,实验可以分为不同的几组。如图 7.2 所示,第 1 组由无颗粒的产率数据点组成;第 3~5 组分别由 $PM_{s,g}$ 大约 14 cm²/m³,15 cm²/m³ 和 18 cm²/m³ 的实验点组成。用单产物模型对 3~5 组进行拟合可以得到另外 3 条产率曲线(如图 7.2)。第 2 组的 $PM_{s,g}$ 小

表 7.1　干燥 $(NH_4)_2SO_4$ 颗粒存在下，甲苯光氧化实验的初始实验条件和结果
（温度 30 ℃，RH 60%）

实验编号	HC_0 /ppm	NO_0 /ppb	$NO_{x,0}$ /ppb	$N_0 \times 10^{-4}$ /(个/cm³)	$d_{mean,0}$ /nm	$\sigma_{g,0}$	PM_0 /(μm³/cm³)	$HC_0/NO_{x,0}$ /(ppm/ppm)	ΔHC /(μg/m³)	M_0 /(μg/m³)	Y /%
N. Tol. 1	2.33	108	223				0	10.4	753	64	8.5
N. Tol. 2	3.65	174	362				0	10.1	1070	107	10.0
N. Tol. 3	4.25	221	442				0	9.6	1294	143	11.0
AS. Tol. 1	2.31	97	191	1.55	124	1.70	39	12.1	726	64	8.8
AS. Tol. 2	2.45	111	225	3.14	76	1.60	15	10.9	790	76	9.6
AS. Tol. 3	3.50	224	456	1.84	85	1.67	15	7.7	1253	139	11.1
AS. Tol. 4	2.85	179	361	3.07	89	1.65	27	7.9	1036	118	11.4
AS. Tol. 5	2.33	109	219	4.29	87	1.55	27	10.6	753	79	10.5
AS. Tol. 6	3.40	160	334	4.11	90	1.66	38	10.2	1071	137	12.8
AS. Tol. 7	1.99	108	217	4.08	94	1.65	41	9.2	729	80	11.0
AS. Tol. 8	4.06	198	404	3.85	97	1.64	42	10.1	1176	161	13.7
AS. Tol. 9	2.13	110	218	5.06	93	1.60	39	9.8	691	80	11.6
AS. Tol. 10	3.38	169	339	5.19	91	1.55	36	10.0	1050	148	14.1
AS. Tol. 11	3.93	214	432	5.07	90	1.66	47	9.1	1158	171	14.8
AS. Tol. 12	2.10	118	222	6.20	91	1.62	45	9.5	658	88	13.4
AS. Tol. 13	4.61	213	434	4.00	106	1.63	55	10.6	1204	199	16.5
AS. Tol. 14	3.44	168	354	5.04	96	1.63	53	9.7	939	139	14.8

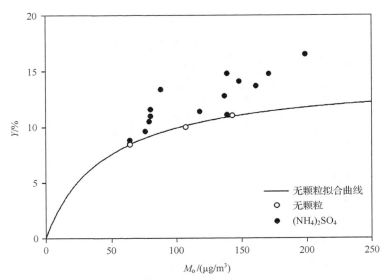

图 7.1　甲苯光氧化实验 SOA 产率随 M_0 的变化

表 7.2　甲苯有、无(NH₄)₂SO₄ 种子气溶胶甲苯光氧化实验的颗粒物信息和分类

组序	实验编号	PM_0 /($\mu m^3/cm^3$)	$PM_{v,g}$ /($\mu m^3/cm^3$)	$PM_{s,g}$ /(cm^2/m^3)	α	K_{om} /($m^3/\mu g$)
1	N. Tol. 1~3	0	—	—	0.145	0.022
2	AS. Tol. 1	39	33	8.7	—	—
	AS. Tol. 2	15	15	6.7	—	—
	AS. Tol. 3	15	14	5.4	—	—
	AS. Tol. 4	27	25	9.4	—	—
	AS. Tol. 5	27	26	11.5	—	—
3	AS. Tol. 6	38	35	12.7	0.177	0.020
	AS. Tol. 7	41	38	13.8	—	—
	AS. Tol. 8	42	41	13.9	—	—
4	AS. Tol. 9	39	36	14.7	0.193	0.020
	AS. Tol. 10	36	36	15.2	—	—
	AS. Tol. 11	47	46	15.8	—	—
	AS. Tol. 12	45	43	18.0	0.201	0.022
5	AS. Tol. 13	55	53	17.5	—	—
	AS. Tol. 14	53	50	17.5	—	—

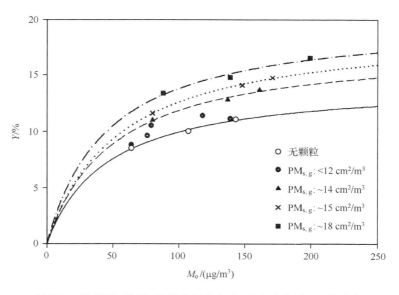

图 7.2　按 $PM_{s,g}$ 分组,甲苯光氧化实验 SOA 产率随 M_o 的变化

于 $12\ cm^2/m^3$，其代表的产率数据点正好落在第 1 组和第 3 组的产率曲线之间。这个结果表明，与间二甲苯类似，干燥 $(NH_4)_2SO_4$ 对甲苯光氧化生成 SOA 的影响也与颗粒物的表面积浓度有关。

图 7.2 中每条产率曲线的 α 和 K_{om} 值列于表 7.2。从中也能看出，随着 $PM_{s,g}$ 的增加，象征 CC 质量产量的 α 在增大，表明体系内存在高表面积浓度的干燥 $(NH_4)_2SO_4$ 时，会产生更多可生成 SOA 的产物。同时分配系数 K_{om} 随着 $PM_{s,g}$ 的增加变化并不大，说明甲苯光氧化产生的 CC 的整体分配特性在干燥 $(NH_4)_2SO_4$ 存在下变化并不大。这一结果与间二甲苯光氧化体系也是一致的。

对于单产物模型：

$$Y = M_o\ \frac{\alpha \cdot K_{om}}{1 + K_{om} \cdot M_o} \tag{7-1}$$

基于质量的 CC 化学反应计量系数 α 可以表示为：

$$\alpha = Y \cdot \left(1 + \frac{1}{K_{om} \cdot M_o}\right) \tag{7-2}$$

对引入干燥 $(NH_4)_2SO_4$ 颗粒的实验来说，若 K_{om} 不随干燥 $(NH_4)_2SO_4$ 的引入而变化（或变化不大），则每个实验的 α 可以利用产率 Y 和产生的有机气溶胶质量 M_o 通过式(7-2)进行计算。甲苯光氧化所有实验计算得到的 α 和 $PM_{s,g}$ 见图 7.3（K_{om} 取 $0.021\ m^3/\mu g$），可见干燥 $(NH_4)_2SO_4$ 对 α 的影响存在一个表面积阈值。当实验中 $(NH_4)_2SO_4$ 的 $PM_{s,g}$ 低于 $8\ cm^2/m^3$ 时，干燥 $(NH_4)_2SO_4$ 的存在对 α 没有影响（或影响不大）；而当 $PM_{s,g}$ 高于这个值时，α 随着 $PM_{s,g}$ 的增加而线性增加。

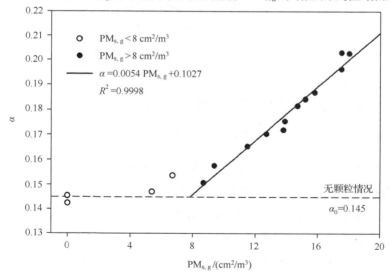

图 7.3　甲苯光氧化体系中 α 随 $PM_{s,g}$ 的变化

7.2　干燥硫酸铵颗粒对间二甲苯光氧化生成 SOA 的影响

利用同样的方法,对第 6 章中表 6.3 中有干燥 $(NH_4)_2SO_4$ 种子的实验数据进行处理,得出间二甲苯光氧化实验中 α 随 $PM_{s,g}$ 的变化如图 7.4 所示。与甲苯结果一致,当 $(NH_4)_2SO_4$ 的 $PM_{s,g}$ 低于一个阈值(~ 9 cm^2/m^3)时,干燥 $(NH_4)_2SO_4$ 的存在对 α 没有影响(或影响不大),而当 $PM_{s,g}$ 高于这个阈值时,α 随着 $PM_{s,g}$ 的增加而线性增加。

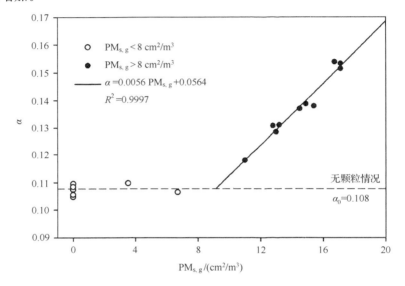

图 7.4　间二甲苯光氧化体系中 α 随 $PM_{s,g}$ 的变化

7.3　干燥硫酸铵颗粒对 1,2,4-三甲苯光氧化
生成 SOA 的影响

干燥 $(NH_4)_2SO_4$ 颗粒对 1,2,4-三甲苯光氧化体系生成 SOA 的影响的实验初始条件和结果见表 7.3。所有的实验都近似在 30℃、60%RH 和 HC/NO_x 为 7 的条件下进行,以避免温度、RH、HC/NO_x 对 SOA 生成的影响。所有实验 SOA 产率对有机气溶胶质量 M_o 的变化见图 7.5。与甲苯和间二甲苯一样,干燥酸性的 $(NH_4)_2SO_4$ 增加了 SOA 的产率。各实验的 $PM_{s,g}$ 以及按 $PM_{s,g}$ 分组的拟合结果见表 7.4 和图 7.6,同样与甲苯和间二甲苯类似,干燥 $(NH_4)_2SO_4$ 对 1,2,4-三甲苯光氧化生成 SOA 的影响也与颗粒物的表面积浓度有关。1,2,4-三甲苯实验中 α

随 $PM_{s,g}$ 变化的结果如图 7.7，干燥 $(NH_4)_2SO_4$ 颗粒对 1,2,4-三甲苯光氧化生成 SOA 影响的阈值大约 11.5 cm^2/m^3。

表 7.3　干燥 $(NH_4)_2SO_4$ 颗粒存在下，1,2,4-三甲苯光氧化实验的初始实验条件和结果
（温度 30℃，RH 60%）

实验编号	HC_0 /ppm	NO_0 /ppb	$NO_{x,0}$ /ppb	$N_0 \times 10^{-4}$ /(个/cm³)	$d_{mean,0}$ /nm	$\sigma_{g,0}$	PM_0 /(μm³ /cm³)	$HC_0/NO_{x,0}$ /(ppm /ppm)	ΔHC /(μg /m³)	M_0 /(μg /m³)	Y /%
N. Tmb. 1	1.97	136	277				0	7.1	2109	44	2.1
N. Tmb. 2	2.99	204	412				0	7.3	2733	79	2.9
N. Tmb. 3	3.93	271	552				0	7.1	3317	118	3.6
AS. Tmb. 1	1.96	130	268	4.35	92	1.63	40	7.3	2163	59	2.7
AS. Tmb. 2	3.04	202	414	4.30	93	1.64	43	7.3	2789	99	3.6
AS. Tmb. 3	4.30	268	550	4.39	92	1.66	43	7.8	3573	149	4.2
AS. Tmb. 4	1.75	148	299	3.11	128	1.80	95	5.9	2032	56	2.7
AS. Tmb. 5	3.11	207	420	4.95	92	1.64	51	7.4	2797	106	3.8
AS. Tmb. 6	3.97	269	543	4.38	97	1.62	46	7.3	3310	141	4.3
AS. Tmb. 7	2.14	137	282	5.23	94	1.64	51	7.6	2095	69	3.3
AS. Tmb. 8	3.01	203	413	5.18	93	1.64	51	7.3	2721	109	4.0
AS. Tmb. 9	4.13	262	532	4.85	98	1.61	51	7.8	3442	162	4.7

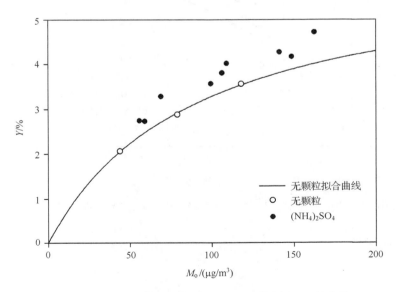

图 7.5　1,2,4-三甲苯光氧化实验 SOA 产率随 M_0 的变化

表 7.4　有、无(NH₄)₂SO₄ 种子气溶胶 1,2,4-三甲苯光氧化实验的颗粒物信息和分类

组序	实验编号	PM_0 /(μm³/cm³)	$PM_{v,g}$ /(μm³/cm³)	$PM_{s,g}$ /(cm²/m³)	α	K_{om} /(m³/μg)
1	N. Tmb. 1~3	0	—	—	0.062	0.011
2	AS. Tmb. 1	40	38	13.8	0.064	0.012
	AS. Tmb. 2	43	41	14.4		
	AS. Tmb. 3	43	41	14.2		
3	AS. Tmb. 4	95	70	15.4	0.067	0.012
	AS. Tmb. 5	51	46	16.3		
	AS. Tmb. 6	46	44	15.8		
4	AS. Tmb. 7	51	50	17.5	0.070	0.012
	AS. Tmb. 8	51	48	16.9		
	AS. Tmb. 9	51	49	17.1		

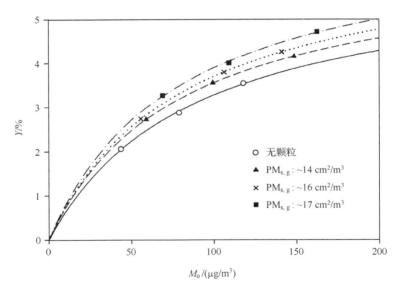

图 7.6　按 $PM_{s,g}$ 分组,1,2,4-三甲苯光氧化实验 SOA 产率随 M_0 的变化

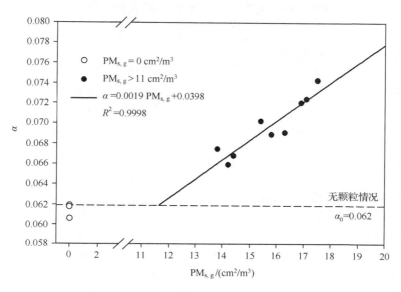

图 7.7 1,2,4-三甲苯光氧化体系中 α 随 $PM_{s,g}$ 的变化

7.4 干燥硫酸铵颗粒对 α-蒎烯光氧化体系
生成 SOA 的影响

干燥 $(NH_4)_2SO_4$ 颗粒对 α-蒎烯光氧化体系生成 SOA 的影响的实验初始条件和结果见表 7.5。所有的实验都近似在 30 ℃、40％RH 和 HC/NO_x 为 2.2 的条件下进行，以避免温度、RH、HC/NO_x 对 SOA 生成的影响。所有实验 SOA 产率对有机气溶胶质量 M_o 的变化见图 7.8。与芳香烃类似，干燥酸性的 $(NH_4)_2SO_4$ 增加了 SOA 的产率。各实验按 $PM_{s,g}$ 分组的拟合结果图 7.9，同样与芳香烃类似，干燥 $(NH_4)_2SO_4$ 对 α-蒎烯光氧化生成 SOA 的影响也与颗粒物的表面积浓度有关。α-蒎烯实验中 α 随 $PM_{s,g}$ 变化的结果如图 7.10 所示，干燥 $(NH_4)_2SO_4$ 颗粒对 α-蒎烯光氧化生成 SOA 影响的阈值大约 15 cm^2/m^3。

表 7.5　干燥(NH₄)₂SO₄ 颗粒存在下，α-蒎烯光氧化实验的初始实验条件和结果

(温度 30 ℃，RH 40%)

实验编号	HC_0 /ppm	NO_0 /ppb	$NO_{x,0}$ /ppb	PM_0 /($\mu m^3/cm^3$)	$HC_0/NO_{x,0}$ /(ppm/ppm)	ΔHC /($\mu g/m^3$)	M_0 /($\mu g/m^3$)	Y /%
N. Pin. 1	0.088	25	51	0	1.7	482	40	8.3
N. Pin. 2	0.203	45	90	0	2.3	1120	131	11.7
N. Pin. 3	0.138	29	58	0	2.4	747	74	9.9
N. Pin. 4	0.181	41	82	0	2.2	982	107	10.9
N. Pin. 5	0.158	36	70	0	2.3	864	89	10.3
AS. Pin. 1	0.116	24	51	47	2.3	637	109	17.1
AS. Pin. 2	0.136	31	63	49	2.2	744	87	11.7
AS. Pin. 3	0.083	19	39	53	2.1	450	72	16.0
AS. Pin. 4	0.137	31	59	48	2.3	748	101	13.5
AS. Pin. 5	0.184	40	83	47	2.2	1007	152	15.1
AS. Pin. 6	0.124	28	57	51	2.2	682	90	13.2
AS. Pin. 7	0.153	35	69	53	2.2	862	156	18.1

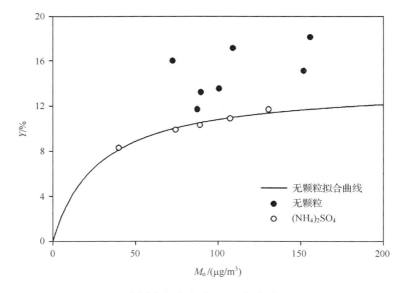

图 7.8　α-蒎烯光氧化实验 SOA 产率随 M_0 的变化

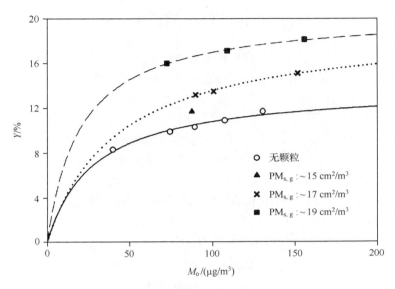

图 7.9　按 $PM_{s,g}$ 分组，α-蒎烯光氧化实验 SOA 产率随 M_o 的变化

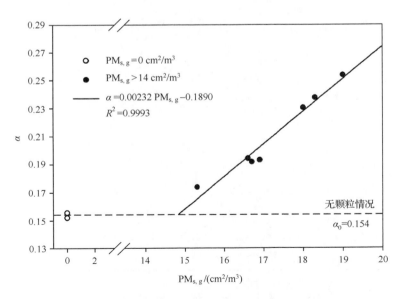

图 7.10　α-蒎烯光氧化体系中 α 随 $PM_{s,g}$ 的变化

7.5 干燥硫酸铵颗粒对异戊二烯和正十一烷光氧化体系生成 SOA 的影响

干燥 $(NH_4)_2SO_4$ 颗粒对异戊二烯和正十一烷光氧化体系生成 SOA 的影响的实验初始条件和结果分别见表 7.6 和表 7.7。为引发反应,正十一烷光氧化体系实验初始额外增加 1 ppm 丙烯。异戊二烯和正十一烷实验 SOA 产率对有机气溶胶质量 M_o 的变化见图 7.11 和图 7.12。如图 7.11 所示,与芳香烃和 α-蒎烯光氧化体系不同,所有异戊二烯实验的产率数据点都落在同一条产率曲线上($\alpha=0.057$, $K_{om}=0.010$ $m^3/\mu g$)。同样,对于正十一烷光氧化体系,所有的产率数据点也落在同一条产率曲线上($\alpha=0.040$, $K_{om}=0.019$ $m^3/\mu g$)。这个结果表明,干燥 $(NH_4)_2SO_4$ 颗粒对这两个物种的 SOA 生成并没有影响,即使干燥 $(NH_4)_2SO_4$ 颗粒的 $PM_{s,g}$ 高于 20 cm^2/m^3。干燥 $(NH_4)_2SO_4$ 颗粒对不同 SOA 生成体系有不同的影响,下一节将对可能的原因进行初步分析。

表 7.6　干燥 $(NH_4)_2SO_4$ 颗粒存在下,异戊二烯光氧化实验的初始实验条件和结果

（温度 30 ℃,RH 60%）

实验编号	HC_0 /ppm	NO_0 /ppb	$NO_{x,0}$ /ppb	$N_0 \times 10^{-4}$ /(个 /cm³)	$d_{mean,0}$ /nm	$\sigma_{g,0}$	PM_0 /(μm³ /cm³)	HC_0 /$NO_{x,0}$ /(ppm /ppm)	$PM_{s,g}$ /(cm² /m³)	ΔHC /(μg /m³)	M_o /(μg /m³)	Y /%
N. Iso. 1	0.94	124	254				0	3.7	—	2565	39	1.5
N. Iso. 2	1.58	220	503				0	3.1	—	3749	106	2.8
N. Iso. 3	2.08	266	630				0	3.3	—	5705	230	4.0
N. Iso. 4	2.59	284	755				0	3.4	—	6462	264	4.1
AS. Iso. 1	0.87	122	257	4.35	91	1.66	41	3.4	15.0	2371	43	1.8
AS. Iso. 2	0.91	118	254	4.43	99	1.62	51	3.6	17.6	2484	45	1.8
AS. Iso. 3	1.78	220	506	5.71	96	1.63	61	3.5	21.2	4053	110	2.7
AS. Iso. 4	1.95	193	486	2.02	88	1.65	17	4.0	6.6	5342	198	3.7
AS. Iso. 5	2.01	287	613	6.55	96	1.63	69	3.3	24.1	5509	210	3.8

表 7.7　干燥 $(NH_4)_2SO_4$ 颗粒存在下,正十一烷光氧化实验的初始实验条件和结果

（温度 30 ℃,RH 60％）[a]

实验编号	HC_0 /ppm	NO_0 /ppb	$NO_{x,0}$ /ppb	$N_0\times10^{-4}$ /(个/cm³)	$d_{mean,0}$ /nm	$\sigma_{g,0}$	PM_0 /(μm³/cm³)	$HC_0/NO_{x,0}$ /(ppm/ppm)	$PM_{s,g}$ /(cm²/m³)	ΔHC /(μg/m³)	M_0 /(μg/m³)	Y /%
N. Und. 1	3.03	239	484				0	6.3	—	2829	59	2.1
N. Und. 2	3.87	301	607				0	6.4	—	3455	83	2.4
N. Und. 3	4.85	389	797				0	6.1	—	4081	106	2.6
AS. Und. 1	4.32	318	647	4.90	97	1.62	52	6.7	14.7	3827	97	2.5
AS. Und. 2	3.00	227	460	4.20	97	1.62	45	6.5	13.2	2784	62	2.2
AS. Und. 3	4.87	385	779	4.78	98	1.61	52	6.3	13.9	4020	114	2.8
AS. Und. 4	4.90	402	807	4.64	91	1.64	43	6.1	12.0	4106	112	2.7
AS. Und. 5	3.90	319	630	6.29	104	1.61	80	6.2	20.9	3441	89	2.6
AS. Und. 6	4.06	311	613	6.86	105	1.60	86	6.6	22.9	3581	89	2.5

a. 初始添加 1 ppm 丙烯

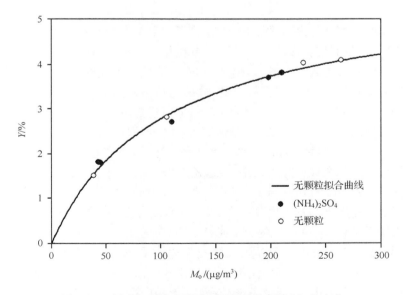

图 7.11　异戊二烯光氧化实验 SOA 产率随 M_0 的变化

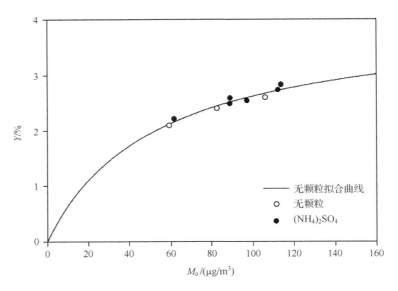

图 7.12　正十一烷光氧化实验 SOA 产率随 M_0 的变化

7.6　干燥硫酸铵颗粒对不同前体物影响不同的原因分析

第 6 章的研究认为高浓度干燥（NH_4）$_2SO_4$ 气溶胶的存在可能导致异相表面的酸催化反应，从而使更多原本不分配在颗粒相的气相产物（ICs）通过低聚等作用形成高分子量物种进入气溶胶相，增加 SOA 的生成。因此气相这些 ICs 产物的多少将能决定（NH_4）$_2SO_4$ 存在下，SOA 质量的增量。Jang 等[69, 70, 95, 97]认为这些 ICs 物种是含有多官能团的羰基产物，它们可以通过异相酸催化形成低聚物。可能的物种包括乙二醛、甲基乙二醛等双羰基产物，不饱和羰基产物，$C_4 \sim C_{10}$ 的醛类等。Kroll 等[312]将这些可能的物种单独注入烟雾箱，考察它们在干燥（NH_4）$_2SO_4$ 条件下是否会分配在颗粒相。结果显示，乙二醛可以通过水合、缩合等过程生成低聚物，增加气溶胶相质量，这与 Liggio 等[310, 311]的研究结果一致。但是，他们并没有发现其他纯的羰基物种可以分配在（NH_4）$_2SO_4$ 存在的气溶胶相。因此，对于芳香烃氧化体系来说，最有可能的 ICs 是乙二醛。表 7.8 列出了不同研究人员在甲苯、间二甲苯、1,2,4-三甲苯和异戊二烯光氧化体系中实验测得的乙二醛产率，可见甲苯和间二甲苯的乙二醛产率接近，明显高于 1,2,4-三甲苯。这在一定程度上可以解释，在甲苯和间二甲苯光氧化体系中，干燥（NH_4）$_2SO_4$ 对 SOA 生成的影响远比在 1,2,4-三甲苯光氧化体系明显。对于异戊二烯和正十一烷光氧化体系，其乙二醛产率很低（表 7.8）或几乎不产生乙二醛[277]，因此在这两个体系中观察不到（NH_4）$_2SO_4$ 的影响。

对于 α-蒎烯光氧化体系,蒎酮醛是其主要产物[48, 261]。按挥发性考虑,它也应当存在于气相。但与乙二醛类似,蒎酮醛也能发生异相酸催化反应,生成低挥发性产物。Liggio 等[313, 314]将纯蒎酮醛单独与酸性无机种子注入烟雾箱后,检测到大量除蒎酮醛以外的低聚物。这也能部分解释为什么在 α-蒎烯光氧化体系中,$(NH_4)_2SO_4$ 对 SOA 的生成也有一定的影响。

表 7.8　甲苯、间二甲苯、1,2,4-三甲苯和异戊二烯光氧化体系中乙二醛的产率

	Bandow 等[315-317]	Tuazon 等[318, 319]	Surratt 等[320]
甲苯	0.15	0.111	
间二甲苯	0.13	0.104	
1,2,4-三甲苯	0.078	0.048	
异戊二烯			0.0098

7.7　本 章 小 结

(1) 干燥 $(NH_4)_2SO_4$ 颗粒对不同 SOA 生成体系有不同的影响。同间二甲苯光氧化体系一样,在甲苯、1,2,4-三甲苯和 α-蒎烯光氧化体系中,高 $PM_{s,g}$ 浓度的干燥 $(NH_4)_2SO_4$ 气溶胶可以增加 SOA 的产率。但是,在异戊二烯和正十一烷光氧化体系中,干燥 $(NH_4)_2SO_4$ 颗粒对 SOA 的生成并没有明显的影响,即使 $PM_{s,g}$ 达到 20 cm^2/m^3 以上。乙二醛、蒎酮醛这类气相产物可以通过低聚等作用形成高分子量物种,从而进入气溶胶相。它们在不同体系中产率的不同,可能是干燥 $(NH_4)_2SO_4$ 在不同体系中对 SOA 的生成有不同程度影响的原因。

(2) 在甲苯、间二甲苯、1,2,4-三甲苯和 α-蒎烯光氧化体系中,干燥 $(NH_4)_2SO_4$ 对 α 的影响存在一个明显的表面积阈值。当实验中 $(NH_4)_2SO_4$ 的 $PM_{s,g}$ 低于某一阈值时,干燥 $(NH_4)_2SO_4$ 的存在对 α 没有影响(或影响不大);而当 $PM_{s,g}$ 高于这个阈值时,α 随着 $PM_{s,g}$ 的增加而线性增加。对甲苯、间二甲苯、1,2,4-三甲苯和 α-蒎烯,$PM_{s,g}$ 阈值分别约为 8 cm^2/m^3、9 cm^2/m^3、11.5 cm^2/m^3 和 15 cm^2/m^3。

(3) 我国很多城市大气都含有较高浓度的 $(NH_4)_2SO_4$。本研究对了解无机颗粒物污染严重情况下 SOA 的形成机理,并进一步在空气质量模型的 SOA 模块中引入 $(NH_4)_2SO_4$ 的影响提供了必要的数据支持。

第8章 无机颗粒和 SOA 相互影响的研究：
Ⅲ. 硫酸锌和硫酸锰对甲苯 SOA 生成的影响

8.1 硫酸锌对甲苯光氧化生成 SOA 的影响

Zn 是大气中除 Fe 和 Al 之外浓度最高的过渡金属元素[102]，有报道称 Zn 在大气中主要以 $ZnSO_4$[321, 322] 的形式存在于细颗粒[323]中。为探索 $ZnSO_4$ 对有机气溶胶生成的影响，我们研究了 $ZnSO_4$ 气溶胶种子存在下甲苯光氧化过程中的 SOA 生成，具体的实验条件如表 8.1 所示。

表 8.1 添加 $ZnSO_4$ 气溶胶种子的甲苯光氧化反应的实验条件和结果

实验编号	HC_0 /ppm	PM_0 /($\mu m^3/cm^3$)	NO_0 /ppb	$NO_{2,0}$ /ppb	$HC_0/NO_{x,0}$ /(ppm/ppm)	M_o /($\mu g/m^3$)	ΔHC /ppm	$Y/\%$
1.2T-0Zn	1.17	0.0	56	58	10.3	25	0.20	3.3
1.2T-1.5Zn	1.16	1.5	54	56	10.5	29	0.21	3.8
1.2T-3.0Zn	1.16	3.0	57	57	10.2	30	0.21	3.9
1.2T-10Zn	1.18	9.3	59	57	10.1	35	0.22	4.3
2.7T-0Zn	2.70	0.0	132	133	10.2	63	0.36	4.7
2.7T-1.5Zn	2.65	1.6	133	134	9.92	74	0.43	4.7
2.7T-10Zn	2.71	8.6	134	130	10.2	83	0.36	6.3
2.7T-18Zn	2.68	17.6	131	130	10.3	88	0.39	6.1
4.3T-0Zn	4.32	0.0	213	215	10.1	114	0.55	5.6
4.3T-1.5Zn	4.33	1.6	215	211	10.2	136	0.54	6.9
4.3T-10Zn	4.30	12.1	214	212	10.1	141	0.53	7.2
5.8T-0Zn	5.77	0.0	288	291	10.0	157	0.70	6.0
5.8T-1.5Zn	5.87	1.4	301	292	9.90	188	0.67	7.6
5.8T-10Zn	5.96	9.0	298	286	10.2	207	0.65	8.5
5.8T-18Zn	5.99	17.3	291	297	10.2	220	0.71	8.3

在本章中，实验编号按照"碳氢浓度和种类-种子浓度和种类"进行编制。实验的温度和相对湿度同样分别控制在$(303\pm0.3)K$ 和 $49.5\%\pm0.5\%$。氮氧化物的浓度根据甲苯的初始浓度进行设计，维持实验系统中 C：N 为 70 左右，即 $HC_0/$

$NO_{x,0}$ 为 10 左右。初始加入的氮氧化物中 NO 和 NO_2 各一半。以 2.7 ppm 的甲苯光氧化的实验为例，四个只有 $ZnSO_4$ 气溶胶种子浓度不同的实验中气相物质的浓度变化如图 8.1 所示。

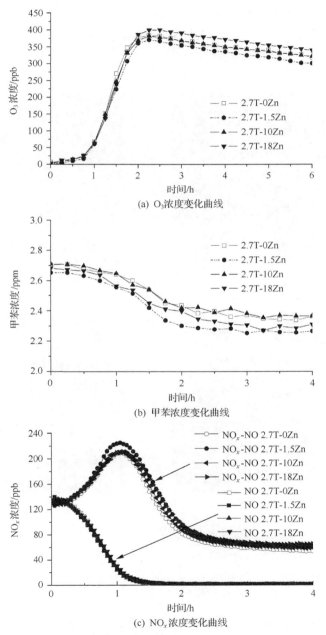

(a) O_3 浓度变化曲线

(b) 甲苯浓度变化曲线

(c) NO_x 浓度变化曲线

图 8.1　$ZnSO_4$ 种子存在下甲苯光氧化过程中 O_3（a），甲苯（b）和 NO_x（c）的浓度变化

在图 8.1 中可以看出,ZnSO₄ 气溶胶种子的添加对气相物质(甲苯、臭氧以及氮氧化物)的浓度变化曲线没有明显影响。同样地,在其他浓度的甲苯光氧化实验中,我们观测到了相同的现象,说明 ZnSO₄ 气溶胶种子的添加及其浓度变化对甲苯光氧化的气相反应没有明显影响。

图 8.2 仍然以这四个 2.7 ppm 的甲苯光氧化的实验为例,列举了四个实验中(一个空白实验和三个添加了不同 ZnSO₄ 气溶胶种子的实验)颗粒物粒径分布随反应时间的变化情况。

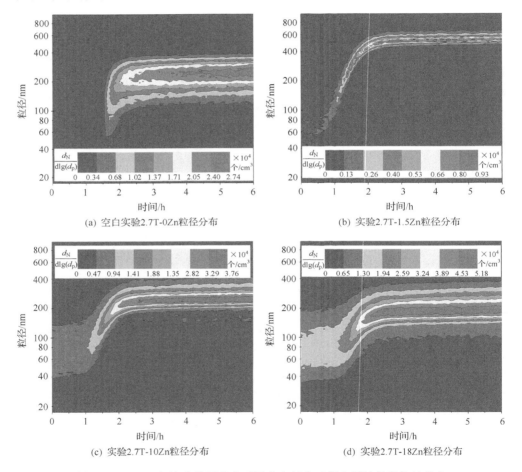

图 8.2　ZnSO₄ 气溶胶种子存在下甲苯光氧化过程中颗粒物的粒径分布

(a) $ZnSO_4 = 0 \ \mu m^3/cm^3$；(b) $ZnSO_4 = 1.5 \ \mu m^3/cm^3$；(c) $ZnSO_4 = 8.6 \ \mu m^3/cm^3$；(d) $ZnSO_4 = 17.6 \ \mu m^3/cm^3$

本图另见书末彩图

首先,四个实验都经历了相似的粒径变化趋势,即在开灯一段时间之后产生大量的新颗粒,并且颗粒物的粒径不断增长,之后维持稳定。不同的是,在空白实验中，颗粒物的增长出现在 1.5 h 之后，而加入了 ZnSO₄ 的实验中，颗粒物在反应 1 h 左右就出现明显地增长。这说明，添加了 ZnSO₄ 种子的实验中，ZnSO₄ 种子为有机物的凝结提供了凝结核，使得气相反应基本相同的情况下，有机气溶胶的生成提早发生。另一方面，ZnSO₄ 种子的添加会明显影响光化学反应体系中颗粒物的粒径和粒数浓度。图 8.2(b) 相对于空白实验，即图 8.2(a) 来说，颗粒物的粒数浓度明显减小，平均直径明显增大，并且粒径分布相对集中。而随着 ZnSO₄ 气溶胶种子添加的增多，如图 8.2(c) 和 (d) 中所示，体系颗粒物的粒数浓度逐渐增加，颗粒物的平均粒径开始变小，粒径分布也更为分散。在图 8.2(d) 中，颗粒物的粒数浓度已经远高于空白实验中均相成核产生的颗粒物，同时，粒径也已经小于空白实验。根据新颗粒物生成的研究进展，原有的背景颗粒物（颗粒物种子）的存在是抑制新粒子生成的一个重要因素：背景颗粒物的浓度越高，越不利于新粒子生成[324, 325]。但是在我们的实验中，低浓度的无机气溶胶种子确实也抑制了新粒子生成，但是随着种子浓度的增加，其对于新粒子生成的抑制作用却逐渐减弱甚至消失，这和目前新粒子生成的理论是矛盾的。本研究污染物和背景颗粒物浓度都很高，这说明在重颗粒物污染条件下可能有一些目前还不了解的机制在发生作用，但具体的原因还需进一步的研究。

　　除了粒径和粒数浓度以外，ZnSO₄ 种子也会对 SOA 生成量产生明显影响。图 8.3 列举了各个浓度的甲苯光氧化实验中，SOA 的体积浓度随时间的变化曲线。我们仍然使用"PM$_{修正}$ − PM$_0$"来计算生成的 SOA 的体积浓度。首先，从图 8.3 同样可以看出没有添加种子的空白实验中，SOA 的生成时间要略晚于添加了 ZnSO₄ 气溶胶种子的实验。同时，从最终的 SOA 浓度上来看，各个甲苯浓度下，添加了硫酸 ZnSO₄ 气溶胶种子的实验中 SOA 生成都要高于没有添加气溶胶种子的空白实验，这说明 ZnSO₄ 种子的添加促进了 SOA 的生成。定量的分析表明，添加 ZnSO₄ 时 SOA 生成增加 16%～40%。在低浓度甲苯实验中，SOA 生成增加的百分比更高。同时，同一甲苯浓度实验中，添加了不同浓度的 ZnSO₄ 种子的实验中的 SOA 浓度曲线相似，也就是说不同浓度的 ZnSO₄ 气溶胶种子对 SOA 的促进效果是相同的。当然，在图 8.3(b) 和 (d) 中，两个添加了低浓度的 ZnSO₄ 的实验中，SOA 的生成量在实验的最后几个小时和其他添加了 ZnSO₄ 种子的实验相比略低，这可能与在图 8.2(b) 中我们发现颗粒物的粒径较大有关。颗粒物的浓度是通过 SMPS 测量的，在 SMPS 的进气口有一个碰撞器会除掉大于其切割直径（1 μm）的颗粒物，所以体系中如果生成了大于 1 μm 的颗粒物，是不会被 SMPS 测量到的。理论上来说，设计完美的碰撞器中，小于其切割直径的颗粒物的损失很小，但是可能由于碰撞器中气体流量和阻力的变化等原因而使得一些接近 1 μm 的大颗粒也出现碰撞损失，从而造成了图 8.3(b) 和 (d) 中颗粒物浓度在最后几个小时中有所降低的情况。总体来说，不同浓度的 ZnSO₄ 气溶胶种子对 SOA 具有相同的促进效应,ZnSO₄ 气溶胶种子对 SOA 生成的影响与其自身的浓度无关。这符合催化效应的特征,将在下一章的机理研究中进行深入讨论。在有些添加了 ZnSO₄ 种子的实验中,ZnSO₄ 的浓度很低(例如 1.5 μg/m³ ZnSO₄ 或者 0.6 μg/m³ Zn)。这说明环境浓度水平的含锌气溶胶种子(例如 0.5 μg/m³)[102]就有可能会对光化学反应中 SOA 生成产生明显影响。同时,本研究中,甲苯的浓度高于实际大气,而实验结果表明,ZnSO₄ 增加 SOA 生成的百分比随着甲苯浓度的降低而升高,所以 ZnSO₄ 有可能在实际大气中对 SOA 生成有比较显著的促进效应,值得在大气颗粒物的观测和模型研究中加以考虑。

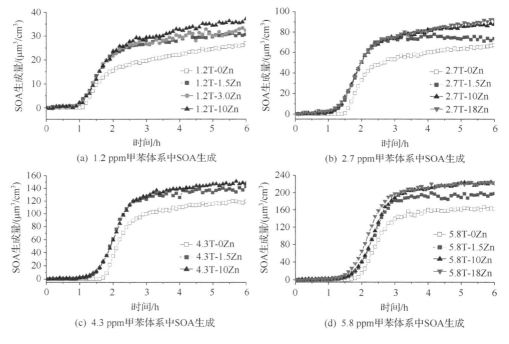

图 8.3　ZnSO₄ 气溶胶种子存在下甲苯光氧化过程中 SOA 浓度变化
(a)甲苯=1.2 ppm;(b)甲苯=2.7 ppm;(c)甲苯=4.3 ppm;(d)甲苯=5.8 ppm

8.2　硫酸锰对甲苯光氧化生成 SOA 的影响

由于无铅汽油用含锰的甲基环戊二烯羰基锰(MMT)代替四己基铅作为汽油防爆剂,机动车成为大气颗粒物中锰组分的重要来源。有研究表明,空气中锰含量随着交通强度的增加而逐渐增加[326]。硫酸锰(MnSO₄)是使用含 MMT 的汽油的机动车的主要排放物种之一[327],也是锰在大气中存在的主要形式[321]。和上一节开展的实验类似,通过进行不同甲苯浓度和 MnSO₄ 气溶胶种子浓度的实验,我们

探索了 $MnSO_4$ 对于甲苯光氧化生成 SOA 的影响。实验条件以及 SOA 产量和产率如表 8.2 所示。温度、湿度和 NO_x 的设置和 8.1 节保持一致。

表 8.2　添加 $MnSO_4$ 气溶胶种子的甲苯光氧化反应的实验条件和结果

实验编号	HC_0 /ppm	PM_0 /($\mu m^3/cm^3$)	NO_0 /ppb	$NO_{2,0}$ /ppb	$HC_0/NO_{x,0}$ /(ppm/ppm)	M_0 /($\mu g/m^3$)	ΔHC /ppm	$Y/\%$
1.2T-0Mn	1.16	0.0	56	55	10.5	23	0.18	3.5
1.2T-1.5Mn	1.19	1.5	54	54	11.0	29	0.18	4.2
1.2T-10Mn	1.19	10.6	58	53	10.7	31	0.17	4.8
2.1T-0Mn	2.10	0.0	108	114	9.46	52	0.34	4.2
2.1T-1.5Mn	2.14	1.3	108	103	10.1	62	0.34	4.9
2.1T-10Mn	2.09	10.8	105	103	10.1	64	0.32	5.3
3.2T-0Mn	3.16	0.0	165	160	9.72	80	0.46	4.7
3.2T-1.5Mn	3.28	1.7	167	151	10.3	117	0.43	7.4
3.2T-10Mn	3.37	11.5	165	162	10.3	116	0.41	7.6
4.2T-0Mn	4.15	0.0	207	207	10.0	110	0.57	5.1
4.2T-1.5Mn	4.16	2.1	204	206	10.1	141	0.54	7.0
4.2T-10Mn	4.34	9.6	206	222	10.1	129	0.51	6.9

$MnSO_4$ 气溶胶种子对光氧化过程的气相反应也没有明显影响，对 SOA 生成有和 $ZnSO_4$ 非常类似的促进效应。如图 8.4 所示，添加 $MnSO_4$ 气溶胶种子的实验中，SOA 的生成要早于对应的空白实验，同时，最终的 SOA 产量增加 17%～46%。

另外，和 $ZnSO_4$ 种子一样，$MnSO_4$ 气溶胶种子对于 SOA 的促进作用基本不随其添加的浓度相关，添加 1.5 $\mu g/m^3$ 和 10 $\mu g/m^3$ 的 $MnSO_4$ 气溶胶种子的实验中 SOA 生成曲线非常相似，都略高于没有气溶胶种子添加的空白实验。所以，$MnSO_4$ 气溶胶种子对于 SOA 的效应和 $ZnSO_4$ 非常类似，说明这两种过渡金属硫酸盐促进 SOA 生成的机制可能是相同的。

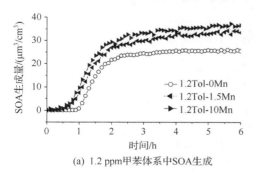

(a) 1.2 ppm甲苯体系中SOA生成

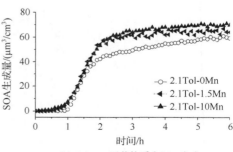

(b) 2.1 ppm甲苯体系中SOA生成

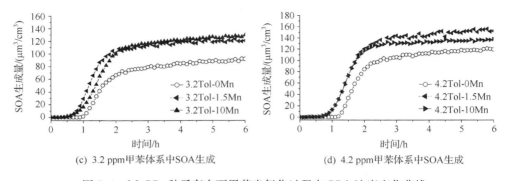

（c）3.2 ppm甲苯体系中SOA生成　　　　　（d）4.2 ppm甲苯体系中SOA生成

图 8.4　MnSO₄ 种子存在下甲苯光氧化过程中 SOA 浓度变化曲线

（a）甲苯=1.2 ppm；（b）甲苯=2.1 ppm；（c）甲苯=3.2 ppm；（d）甲苯=4.2 ppm

8.3　硫酸锌和硫酸锰对 SOA 产率的影响

根据是否加入过渡硫酸盐气溶胶种子，研究 MnSO₄ 和 ZnSO₄ 对甲苯光氧化的影响的所有实验各被分成两组。通过将实验产量产率数据带入单产物分配模型进行回归，得到每一组实验的 SOA 产量产率曲线，如图 8.5 所示。从图 8.5 可以看出，加入了 ZnSO₄ 或者 MnSO₄ 气溶胶种子的实验落在了同一条产率曲线上，而且这条产率曲线比其对应空白实验的产率曲线要高。也就是说，在其他条件相同的情况下，添加 ZnSO₄ 或者 MnSO₄ 气溶胶种子不仅会使得甲苯光氧化产生 SOA 的产量增多，也会使甲苯生成 SOA 的效率提高。另外，虽然添加的 ZnSO₄ 或者 MnSO₄ 气溶胶种子的浓度不同，但所有实验可以通过同一条产率产量曲线来描述。

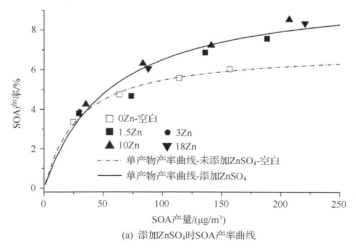

（a）添加ZnSO₄时SOA产率曲线

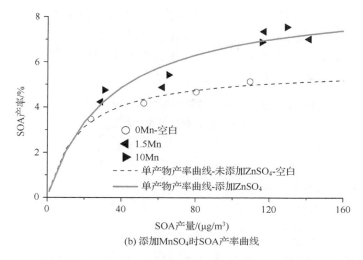

(b) 添加MnSO₄时SOA产率曲线

图 8.5　ZnSO₄(a)和 MnSO₄(b)种子存在下甲苯光氧化 SOA 的产量-产率曲线图

也就是说在实验所涉及的 ZnSO₄ 或者 MnSO₄ 气溶胶种子的浓度范围，ZnSO₄ 或者 MnSO₄ 气溶胶种子对 SOA 的促进作用不受其浓度的影响。

8.4　硫酸锌和硫酸锰对碳氢光氧化过程中 SOA 生成的影响机制

在第 1 章中提到，一般可以把 SOA 的生成分成两个过程：第一个过程是碳氢前体物在各种氧化剂的作用下发生一次或多次反应，生成种类多样的产物，既包括挥发性很强的不可凝聚的有机物种（Incondensable Organic Compounds，ICs），也包括一些挥发性较低的可能凝聚到气溶胶相的有机物种（Condensable Organic Compounds，CCs）；第二个过程是 CCs 会在气相和气溶胶相之间进行分配生成 SOA，并且 CCs 可能在相界面或者气溶胶相发生进一步的反应。

实验结果表明，ZnSO₄ 和 MnSO₄ 对甲苯光氧化生成 SOA 有明显的促进作用。从 SOA 生成的两个过程分析，因为我们观察到添加了 ZnSO₄ 或者 MnSO₄ 的实验中，其甲苯衰减曲线、氮氧化物转化曲线以及臭氧生成曲线和同等条件下没有添加气溶胶种子的空白实验是相同的，所以过渡金属硫酸盐对第一个过程中甲苯的初级氧化影响较小，也不会影响到体系的氮氧化物循环过程和臭氧的生成过程。过渡金属硫酸盐气溶胶种子影响甲苯光氧化生成 SOA 可能主要体现在第二个过程中。

CCs 在气相和气溶胶相之间的分配机制一直是大气化学研究的重点之一，近年来的研究表面，除了简单的吸收吸附之外，多相反应、毛细吸附等都是 CCs 从气相进入颗粒相的重要手段。在 1.2.4 节中我们介绍了气溶胶产率吸收分配模型,在式(1-7)中化学计量系数 α 和分配系数 K_{om} 分别反映了 CCs 的产量和其分配特性[38]。利用烟雾箱实验的数据,有可能对实验中 SOA 的分配性能进行定量分析,计算得到的结果如表 8.3 所示。

表 8.3　添加 ZnSO₄ 或 MnSO₄ 条件下和对应空白实验中,单产物分配模型中化学计量系数 α 和分配系数 K_{om} 的值

实验条件	反应计量系数 α	分配系数 K_{om}
未添加 ZnSO₄ 气溶胶种子的空白对照实验	0.0699	0.0358
添加 ZnSO₄ 气溶胶种子的实验	0.101(↑44%)	0.0181(↓50%)
未添加 MnSO₄ 气溶胶种子的空白对照实验	0.0574	0.0602
添加 MnSO₄ 气溶胶种子的实验	0.0896(↑56%)	0.0298(↓50%)

　　根据分析拟合得到的单产物分配模型的参数可知,相对于空白实验,添加 MnSO₄ 或者 ZnSO₄ 气溶胶种子之后,化学反应计量系数 α 增加,而分配系数 K_{om} 减少,说明更多质量的光氧化产物参与到气固相分配过程,但这些参与到气固相分配的光氧化产物分配到气溶胶相的能力变弱。一般来说,有机物氧化程度越高,蒸气压越低,就越容易分配到气溶胶相。综合来看,过渡金属硫酸盐的添加可能导致了光氧化过程中更多的 CCs 的生成,但这些 CCs 的分配性能低于没有添加过渡金属硫酸盐气溶胶种子的情况下生成的 CCs 的平均分配性能,从而使得在添加过渡金属硫酸盐气溶胶种子后,光氧化生成的 CCs 的整体分配性能下降。虽然整体分配性能下降,但是由于有更多可供分配的 CCs 生成,所以 SOA 的生成量增加。另一方面,由于 ZnSO₄ 和 MnSO₄ 对 SOA 的促进作用在一定范围内跟其添加的浓度无关,结合过渡金属多价态的特征,我们推测这两类过渡金属硫酸盐可能对光氧化过程中的一些氧化反应具有催化作用,使得这些反应的反应速率变快,进而影响物质在各个反应通道之间的分配,最终表现为影响 SOA 的产量。一般来说,VOCs 或者其产物在光氧化体系中主要有以下反应途径,如图 8.6 所示:

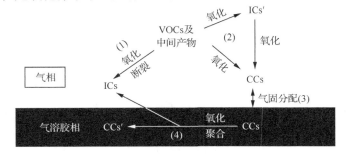

图 8.6　VOCs 及其中间产物的四个主要反应路径

（1）继续气相反应，生成 ICs；

（2）继续气相反应，生成挥发性更低的 CCs；

（3）分配到气溶胶相；

（4）分配到气溶胶相并继续参加反应。

各个反应途径对于化学反应计量系数 α 和分配系数 K_{om} 的影响的定性分析如表 8.4 所示。从表中可以看出，如果是对单个过程的加速影响了最终的 SOA 产率和性质，那最有可能的过程是，过渡金属硫酸盐加速了某些本来不能分配到气溶胶相的有机物的氧化，使其蒸气压降低，其氧化产物有比较小的比例分配到气溶胶相，成为分配系数较低的 CCs，即表 8.4 中 ICs 氧化为 CCs 的反应。在增加化学反应计量系数 α 的同时，减少整体 CCs 的分配到气溶胶相的能力。当然，也可能过渡金属硫酸盐影响的是多个过程，那样过渡金属硫酸盐的影响机制就非常复杂，有多种可能性，需要对整个产物和机理进行分析。由于检测手段和对机理的认识程度的限制，在本研究中暂时不对这种影响进行讨论。所以，我们认为，$MnSO_4$ 或者 $ZnSO_4$ 气溶胶种子通过催化光氧化产物中一些 ICs 在气溶胶相界面进一步氧化，使其挥发性下降，转变为 CCs。这些 CCs 虽然因为凝聚水平很低，只有很小比例分配到气溶胶相，但仍导致了更多的 SOA 生成。

表 8.4　VOCs 各反应过程和实验添加 $ZnSO_4$ 或 $MnSO_4$ 对单产物分配模型中参数的影响

编号	反应过程		对化学反应计量系数 α 的影响	对分配系数 K_{om} 的影响
（1）	气相反应生成 ICs	ICs→ICs	～	～
		CCs→ICs	－	＋/－/～
（2）	气相反应生成 CCs	ICs→CCs	＋	＋/－/～
		CCs→CCs	～	＋/～
（3）	分配到气溶胶相	CCs(g)→CCs(s)	～	～
（4）	分配到气溶胶相并继续参加反应	引入官能团	＋/～	＋
		聚合	＋/～	＋
		裂解	－/～	＋/－/～
添加 $ZnSO_4$ 气溶胶种子（相对于对照空白实验）			＋	－
添加 $MnSO_4$ 气溶胶种子（相对于对照空白实验）			＋	－

注：～表示无影响，＋表示增加，－表示减少

8.5　本 章 小 结

（1）$ZnSO_4$ 和 $MnSO_4$ 气溶胶种子对甲苯光氧化过程中的主要气相污染物没有影响，但对 SOA 的生成有明显的促进作用，可提高 SOA 产量 16%～46%，并且这种促进作用基本不受 $ZnSO_4$ 和 $MnSO_4$ 种子浓度的影响。

（2）根据单产物产率模型回归参数推测 $ZnSO_4$ 和 $MnSO_4$ 这两类过渡金属硫酸盐通过催化作用导致了光氧化过程中更多的可分配到气溶胶相的有机产物的生成，但这些增加的有机产物的分配到颗粒相的能力较低。

第 9 章　无机颗粒和 SOA 相互影响的研究：
Ⅳ. 硫酸亚铁对光氧化 SOA 生成的影响

9.1　硫酸亚铁对 α-蒎烯光氧化过程中 SOA 生成的影响

为了探索 $FeSO_4$ 对天然源 VOCs 光氧化反应的影响，选取 α-蒎烯作为研究对象，开展了不同浓度的 α-蒎烯和不同浓度的 $FeSO_4$ 气溶胶种子的正交实验，详细的实验条件如表 9.1 所示。表 9.1 中还计算了添加的 $FeSO_4$ 和甲苯的质量比（PM_0/HC_0）、SOA 产量（M_0）、碳氢消耗量（$\triangle HC$）以及 SOA 产率（Y）。

在 α-蒎烯光氧化实验中，$FeSO_4$ 气溶胶种子的添加对于其光氧化气相反应没有明显影响。如图 9.1 所示，以 0.15 ppm 的 α-蒎烯光氧化实验为例，添加了 $FeSO_4$ 气溶胶种子的实验和其对应的空白实验的臭氧、α-蒎烯以及氮氧化物等气相物种随反应时间的浓度变化曲线是一致的。但是，$FeSO_4$ 在 α-蒎烯的光氧化过程中对 SOA 生成表现出强烈的抑制作用，如图 9.2 所示。从图中可以看出，添加了 $FeSO_4$ 气溶胶种子的实验的 SOA 产量都比其对应空白实验低。而且，相同气相条件下，添加高浓度 $FeSO_4$ 气溶胶种子的实验的 SOA 产量比低浓度 $FeSO_4$ 气溶胶种子的实验要低，SOA 的减少程度和添加的 $FeSO_4$ 气溶胶种子浓度正相关。图 9.3 列举了不同 α-蒎烯和 $FeSO_4$ 气溶胶种子浓度组合条件下 SOA 的生成情况，SOA 产量用柱子的高度表示，同时用百分数标出了加入了 $FeSO_4$ 气溶胶种子的实验中 SOA 相对于同等条件下空白实验的减少比例。比较 α-蒎烯浓度相同的实验可以看出，加入 $FeSO_4$ 气溶胶种子浓度高的实验中 SOA 生成受到更明显的抑制。从图中可以看出，添加 $FeSO_4$ 气溶胶种子后，实验中 SOA 可最多减少接近 60%。同样的，在加入了相同浓度的 $FeSO_4$ 气溶胶种子的情况下，α-蒎烯初始浓度较高的实验 SOA 被减少的绝对浓度要高，但是 SOA 的下降比例最高的是那些拥有低 α-蒎烯浓度和高 $FeSO_4$ 气溶胶种子浓度的实验。所以 $FeSO_4$ 对 SOA 的抑制作用可能和 $FeSO_4$ 与初始碳氢的浓度比值有关。这和前面甲苯光氧化过程中观测到的现象是一致的。也就是说 $FeSO_4$ 气溶胶种子的相对浓度可能在其对 SOA 的抑制作用扮演重要的角色，下面的章节中将从机理分析方面进行进一步的探讨。

表 9.1　添加 $FeSO_4$ 气溶胶种子的 α-蒎烯/NO_x 光氧化反应的实验条件和 SOA 生成

实验编号	HC_0 /ppm	PM_0 /($\mu m^3/cm^3$)	PM_0/HC_0 /(g/g)	NO_0 /ppb	$NO_{2,0}$ /ppb	M_0/(μg /m^3)	ΔHC /ppm	$Y/\%$
0.15P-0F	0.152	0	0	39	38	69.9	0.151	8.4
0.15P-1F	0.149	1	2.1×10^{-3}	37	37	46.0	0.149	5.6
0.15P-3F	0.155	3	6.0×10^{-3}	38	38	30.8	0.154	3.6
0.15P-10F	0.156	13	2.6×10^{-2}	35	40	29.8	0.155	3.5
0.20P-0F	0.208	0	0	53	51	95.7	0.207	8.4
0.20P-1F	0.195	1	1.6×10^{-3}	52	53	70.0	0.194	6.6
0.20P-3F	0.207	3	4.5×10^{-3}	53	51	64.0	0.206	5.7
0.20P-10F	0.207	10	1.5×10^{-2}	52	55	40.6	0.206	3.6
0.25P-0F	0.248	0	0	65	64	146.1	0.247	10.8
0.25P-1F	0.244	1	1.3×10^{-3}	63	62	122.0	0.243	9.1
0.25P-3F	0.254	3	3.7×10^{-3}	65	64	88.1	0.253	6.3
0.25P-10F	0.243	10	1.3×10^{-2}	62	63	67.9	0.242	5.1
0.30P-0F	0.308	0	0	78	74	185.0	0.307	11.0
0.30P-1F	0.301	1	1.0×10^{-3}	79	79	169.9	0.297	10.4
0.30P-3F	0.307	3	3.0×10^{-3}	76	74	117.1	0.306	7.0
0.30P-10F	0.308	11	1.1×10^{-2}	73	80	85.4	0.306	5.1

另外,我们也观测到 $FeSO_4$ 对于光氧化体系中 SOA 粒径的影响和 $ZnSO_4$ 和 $MnSO_4$ 的效应相似。如图 9.4 所示,添加了较高浓度($10\ \mu m^3/cm^3$)的 $FeSO_4$ 的气溶胶种子之后,α-蒎烯光氧化生成的 SOA 的粒径(峰值粒径约为 200 nm)明显小于对应的无种子空白实验(峰值粒径接近 400 nm)。同时,添加 $FeSO_4$ 的气溶胶种子之后,虽然 α-蒎烯光氧化生成的 SOA 产量减少,但是粒数浓度相对于空白实验有了明显的增加。综合 Al_2O_3、$ZnSO_4$ 或 $MnSO_4$ 以及 $FeSO_4$ 的实验结果可以发现,虽然这三类种子分别对 SOA 生成的效应各不相同,但是它们对于 SOA 粒径的影响在趋势上是一致的,所以这些种子对于粒径的影响应该是一种物理效应。在高浓度的有机物光氧化过程中,预先存在大量的颗粒物种子,有可能不仅不会抑制新粒子生成,还有可能促进生成粒径更小,数量更多的颗粒物。

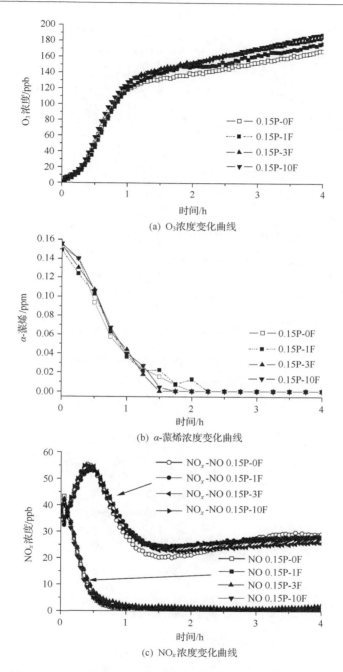

(a) O₃浓度变化曲线

(b) α-蒎烯浓度变化曲线

(c) NO$_x$浓度变化曲线

图 9.1 FeSO₄ 气溶胶种子存在下 α-蒎烯光氧化过程中 O₃(a),
α-蒎烯(b) 和 NO$_x$(c) 的浓度变化曲线

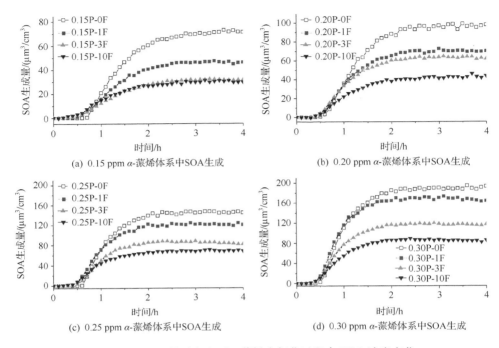

(a) 0.15 ppm α-蒎烯体系中SOA生成　　　(b) 0.20 ppm α-蒎烯体系中SOA生成

(c) 0.25 ppm α-蒎烯体系中SOA生成　　　(d) 0.30 ppm α-蒎烯体系中SOA生成

图 9.2　FeSO₄ 种子存在下 α-蒎烯光氧化过程中 SOA 浓度变化

(a)α-蒎烯＝0.15 ppm；(b)α-蒎烯＝0.20 ppm；(c)α-蒎烯＝0.25 ppm；(d)α-蒎烯＝0.30 ppm

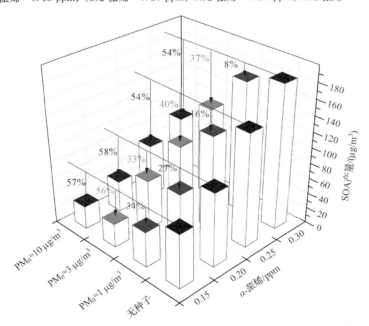

图 9.3　FeSO₄ 气溶胶种子存在下 α-蒎烯光氧化过程中 SOA 产量图

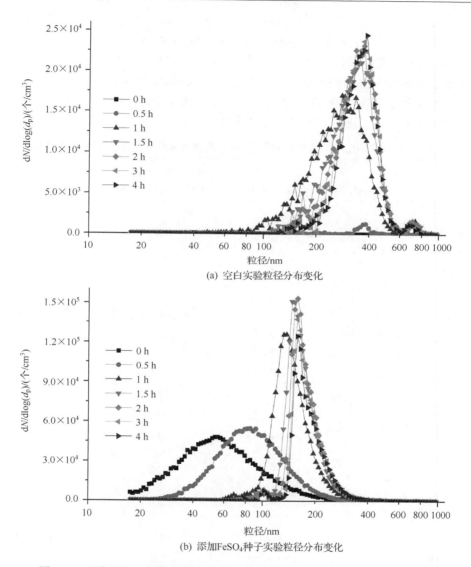

(a) 空白实验粒径分布变化

(b) 添加 FeSO₄ 种子实验粒径分布变化

图 9.4 无种子的 α-蒎烯光氧化实验(a)与添加 FeSO₄ 气溶胶种子实验(b)中
颗粒物的粒径分布变化

9.2 硫酸亚铁对甲苯光氧化过程中 SOA 生成的影响

类似在 α-蒎烯光氧化系统中开展的实验,我们同样研究了 $FeSO_4$ 气溶胶种子存在的条件下,芳香烃 VOCs 甲苯光氧化过程中的 SOA 生成,实验条件详见

表 9.2。同样的,我们在表 9.2 中也计算了添加的 $FeSO_4$ 和甲苯的质量比(PM_0/HC_0)、SOA 产量(M_0)、碳氢消耗量(ΔHC)以及 SOA 产率(Y)。

和前面的研究类似,$FeSO_4$ 对甲苯光氧化的气相反应也没有明显影响,但对 SOA 的生成表现出强烈的抑制作用。如图 9.5 所示,除了少数几个实验之外,加入了 $FeSO_4$ 种子的实验中,SOA 的浓度曲线都明显低于对应的空白实验。而且,加入的 $FeSO_4$ 种子越多,SOA 的生成量就越少。

表 9.2　添加 $FeSO_4$ 气溶胶种子的甲苯/NO_x 光氧化反应的实验条件和 SOA 生成

实验编号	HC_0 /ppm	PM_0 /($\mu m^3/cm^3$)	PM_0/HC_0 /(g/g)	NO_0 /ppb	$NO_{2,0}$ /ppb	M_0 /($\mu g/m^3$)	ΔHC /ppm	$Y/\%$
1.1T-0F	1.10	0	0	50	51	26	0.20	3.8
1.1T-1F	1.08	1	5.1×10^{-4}	51	50	17	0.22	2.3
1.1T-4F	1.07	4	1.7×10^{-3}	55	47	14	0.20	2.2
1.1T-10F	1.09	10	4.4×10^{-3}	48	49	8	0.19	1.7
3.2T-0F	3.30	0	0	165	160	90	0.48	5.0
3.2T-4F	3.21	4	6.1×10^{-4}	160	162	74	0.51	3.9
3.2T-6F	3.31	6	8.4×10^{-4}	154	162	72	0.56	3.5
3.2T-10F	3.19	11	1.5×10^{-3}	164	157	59	0.47	3.3
3.2T-21F	3.28	21	3.0×10^{-3}	158	165	36	0.51	1.9
4.2T-0F	4.12	0	0	217	210	123	0.57	5.8
4.2T-1F	4.23	1	1.4×10^{-4}	208	207	105	0.57	5.0
4.2T-4F	4.25	4	4.2×10^{-4}	208	213	115	0.60	5.2
4.2T-10F	4.25	10	1.1×10^{-3}	216	209	81	0.55	4.0
4.2T-27F	4.23	27	3.0×10^{-3}	213	210	47	0.61	2.1
6.0T-0F	6.10	0	0	287	293	189	0.96	6.3
6.0T-4F	6.05	5	3.5×10^{-4}	295	306	170	0.81	6.5
6.0T-10F	6.09	10	7.6×10^{-4}	299	306	140	0.88	4.8
6.0T-41F	6.03	41	3.2×10^{-3}	296	310	64	0.82	2.7

在表 9.2 中,我们同样计算了每个实验的 SOA 产量,可以看出除了实验 4.2T-1F、4.2T-4F 和 6.0T-5F 的 SOA 产量和其对应的空白实验 4.2T-0F 和 6.0T-0F 差不多之外,其他的加入了 $FeSO_4$ 实验的 SOA 产量都明显低于对应的空白实验。而在这三个产生 SOA 和对应空白实验相似的实验中,我们发现其 $FeSO_4$ 种子和初始甲苯浓度的比值是所有添加了 $FeSO_4$ 种子的实验中最低的三个。这三个实验中 $FeSO_4$ 和甲苯的质量比(由于缺少结合水的数据使用了 $FeSO_4 \cdot 7H_2O$ 的密度,假设 $FeSO_4$ 的密度 1.898 g/cm^3)低于 4.2×10^{-4} g/g。在

这三个实验中,我们没有观察到 FeSO₄ 对 SOA 生成的明显抑制。这可能是因为在这些实验中,只含有非常少量的亚铁,被相对较多 SOA 包裹之后难以影响 SOA 生成。在上一节关于 α-蒎烯光氧化的研究中,我们同样观察到了相似的现象。实验 0.30P-1F 中 FeSO₄ 和 α-蒎烯的质量比最低,SOA 产量出和其相应空白实验 0.30P-0F 差别最不明显。

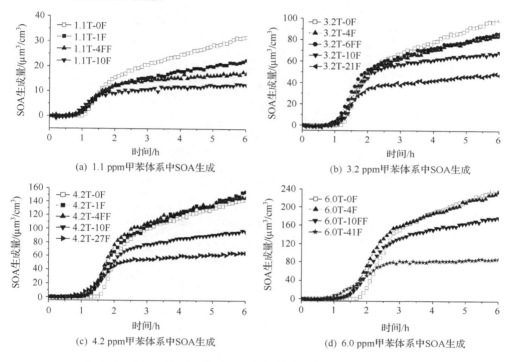

图 9.5　FeSO₄ 种子存在下甲苯光氧化过程中 SOA 浓度变化曲线
(a)甲苯=1.1 ppm;(b)甲苯=3.2 ppm;(c)甲苯=4.2 ppm;(d)甲苯=6.0 ppm

9.3　硫酸亚铁对 α-蒎烯和甲苯光氧化过程中 SOA 产率的影响

　　由于我们发现实验中 FeSO₄ 气溶胶种子浓度(PM_0)和碳氢的初始浓度(HC_0)的比值越低,FeSO₄ 气溶胶种子对 SOA 的抑制就越不明显。所以我们推测 FeSO₄ 气溶胶种子对 SOA 的抑制作用大小跟其与体系中碳氢的相对比例有关。根据实验初始条件下 FeSO₄ 气溶胶种子和 α-蒎烯的浓度比(PM_0/HC_0),我们把 FeSO₄ 气溶胶种子存在下的 α-蒎烯光氧化实验分成三组,加上没有添加 FeSO₄ 气溶胶种子的空白对照实验,一共四组实验。每组实验的产量产率数据通过单产物分配模型进行拟合,得到各组实验的 SOA 产量产率曲线,如图 9.6(a)所示。可以看出,FeSO$_4$ 气溶胶种子降低了体系的 SOA 产率。并且,加入的 FeSO$_4$ 气溶胶种子越多(或者 FeSO$_4$ 气溶胶种子和初始碳氢的质量浓度比越高),碳氢光氧化产生 SOA 的产率就越低。

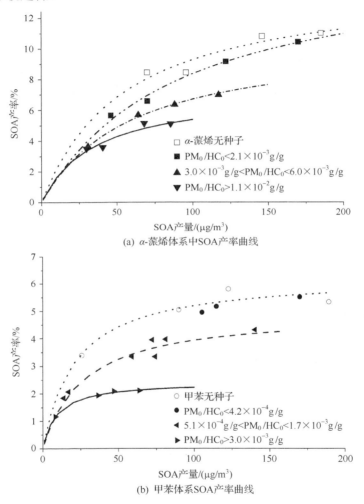

(a) α-蒎烯体系中SOA产率曲线

(b) 甲苯体系SOA产率曲线

图 9.6　FeSO$_4$ 种子存在下 α-蒎烯(a)和甲苯(b)光氧化生成的 SOA 产量-产率曲线图

同样地,我们对 FeSO$_4$ 气溶胶种子存在下甲苯光氧化的实验进行了类似分析。根据 FeSO$_4$ 和甲苯起始浓度的质量比分成的四组实验中,各组的 SOA 产量产率曲线如图 9.6(b)所示,可以看出具有不同 FeSO$_4$ 气溶胶种子和甲苯初始浓度质量比(PM_0/HC_0)的各组实验落在了不同的 SOA 产量产率曲线上。当 PM_0/HC_0 小于 4.2×10^{-4} g/g 时,添加了 FeSO$_4$ 气溶胶种子的实验的 SOA 产率和空白实验的产率没有明显差别。但是只要当 PM_0/HC_0 高于 5.1×10^{-4} g/g 时,Fe-
SO$_4$ 气溶胶种子的添加就对 SOA 产率有明显的降低,而且当 PM_0/HC_0 进一步升
高时,实验的 SOA 产率进一步降低,说明 FeSO$_4$ 气溶胶种子对甲苯光氧化生成
SOA 的抑制作用在很低的 Fe(Ⅱ)/C 比值的条件下就能导致明显的 SOA 产率
下降。

9.4　硫酸亚铁抑制光氧化 SOA 生成的机理推测

分析碳氢化合物生成 SOA 的过程可知,碳氢化合物先在气相反应中被氧化
剂,如 ·OH,NO$_3^-$ 等氧化,其氧化产物通常拥有更低的蒸气压,从而可能凝聚到气
溶胶相生成 SOA。这些可以凝聚到气溶胶相的有机物质也就是上文提到的 CCs,
通常含有羧基、羟基以及羰基等氧化性基团[61, 255]。当这些 CCs 在气溶胶表面相
和硫酸亚铁接触时,他们有可能继续发生氧化反应,生成挥发性更低的有机物种的
反应[328],当然也包括生成低聚物的反应[61];但也可能被氧化分解,生成凝聚性能
较低的有机物(ICs)。图 9.7 显示了我们提出的含铁硫酸盐影响 SOA 生成的可能
机理。

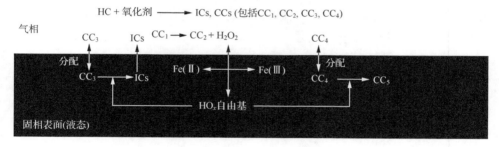

图 9.7　FeSO$_4$ 气溶胶种子抑制碳氢化合物光氧化生成的 SOA 机制推测:在二价铁 Fe(Ⅱ)
　　和三价铁 Fe(Ⅲ)的氧化还原循环中产生活性氧物种(·OH 等),这些活性氧物种氧化
　　SOA 组分,产生氧化性更强的有机产物的同时,分解部分有机产物,减少 SOA 生成

由于碳氢光氧化的气相反应基本不受 FeSO$_4$ 气溶胶种子的影响,我们推测
FeSO$_4$ 影响 SOA 生成的主要过程发生在气溶胶相及其界面,并且我们假设 FeSO$_4$
在气溶胶相或者气溶胶表面的相关反应过程产生的 ICs 回到气相中之后不会对光
化学过程产生明显影响。

由于在我们的实验中,少量的 FeSO$_4$ 气溶胶种子即可产生大量的 SOA 生成
量的减少。解释 FeSO$_4$ 能够高效地降低 SOA 生成的机理,一种可能的解释就是
其通过氧化还原催化减低 SOA 的生成。也就是说,FeSO$_4$ 在光氧化体系中充当
氧化还原的催化剂,通过亚铁和三价铁之间的循环,在循环的过程中不断产生活性

氧物种(ROS),持续影响 SOA 产量。由于体系处于光氧化气氛中,三价铁还原为亚铁比较困难,一个可能的机制是被报道的三价铁到亚铁的光致还原反应[329-331],这个过程在图 9.7 中也表示出来了。在光致还原过程中,三价铁作为电子受体,接受电子供体(如甲酸、乙酸和甲醛等)传输来的电子,而转变为亚铁。

9.5　硫酸亚铁和硫酸铵混合气溶胶种子对 SOA 生成的影响

　　大气中的气溶胶颗粒一般是多种组分的混合物,同时考虑到$(NH_4)_2SO_4$ 气溶胶种子作为酸性气溶胶种子被广泛研究,大多数研究者认为低聚反应是 SOA 生成中的重要过程[332],而$(NH_4)_2SO_4$ 等酸性气溶胶种子之所以能够促进 SOA 生成是因为通过酸催化促进了一些低挥发性物质(如低聚物)的生成[94]。由于 $FeSO_4$ 气溶胶种子和$(NH_4)_2SO_4$ 气溶胶种子对 SOA 的效应正好相反,为此我们选择了这两种盐的混合颗粒作为研究对象,在间二甲苯光氧化体系中,初步对多重组分的无机气溶胶粒子对 SOA 生成的影响进行了探索。详细的实验条件如表 9.3 所示。混合均匀(内混)的$(NH_4)_2SO_4$ 和 $FeSO_4$ 气溶胶种子,由雾化器雾化两种盐的混合溶液产生。在混合溶液中,两种盐的质量比为 5:1,所以添加了$(NH_4)_2SO_4$ 和 $FeSO_4$ 混合气溶胶种子(实验编号中用"FA"表示)的实验中,大约 60 $\mu m^3/cm^3$ 的

表 9.3　添加 FeSO₄ 气溶胶种子的间二甲苯/NOx 光氧化反应的实验条件和 SOA 生成

实验编号	HC_0 /ppm	PM_0 /($\mu m^3/cm^3$)	NO_0 /ppb	$NO_{2,0}$ /ppb	$HC_0/NO_{x,0}$ /(ppm/ppm)	M_o /($\mu g/m^3$)	ΔHC /ppm	$Y/\%$
1.1X-0FA	1.08	0	62	62	8.7	21	0.30	1.7
1.1X-10F	1.01	7	58	63	8.4	8	0.29	0.7
1.1X-50AS	1.07	44	63	65	8.3	51	0.32	3.7
1.1X-60FA	1.05	62	64	69	7.9	30	0.31	2.3
2.1X-0FA	2.07	0	121	120	8.6	57	0.39	3.4
2.1X-10F	2.09	9	119	121	8.7	29	0.42	1.6
2.1X-50AS	2.15	53	121	119	9.2	119	0.52	5.4
2.1X-60FA	2.09	66	123	125	8.5	56	0.43	3.1
3.2X-0FA	3.21	0	198	180	8.5	145	0.74	4.6
3.2X-10F	3.23	11	188	182	8.8	48	0.63	1.8
3.2X-50AS	3.10	48	182	178	8.5	213	0.71	7.0
3.2X-60FA	3.16	57	179	186	8.7	117	0.74	3.7

混合种子中大致含有 $10~\mu m^3/cm^3$ 的 $FeSO_4$ 种子和 $50~\mu m^3/cm^3$ 的 $(NH_4)_2SO_4$ 种子。实验温度、相对湿度、$HC_0/NO_{x,0}$ 比值等条件和 9.2 节的甲苯实验保持一致。

和前面的章节发现的一样,$(NH_4)_2SO_4$、$FeSO_4$ 及其混合气溶胶种子都对气相反应没有明显影响。颗粒物方面,经过壁面沉降修正之后,各反应体系中颗粒物浓度随时间的变化曲线如图 9.8 所示。图 9.8(a)、(b)、(c) 分别是三个不同浓度的间二甲苯体系中开展的实验。从图 9.8(a) 中可以看出,相对于空白实验 1.1X-0FA,添加了 $(NH_4)_2SO_4$ 种子的实验和添加了 $(NH_4)_2SO_4/FeSO_4$ 混合盐气溶胶种子的实验的 SOA 浓度都有所提高,而只添加了 $FeSO_4$ 种子的实验中 SOA 的浓度则有所降低。所以,在低浓度间二甲苯体系中,添加 $(NH_4)_2SO_4$ 种子和 $(NH_4)_2SO_4/FeSO_4$ 混合气溶胶种子对 SOA 的生成有促进作用,而添加 $FeSO_4$ 种子则对 SOA 生成有抑制作用。在图 9.8(b) 和图 9.8(c) 中,单独添加 $(NH_4)_2SO_4$ 或者 $FeSO_4$ 的效应保持不变。但是,添加相同浓度和比例的 $(NH_4)_2SO_4/FeSO_4$ 混合盐气溶胶种子的效应却出现了变化。在图 9.8(b) 中,添加了 $(NH_4)_2SO_4/FeSO_4$ 混合盐气溶胶种子的实验 2.2X-60FA 和相应空白实验 2.2X-0FA 的颗粒物浓度曲线基本相同,而在图 9.8(c) 中,添加了 $(NH_4)_2SO_4/FeSO_4$ 混合盐气溶胶种子的实验 3.2X-60FA 中颗粒物的浓度则明显低于相应的空白实验 3.2X-0FA。

值得说明的是,图 9.8 三个不同浓度的间二甲苯体系中,添加的混合盐气溶胶种子的成分浓度都是相同的。也就是说,同样的 $(NH_4)_2SO_4/FeSO_4$ 混合气溶胶种子可能在不同的实验条件下发生抑制或者促进 SOA 生成的效应。$(NH_4)_2SO_4$ 种子对 SOA 的促进作用和 $FeSO_4$ 种子对 SOA 的抑制作用之间存在竞争关系,但又不是简单的两者加和。在我们的实验条件下,$(NH_4)_2SO_4$ 和 $FeSO_4$ 气溶胶种子的浓度为 5:1,低浓度的碳氢条件下,$(NH_4)_2SO_4$ 气溶胶对 SOA 的促进作用占据主导地位;而在高浓度的碳氢条件下,则 $FeSO_4$ 气溶胶对 SOA 的抑制占据主导地位。这一现象说明了真实大气条件下,由于颗粒物组成的复杂性及各组分之间的相互影响,大气颗粒物对于 SOA 生成的影响可能非常复杂。

在图 9.9 中,根据颗粒物组成的不同,将表 9.3 中的实验分为四组,分别为空白实验、添加了 $(NH_4)_2SO_4$ 气溶胶种子的实验、添加了 $FeSO_4$ 气溶胶种子的实验以及添加了 $(NH_4)_2SO_4/FeSO_4$ 混合盐气溶胶种子的实验。同样的,各组实验的产量产率数据根据单产物分配模型进行拟合。从图 9.9 可以看出,添加了 $(NH_4)_2SO_4$ 气溶胶种子的实验和添加了 $FeSO_4$ 气溶胶种子的实验的产量产率曲线分别高于和低于空白实验的产量产率曲线,说明 $(NH_4)_2SO_4$ 和 $FeSO_4$ 气溶胶分别提高和降低了间二甲苯的 SOA 产率。而添加了 $(NH_4)_2SO_4/FeSO_4$ 混合盐气溶胶种子的实验的产量产率曲线则在 SOA 产量较低时和空白实验相似或比其略高,而随着 SOA 产量的增加,其产量产率曲线则开始低于空白实验,且偏离空白实验的产量产率曲线越来越远。由于实验的数据点较少,目前只是对混合盐气

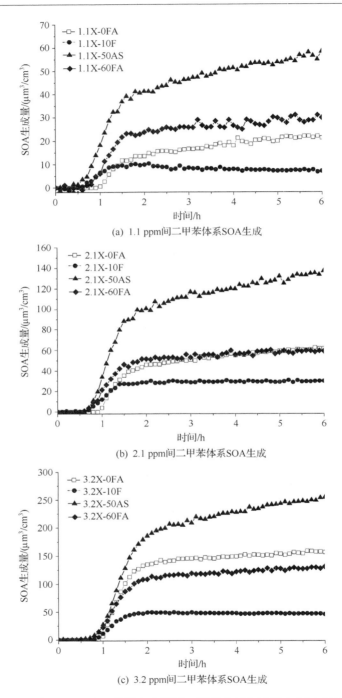

(a) 1.1 ppm间二甲苯体系SOA生成

(b) 2.1 ppm间二甲苯体系SOA生成

(c) 3.2 ppm间二甲苯体系SOA生成

图 9.8　FeSO$_4$ 和（NH$_4$）$_2$SO$_4$ 种子存在下间二甲苯光氧化过程中 SOA 浓度变化曲线

（a）间二甲苯＝1.1 ppm；（b）间二甲苯＝2.1 ppm；（c）间二甲苯＝3.2 ppm

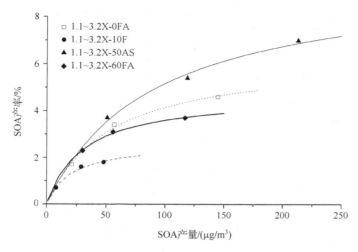

图 9.9　$(NH_4)_2SO_4$ 和 $FeSO_4$ 及其混合气溶胶种子存在下间二甲苯
光氧化生成 SOA 的产量-产率曲线图

溶胶种子对于 SOA 产量和产率的定性分析。在今后的研究中，可以结合观测中的无机气溶胶的浓度数据设计实验，对多种组分的无机盐气溶胶对 SOA 生产的影响进行定量评估。

9.6　不同湿度条件下硫酸亚铁对 α-蒎烯光氧化 SOA 生成的影响

为了更全面的评估 $FeSO_4$ 气溶胶种子对 SOA 生成的影响，我们开展了不同湿度条件下添加 $FeSO_4$ 气溶胶种子的 α-蒎烯光氧化实验。不同湿度的实验的编号用不同的字母表示，"D"代表低相对湿度（～12％）的实验，"W"代表高相对湿度（～80％）的实验，相对湿度为 50％ 的则不标注，详细的实验条件如表 9.4 所示。

为了解 $FeSO_4$ 气溶胶种子自身在不同相对湿度条件下的状态变化，我们使用串联差分电迁移率吸湿性测量系统（Tandem Differential Mobility Analyser, TDMA）对粒径为 50 nm 或者 100 nm 的干燥 $FeSO_4$ 气溶胶种子（RH＜10％）吸湿增长曲线进行了测量，使用吸湿增长因子（Growth Factor, Gf）表示，如图 9.10 所示。可以看出，$FeSO_4$ 气溶胶在 30％ 以下的相对湿度条件下，$FeSO_4$ 基本不吸收水分，从而粒径也没有变化。当相对湿度高于 30％ 以后，$FeSO_4$ 气溶胶开始吸水，其吸湿增长因子随着相对湿度的增加而呈现近似线性增加的趋势。在我们的观测中，没有发现 $FeSO_4$ 气溶胶有明显的 DRH。不同粒径的 $FeSO_4$ 气溶胶的吸湿增长曲线基本相同。同时，在不同温度下测得的 $FeSO_4$ 吸湿曲线略有差别但不明显。

表 9.4 不同湿度下添加 FeSO₄ 种子气溶胶的 α-蒎烯/NOₓ 光氧化实验条件和 SOA 生成

实验编号	T/K	RH /%	HC_0 /ppm	PM_0 /(μm³/cm³)	NO_0 /ppb	$NO_{2,0}$ /ppb	M_o /(μg/m³)	ΔHC /ppm	$Y/\%$
0.20P-N	303	50	0.21	0.0	53	51	96	0.21	8.4
0.20P-ND	303	12	0.21	0.0	53	53	120	0.21	10.4
0.20P-NW	303	80	0.20	0.0	54	49	130	0.20	12.0
0.20P-10F	303	50	0.21	10.4	52	55	41	0.21	3.6
0.20P-10FD	303	12	0.21	10.3	49	57	114	0.20	10.2
0.20P-10FW	303	80	0.21	9.8	51	56	60	0.21	5.2
0.30P-N	303	50	0.31	0.0	78	74	185	0.31	11.0
0.30P-ND	303	12	0.31	0.0	81	75	210	0.31	12.3
0.30P-NW	303	80	0.30	0.0	75	79	229	0.30	13.9
0.30P-10FD	303	12	0.31	10.2	77	80	222	0.31	13.2
0.30P-10FW	303	80	0.31	11.4	74	77	121	0.30	7.2
0.30P-20FW	303	80	0.31	19.0	76	78	90	0.30	5.4

根据 FeSO₄ 吸湿曲线的测量结果,在我们的干燥实验(RH=12%)中,FeSO₄ 表面是干燥的,可以认为该湿度下不存在液相环境;而在 50% 和 80% 的湿度条件下的实验中,FeSO₄ 气溶胶的表面存在一层液膜,FeSO₄ 种子可能通过表面液相环境中的反应影响 SOA 生成。

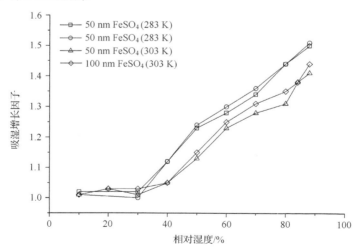

图 9.10　FeSO₄ 气溶胶的吸湿增长曲线

图 9.11 展示了在不同湿度条件下 FeSO₄ 气溶胶种子对 α-蒎烯光氧化反应生

成 SOA 的影响。纵坐标仍然使用"$PM_{修正}-PM_0$"来表示体系中生成的 SOA 的体积浓度。可以看出，在相对湿度为 50％和 80％的条件下，相对同等实验条件下的空白实验来说，添加了 $FeSO_4$ 气溶胶种子的实验中 SOA 的生成量要低，这说明在这两个相对湿度条件下，$FeSO_4$ 都对 SOA 的生成有抑制作用。但是在相对湿度为 12％的条件下，添加了 $FeSO_4$ 气溶胶种子的实验和其对应空白实验的 SOA 生成曲线基本相同，也就是说 $FeSO_4$ 气溶胶种子在相对湿度为 12％时基本对 SOA

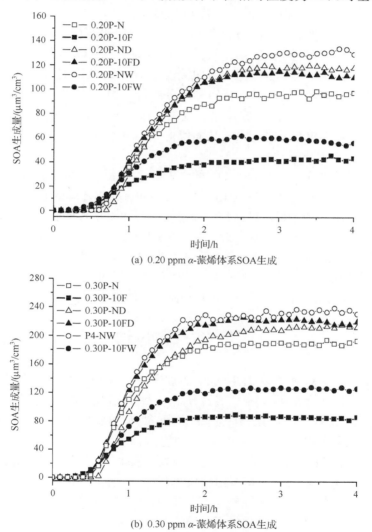

(a) 0.20 ppm α-蒎烯体系SOA生成

(b) 0.30 ppm α-蒎烯体系SOA生成

图 9.11　不同湿度条件下添加 $FeSO_4$ 气溶胶种子对 α-蒎烯光氧化过程中 SOA 浓度变化的影响

(a) α-蒎烯＝0.20ppm；(b) α-蒎烯＝0.30ppm

生成没有影响。$FeSO_4$ 的吸湿增长曲线说明 $FeSO_4$ 自身在相对湿度为 12% 的条件下表面是干燥的，而在相对湿度为 50% 和 80% 的条件下表面都有一层液膜，所以可以推测 $FeSO_4$ 气溶胶种子抑制 SOA 生成的过程肯定和液相反应有关。Fe^{2+} 减少的 SOA 活性氧物种很可能是在气溶胶种子的表面液膜中生成的。

在图 9.11 中，我们也可以比较不同湿度条件下 SOA 的生成情况。在没有气溶胶种子添加的空白 α-蒎烯光氧化实验中，具有相同反应物浓度但不同相对湿度的实验中，在低相对湿度（～12%）和高相对湿度（～80%）的条件下的 SOA 生成要高于中等湿度条件下（～50%）的 SOA 生成。这说明高相对湿度和低相对湿度都可能在某些方面有利于 α-蒎烯光氧化 SOA 生成。从 SOA 的生成机制上分析，高相对湿度的条件下 ·OH 的浓度可能也相对较高[333]，从而促进碳氢前体物及中间产物的氧化，影响 SOA 生成。这可能部分解释了图 9.11 中高湿度的 α-蒎烯光氧化实验具有最高的 SOA 生成量这一现象。而在低相对湿度的条件下，一些脱水的缩聚反应可能更容易进行[332]，从而使得低相对湿度条件下的 SOA 生成高于中等相对湿度条件。

温度可能通过两种途径影响 SOA 的生成：其一是由于有机物的饱和蒸气压和温度直接相关，所以温度直接影响氧化产物在气相和颗粒相之间的分配[76, 334]；其二是温度会影响 SOA 生成的反应过程[334-336]。所以除了在 303 K 的温度条件下开展实验以外，通过使用温控箱控制反应器的温度，我们开展了两个不同温度下 α-蒎烯光氧化的实验研究，包括高温条件（303 K）和低温条件（283 K）。和 Takekawa 等[76] 报道的现象一样，我们也发现低温条件下 SOA 的生成会大大增加，但 $FeSO_4$ 气溶胶对于 SOA 的抑制作用基本不受温度的影响，在此不再详细介绍。

9.7　本章小结

（1）在以 α-蒎烯为代表的生物排放萜烯 VOCs 和以甲苯为代表的芳香烃 VOCs 的光氧化过程中，$FeSO_4$ 气溶胶种子对光氧化过程中的主要气相污染物没有影响，但对 SOA 的生成有明显的抑制作用，最高可减少 60% 左右的 SOA 生成。$FeSO_4$ 气溶胶种子添加越多，SOA 生成则越少。

（2）$FeSO_4$ 气溶胶存在时，可能生成了某些氧化剂，使得一些冷凝到颗粒相的 SOA 组分被氧化，其中部分 SOA 组分由于氧化而分解，产生了高挥发性的有机组分，进而重新气固分配从颗粒相转移到气相，从而降低 SOA 产量。

（3）$FeSO_4$ 对 SOA 的抑制作用和酸性气溶胶对于 SOA 生成的促进作用存在竞争关系；$FeSO_4$ 气溶胶种子对光氧化 SOA 生成产生抑制作用需要液相表面，但受温度的影响很小。

第 10 章　无机颗粒和 SOA 相互影响的研究：
Ⅴ．SOA 与碳黑颗粒压缩重构的关系

大气中的碳黑颗粒(Soot)主要来自生物质和化石燃料的不完全燃烧[337]，是大气中 $PM_{2.5}$ 的重要组成部分之一[11, 338]。与其他 $PM_{2.5}$ 成分相比，除了降低能见度、影响人体健康外，碳黑颗粒有其独特的环境影响，例如碳黑颗粒对太阳光有很强的吸收作用，能对大气产生正的辐射强迫，从而影响气候变化[339]。一般来说，排放源排放的碳黑颗粒由大量的近似球体的基元碳粒子组成，呈现不规则的分枝状团簇结构[11, 340, 341]。与其他颗粒相比，这种松散的结构能为大气中的一些通过吸附、催化而发生的异相反应提供更大的表面积。有研究表明，碳黑粒子的比表面积是盐类粒子的 30～100 倍[340, 342]。近些年来，有学者在对碳黑粒子吸湿特性的研究中发现，在高相对湿度(RH＞90％)的条件下，团簇状碳黑颗粒发生重构，被压缩成较为密实的结构[343, 344]。类似的现象在 α-蒎烯臭氧氧化生成 SOA 的体系中也有发现[340, 345]。这些研究认为团簇状碳黑颗粒结构的崩塌是由吸附在颗粒表面的水或者有机物的毛细作用引起的[340, 343-345]。这些物质填充在松散结构的孔穴中，通过毛细力将团簇结构破坏。进一步的研究发现，重构过程大大降低了碳黑颗粒的比表面积，颗粒的光学特性、吸湿特性也随之发生了显著的变化[340, 342-345]。

本章在考察碳黑颗粒对大气光化学反应影响的过程中，观察到了碳黑颗粒的压缩重构现象。但是这种压缩重构现象并不能用吸附的水或者有机物的毛细作用进行解释。研究首次在 RH 低于 70％的非 SOA 生成体系中观察到碳黑颗粒的压缩重构，表明除了水和有机物的毛细作用外，还存在别的原因导致重构。本章对可能的原因进行了分析，并提出引起重构过程的一些可能物种。研究采用的碳黑颗粒是由石墨电极电火花放电生成的(见"4.2.3 注样系统")。通过这种方式产生的碳黑颗粒结构上同不完全燃烧产生的碳黑颗粒非常类似，在相关研究中被广泛用作真实碳黑颗粒的替代物[340, 342-346]。

10.1　团簇状碳黑颗粒的微观结构及描述

10.1.1　团簇状碳黑颗粒的微观结构

真实大气中的碳黑颗粒是 EC、OC 和 O、N、H 等痕量元素组成的复杂混合物，其微观结构示意图如图 10.1。研究表明，碳黑颗粒由大量近似球形的基元碳粒子

组成[11,340,341]。这些基元碳粒子具有大致一样的尺寸,比如柴油发动机排放的碳黑颗粒的基元碳粒子直径约为 20～30 nm[340,341]。每个基元碳粒子又是由大量尺度为 2～3 nm 的石墨层状晶片组成[11,341]。基元碳粒子之间通过石墨晶片间电子的相互作用彼此结合,形成分枝状的尺度在几百纳米以下的碳颗粒集合体(aggregate),进一步发展成为亚微米,甚至几百微米的团簇状结构(agglomerate)[11]。

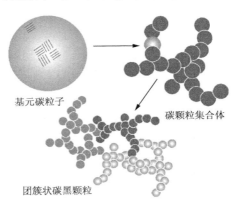

图 10.1　团簇状碳黑颗粒的微观结构示意图

10.1.2　团簇状碳黑颗粒的描述

由于团簇状碳黑颗粒几何形状的复杂性,其表面积、体积、质量等几何性能的计算不能基于简单的理想化的球形假设。近些年来,用分形理论描述碳黑颗粒这种具有自相似性的粒子取得了很大的成功[347-350]。与传统几何学完全不同,具有自相似结构的分形集内部不存在特征长度,具有无标度性,只能使用描述空间的一个重要参数——分形维数(d_f)来表示。例如,COSIMA 模型是一个基于分形理论描述团簇状颗粒物的结构、动力学、光学甚至异相反应过程的模型[347]。在这个模型中,单个团簇碳黑颗粒的质量(m)可以表示为:

$$m = \frac{4\pi\rho}{3f} \cdot R_0^3 \cdot \left[\frac{R_{me}}{(-0.06483d_f^2 + 0.6353d_f - 0.4898)R_0} \right]^{d_f} \tag{10-1}$$

其中,R_0 是基元碳粒子的半径;R_{me} 是电迁移率等效半径(即 SMPS 测得的颗粒半径);f 是体积填充因子;ρ 是基元碳粒子的密度。对于 Palas 石墨电火花放电产生的碳黑颗粒,"AIDA 碳黑颗粒表征计划"[340,341,347]测量得到的 d_f,R_0,f 和 ρ 分别为 2.00,3.65 nm,1.43 和 2.0 g/cm³。在 COSIMA 模型中,单个团簇状碳黑颗粒的活性表面积(S_{acc})可表示为:

$$S_{acc} = 4\pi R_0^2 N^{0.86} \approx 4\pi R_{me}^2 = S_{me} \tag{10-2}$$

其中,N 是该颗粒包含的基元碳粒子的个数。由式(10-2)可见碳黑颗粒的活性表面积恰恰近似等于用 SMPS 测得的电迁移率表面积（S_{me}）。利用式（10-1）和式（10-2），仪器测得的颗粒物电迁移率数据和碳黑颗粒的实际几何特征就能关联起来。

10.2　SOA 生成体系中团簇状碳黑颗粒的压缩重构

10.2.1　甲苯光氧化体系

在甲苯光氧化体系中，共进行了 7 个实验以考察碳黑气溶胶对甲苯光氧化反应过程是否有影响，并观察团簇状碳黑颗粒是否在甲苯光氧化过程中发生压缩重构。实验的初始条件见表 10.1。除了碳黑颗粒物的初始浓度外，7 个实验的初始条件几乎完全相同。实验 C. Tol. 1 是在没有颗粒物的情况下进行的，其他 6 个实验的碳黑颗粒物初始电迁移率体积浓度范围在 16～362 $\mu m^3/cm^3$。由于颗粒的电迁移率体积浓度是基于颗粒的球形假设通过电迁移率粒径分布数据（SMPS 测量数据）推算得到的，对于具有团簇结构的碳黑颗粒并不适用，因此表 10.1 中的颗粒物初始浓度并不是实际的碳黑浓度。利用式（10-1）进行估算，实验 C. Tol. 2～C. Tol. 7 实际注入的碳黑颗粒质量浓度范围约在 5～61 $\mu g/m^3$。

表 10.1　甲苯光氧化实验的初始实验条件

No.	颗粒物种类	颗粒物浓度[a] /($\mu m^3/cm^3$)	甲苯 /ppm	NO /ppb	NO_x /ppb	温度 /℃	湿度 /%
C. Tol. 1	—	0	2.33	108	223	30	61
C. Tol. 2	碳黑	16	2.28	112	219	30	60
C. Tol. 3	碳黑	48	2.27	112	220	30	60
C. Tol. 4	碳黑	108	2.28	112	225	30	59
C. Tol. 5	碳黑	167	2.27	112	227	30	60
C. Tol. 6	碳黑	273	2.30	110	219	30	60
C. Tol. 7	碳黑	362	2.35	112	225	30	60

a. 电迁移率初始颗粒物体积浓度（SMPS 测量数据）

实验 C. Tol. 1～C. Tol. 7 的 O_3 浓度和 NO_x-NO 浓度随时间的变化曲线如图 10.2 和图 10.3 所示，可见 7 个实验的 O_3 和 NO_x-NO 浓度曲线的变化几乎相同。与之类似，7 个实验 NO 和甲苯随时间的变化也没有明显的差别。这个结果表明团簇状碳黑颗粒物对甲苯光氧化的气相反应过程没有明显的影响。

7 个实验颗粒物电迁移率体积浓度随时间的变化见图 10.4。与有 $(NH_4)_2SO_4$ 存在下颗粒物浓度的变化不同，添加了碳黑颗粒的甲苯光氧化实验在

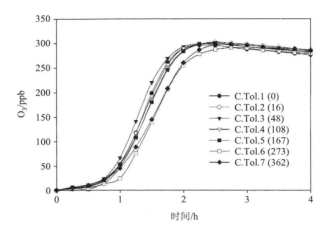

图 10.2　O₃ 浓度随时间变化曲线(甲苯光氧化实验 C. Tol. 1～C. Tol. 7)

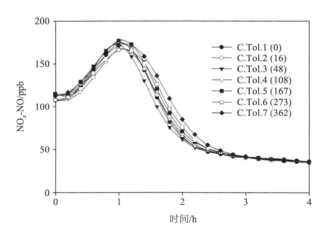

图 10.3　NO$_x$-NO 浓度随时间变化曲线(甲苯光氧化实验 C. Tol. 1～C. Tol. 7)

实验进行到一定阶段后,电迁移率颗粒物浓度出现了异常的下降,且这个下降并不能用颗粒物在反应器壁上的沉积进行解释。对粒径分布变化的分析表明,颗粒物体积浓度的异常衰减是由粒径分布变窄,并向小粒子方向偏移引起的。例如,实验 C. Tol. 7 颗粒物粒径分布随时间的变化、个数中位粒径(CMD)和几何标准偏差(σ_g)随时间的变化见图 10.5 和图 10.6。可见,在 0.7～1.9 h 之间,颗粒物的粒径整体变小(CMD 从 188 nm 减小到 141 nm),粒径分布变窄(σ_g 从 1.48 减小到 1.36)。这个现象与国外相关学者在 α-蒎烯臭氧氧化过程中观察到的碳黑颗粒重构现象一致[340, 345],即碳黑颗粒被压缩为更紧密的结构。

　　之前的研究认为,团簇状碳黑颗粒的压缩重构是由凝结在碳黑颗粒表面的水

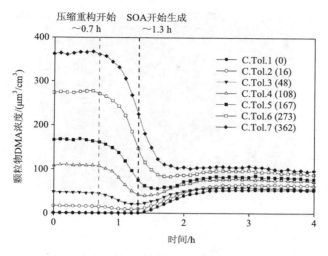

图 10.4　颗粒物电迁移率体积浓度随时间变化曲线（甲苯光氧化实验 C. Tol. 1～C. Tol. 7）

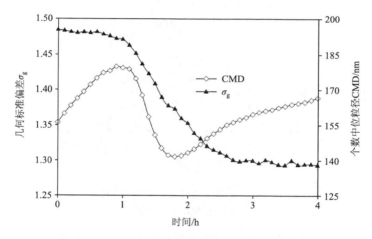

图 10.5　颗粒物电迁移率 CMD 和 σ_g 随时间变化曲线（甲苯光氧化实验 C. Tol. 7）

或有机物的毛细作用引起的[340, 343-345, 351]，但是在甲苯光氧化系统中所观察到的碳黑颗粒重构并不能完全用毛细作用进行解释。首先，所有的实验都是在 RH 为 60% 的条件下进行，并未达到碳黑颗粒的潮解相对湿度（DRH＞90%）[343, 344]，因此碳黑颗粒表面不可能覆盖有水膜。其次，尽管甲苯光氧化体系可以生成覆盖在碳黑颗粒表面的有机物（即 SOA），但 SOA 的生成时间和压缩重构现象发生的时间存在一定的间隔。如图 10.4 所示，从实验 C. Tol. 1 的颗粒物浓度变化曲线可以推知 SOA 大概在甲苯光氧化反应进行到 1.3 h 的时候才开始生成，而团簇状碳黑颗粒的压缩重构是在约 0.7 h 的时候就开始发生了。这表明在有机物包裹碳黑

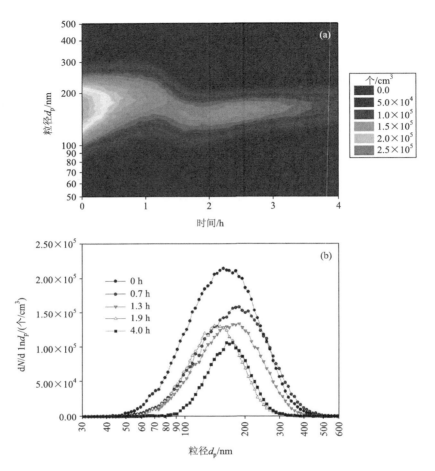

图 10.6　颗粒物电迁移率粒径分布随时间的变化（甲苯光氧化实验 C. Tol. 7）

本图（a）另见书末彩图

颗粒之前,碳黑颗粒已经在某种作用下发生结构的改变。此外,从图 10.4 还可以推知,引起碳黑颗粒重构的物种很可能是甲苯光氧化反应进行到一定阶段后生成的气态产物,因为重构发生在实验进行到约 0.7 h 后,并不是反应开始。另一方面,这一时间点对所有注入碳黑颗粒的实验(C. Tol. 2～C. Tol. 7)几乎一致也间接表明起作用的物种可能是甲苯光氧化产生的中间气态产物,因为碳黑颗粒物的存在对甲苯光氧化的气相反应过程并没有明显的影响(之前通过比较 O_3、NO_x-NO、NO 和甲苯等随时间的变化曲线推知)。

碳黑颗粒物的压缩重构导致无法通过 SMPS 定量测量颗粒物的体积浓度,从而无法估算碳黑颗粒存在下 SOA 的生成量,因此碳黑颗粒对 SOA 生成的影响有待今后进一步研究。

10.2.2　α-蒎烯臭氧氧化和光氧化体系

由于团簇状碳黑颗粒的压缩重构现象是在 α-蒎烯臭氧氧化生成 SOA 的体系中报道的[340, 345]，这里本研究重复这一实验过程，并考察 α-蒎烯光氧化体系（也能生成 SOA），希望从实验结果中得到有关团簇状碳黑颗粒压缩重构的进一步信息。α-蒎烯臭氧氧化和光氧化实验的初始条件见表 10.2。实验 C. Pin. O1 和 C. Pin. P1 是在无碳黑颗粒的情况下进行的，其初始条件与有碳黑颗粒的实验 C. Pin. O2 和 C. Pin. P2 接近，以大致确定 SOA 开始生成的时间。α-蒎烯臭氧氧化和光氧化实验中各反应物和颗粒物相关参数随时间的变化分别见图 10.7 和图 10.8。

表 10.2　α-蒎烯臭氧氧化和光氧化实验的初始实验条件

实验编号	臭氧氧化体系		光氧化体系	
	C. Pin. O1	C. Pin. O2	C. Pin. P1	C. Pin. P2
紫外灯	关	关	开	开
颗粒物浓度/($\mu m^3/cm^3$)[a]	0	174	0	149
α-蒎烯/ppm	0.30	0.30	0.23	0.29
NO/ppb	—	—	57	52
NO_x/ppb	—	—	112	111
注入 O_3/ppm	～0.3	～0.2	—	—
注入 O_3 的时间/h	0.5	0.5	0	0
湿度/%	51	52	60	62
温度/℃	30	30	30	30

a. 电迁移率初始颗粒物体积浓度（SMPS 测量数据）

对于有初始碳黑颗粒的 α-蒎烯臭氧氧化实验（C. Pin. O2），混合均匀的 α-蒎烯和碳黑颗粒在烟雾箱内先静置 0.5 h。在这段时间内，由于颗粒之间的凝并，气溶胶粒数浓度减少，粒径分布向大粒子方向偏移[图 10.7(e)(f)]。通常，颗粒物的体积浓度并不会因为凝并而有所改变，但会由于颗粒物在烟雾箱内的沉积而逐渐下降。然而图 10.7(d)显示的电迁移率体积浓度在这段时间没有下降，反而有所上升。这是由电迁移率体积不适当的球形假设而造成的，进一步的讨论见"10.3.2 丙烯臭氧氧化体系"。实验 0.5 h 后，通过向烟雾箱内注入 0.2 ppm 的 O_3 以引发 α-蒎烯臭氧氧化反应。如图 10.7(d)～(f)所示，当 O_3 注入后，几乎所有的颗粒物相关参数都发生了显著的变化：碳黑颗粒的电迁移率体积浓度迅速减少[图 10.7(d)]，颗粒粒径分布变窄并向小粒子方向偏移[图 10.7(e)(f)]。由于注入的 O_3 总体积小于 0.1 L，因此碳黑颗粒急剧的粒径分布变化不可能是稀释效应引起的。该实验结果与国外相关学者的实验结果[340, 345]完全一致，表明碳黑颗粒被压缩为

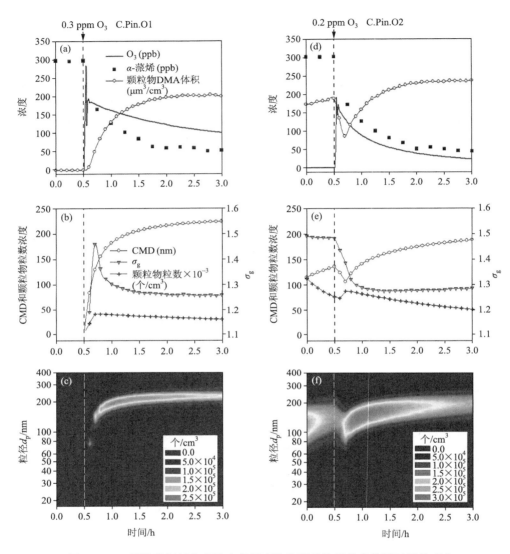

图 10.7　α-蒎烯臭氧氧化实验中各反应物和颗粒物相关参数随时间的变化

本图(c)(f)另见书末彩图

更为紧密的结构。在实验进行到 0.7 h 后,SOA 的生成开始显现,颗粒物体积浓度增大。

图 10.7(a)～(c)为无颗粒 α-蒎烯臭氧氧化实验的结果。可以清楚地看到,在 0.5 h 注入 0.3 ppm 的 O₃ 后,通过均相成核过程,立刻有大量 SOA 形成。即在 α-蒎烯臭氧氧化体系中,SOA 生成的时间几乎与反应开始的时间一致。由于碳黑颗粒的压缩重构也正好发生在臭氧氧化反应开始的时候,且 Weingartner

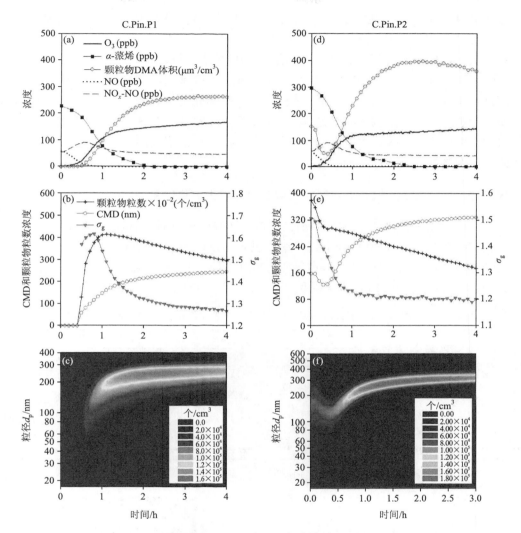

图 10.8　α-蒎烯光氧化实验中各反应物和颗粒物相关参数随时间的变化
本图(c)(f)另见书末彩图

等[343,344]发现覆盖在碳黑颗粒表面的水的毛细力可以破坏碳黑颗粒的团簇结构，因此 Saathoff 等[340]和 Schnaiter 等[345]将 α-蒎烯臭氧氧化实验中碳黑颗粒的压缩重构归因于 SOA 的毛细作用。"10.4.2　SOA 生成体系"将针对这一结论进行进一步评论。

有初始碳黑颗粒的 α-蒎烯光氧化实验结果见图 10.8(d)～(f)。与 α-蒎烯臭氧氧化实验结果类似，在丙烯光氧化实验开始后(0～0.3 h)，颗粒物相关参数也发生了急剧的变化：碳黑颗粒平均粒径变小，粒径分布变窄，电迁移率体积浓度变小。

这些都说明碳黑颗粒发生了压缩重构。0.4 h后,电迁移率体积浓度开始增大,SOA 的生成开始显现。

从无颗粒物实验(C. Pin. P1)的结果[图 10.8(a)~(c)]可以看出,与臭氧氧化实验不同,α-蒎烯光氧化实验均相成核生成 SOA 的时间不是在反应开始的时候,而是在反应进行到大约 0.4 h后。这样,在 α-蒎烯光氧化体系中,SOA 的生成时间和碳黑颗粒压缩重构的时间是不一致的,压缩重构发生在 SOA 开始生成之前,这与在甲苯光氧化体系中发现的现象是一致的,表明 α-蒎烯的气相氧化产物也可能造成碳黑颗粒微观结构的改变。

10.2.3　间/对二甲苯、1,2,4-三甲苯和正十一烷光氧化体系

从甲苯、α-蒎烯光氧化和 α-蒎烯臭氧氧化实验中可以看出,碳黑颗粒的压缩重构具有典型的特征,即颗粒物电迁移率体积浓度异常下降,电迁移率粒径分布往小粒子方向偏移。利用这个特征,本研究对另外 4 种 SOA 光氧化生成体系进行了考察,实验条件见表 10.3,实验结果见图 10.9 至图 10.12。可以看出,在这些体系

表 10.3　间/对二甲苯、1,2,4-三甲苯和正十一烷光氧化实验的初始实验条件

实验编号	间二甲苯	对二甲苯	1,2,4-三甲苯	正十一烷[a]
	C. mXyl. P1	C. pXyl. P1	C. Tmb. P1	C. Und. P1
颗粒物浓度/($\mu m^3/cm^3$)	135	133	95	79
HC/ppm	2.03	1.93	2.98	3.68
NO/ppb	149	149	142	191
NO_x/ppb	297	325	285	384
湿度/%,温度/℃	59,30	60,30	60,30	62,30

a. 正十一烷光氧化实验初始添加 1 ppm 丙烯

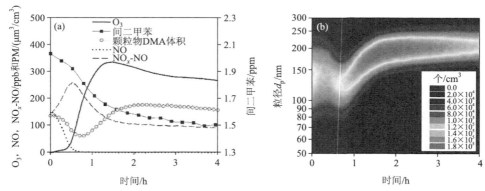

图 10.9　间二甲苯光氧化实验中各反应物和粒径分布随时间的变化

本图(b)另见书末彩图

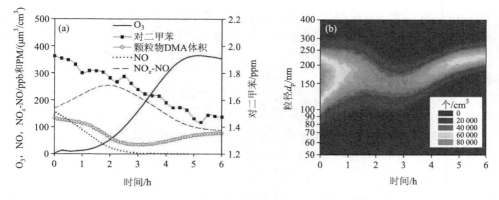

图 10.10　对二甲苯光氧化实验中各反应物和粒径分布随时间的变化
本图(b)另见书末彩图

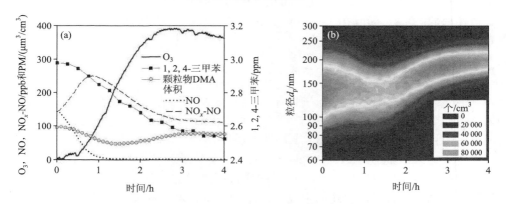

图 10.11　1,2,4-三甲苯光氧化实验中各反应物和粒径分布随时间的变化
本图(b)另见书末彩图

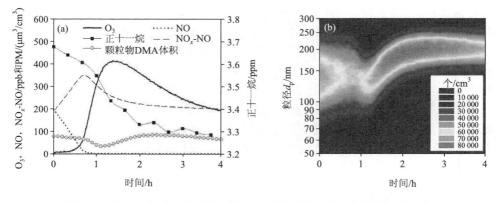

图 10.12　正十一烷/丙烯光氧化实验中各反应物和粒径分布随时间的变化
本图(b)另见书末彩图

中,当反应进行到一定阶段后,颗粒物电迁移率体积浓度都存在异常下降段,电迁移率粒径分布在这段期间均往小粒子方向偏移,表明碳黑颗粒被压缩形成更为密实的结构。

10.3　非 SOA 生成体系中团簇状碳黑颗粒的压缩重构

之前的研究已经表明团簇状碳黑颗粒在 SOA 生成体系可以发生压缩重构,且这个现象不是由包裹的有机物的毛细作用引起的,可能和 VOCs 的某些气相氧化产物有关。因此,在非 SOA 生成体系中考察碳黑颗粒是否发生压缩重构就能直接显示一些气相氧化产物是否可以导致这一过程。研究选取丙烯的臭氧氧化和光氧化体系。由于通常只有 6 个碳以上的 VOCs 氧化才能形成 SOA[38],而丙烯分子只含有 3 个碳原子,其臭氧氧化和光氧化的产物挥发度都非常高,不可能分配到颗粒相形成 SOA。因此在实验中测量到的颗粒物的变化就是团簇状碳黑颗粒本身特征的变化。

10.3.1　烟雾箱背景颗粒物的生成

虽然丙烯的臭氧氧化和光氧化体系均无 SOA 生成[38],但是在臭氧氧化和光氧化过程中,烟雾箱反应器内可能产生一些背景颗粒物[173]。这些背景颗粒物可能直接来自反应器壁面的释放,或者是由反应器壁释放的一些痕量 VOCs 生成。清洁空气、丙烯、臭氧和 NO$_x$ 中的杂质也可能是背景颗粒物的来源。由于生成的背景有机气溶胶包裹碳黑颗粒后也可能导致碳黑颗粒的压缩重构[340, 345],因此首先需要对烟雾箱背景颗粒物的生成进行评估。光氧化体系内背景颗粒物的生成见"4.3.1　清洁空气的表征",清洁空气在紫外灯照射 6 h 后,背景颗粒物的生成不超过 0.1 μm³/cm³。

丙烯臭氧氧化体系中背景颗粒物生成的表征实验见图 10.13。实验在温度 30 ℃ 和 RH 30% 的条件下进行。实验的开始后,RH 30% 的清洁空气先静置0.5 h,随后 5.2 ppm 的 O$_3$ 和 5.5 ppm 的丙烯分别在 0.5 h 和 1.5 h 注入反应器。如图 10.13 所示,潮湿的清洁空气中颗粒物的浓度低于 4 个/cm³,且在 0.5 h O$_3$ 注入后几乎没有颗粒物生成。但在丙烯注入后,颗粒物的数浓度增大到约 30 个/cm³。这表明丙烯气体中含有一定量的杂质,它们可以与 O$_3$ 反应生成可检测的背景颗粒物。但是由于生成的颗粒物数浓度非常低,且整个实验过程中检测到的颗粒物最大体积浓度不超过 0.1 μm³/cm³,因此对于丙烯臭氧氧化体系来说,背景颗粒物的生成并不重要,可以忽略。

10.3.2　丙烯臭氧氧化体系

图 10.14 显示了初始碳黑颗粒存在下,丙烯臭氧氧化实验(C. Pro. O1)中各反

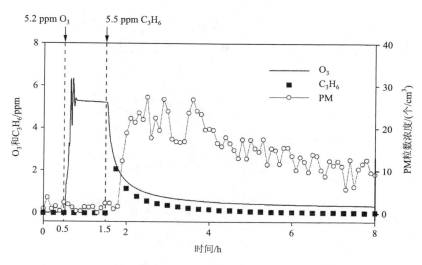

图 10.13　丙烯臭氧氧化体系中背景颗粒物生成的表征实验结果

应物和颗粒物相关参数随时间的变化。实验是在温度 30 ℃和 RH 30％的条件下进行的。开始实验之前，烟雾箱内先注入一定量的碳黑颗粒（DMA 体积浓度约 180 $\mu m^3/cm^3$）和 5.5 ppm 的丙烯。当丙烯浓度到达稳定后，实验开始（图 10.14 中时间坐标 0 点）。在实验过程中，分别有 5.0 ppm 的 O_3，3.0 ppm 的 O_3，3.4 ppm的丙烯，7.0 ppm 的 O_3 和 8.0 ppm 的丙烯在 0.5 h，3.5 h，4.0 h，6.5 h 和 7.0 h 注入反应器。因此实验过程可以分为 6 个阶段如图 10.14 中纵虚线所示。注入的 O_3 和丙烯的总体积不超过 5 L，因此稀释效应可以忽略。很明显，除了颗粒物的粒数浓度外，几乎所有的颗粒物相关参数在时段 2,4 和 6 开始的时候都发生了显著的变化。在时段 1,由于颗粒物的凝并，电迁移率 CMD 从 107 nm 增加到 122 nm。通常颗粒物的体积浓度不会因为凝并而有所改变，反而会由于颗粒在烟雾箱内的沉积而逐渐下降。然而图 10.14(a)显示的电迁移率体积浓度在这段时间没有下降，反而有所上升。这是因为基于球形假设的单颗粒电迁移率体积是与电迁移率半径 R_{me} 的立方成正比的，而实际颗粒的体积根据式(10-1)和 R_{me} 的平方成正比(d_f＝2.00)，因此通过 SMPS 得到的电迁移率体积浓度并没有实际的物理意义。这进一步说明对于碳黑粒子这种具有分形结构的粒子来说，传统几何的处理方式是不合适的。

在时段 2,当 O_3 注入后，碳黑颗粒的粒径分布开始收缩，电迁移率 CMD 变小：如图 10.14(c)所示，σ_g 从 1.48 减小到 1.43,CMD 从 126 nm 减小到 117 nm。这些变化导致了颗粒物电迁移率体积和表面积浓度在这个时段的快速减少[图 10.14(a)和图 10.14(b)]。在时段 4 和 6,当丙烯在 4.0 h 和 7.0 h 注入后，出现了同样的粒径分布收缩现象。O_3 和丙烯的注入对颗粒物的粒数浓度没有明显

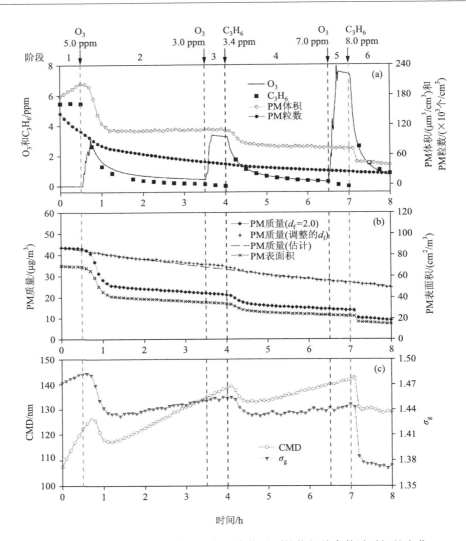

图 10.14　丙烯臭氧氧化体系中各反应物及颗粒物相关参数随时间的变化

的影响，但是造成碳黑颗粒粒径分布的收缩表明团簇状碳黑颗粒发生了压缩重构，且这个现象和相关学者在对团簇状碳黑颗粒水解[343, 344]、α-蒎烯臭氧氧化[340, 345]以及之前各 SOA 生成体系中观察到的碳黑颗粒重构现象一致。

式(10-2)表明 SMPS 测得的电迁移率表面积浓度具有实际的物理意义，即可以近似表示碳黑颗粒的活性表面积大小，且与颗粒的分形维数无关。如图 10.14(b)所示，DMA 表面积浓度在时段 2, 4, 6 的迅速下降直接表明了颗粒活性表面积的减少。由于碳黑颗粒的基本单元是具有层状结构的石墨晶片，在常温常压的环境大气中极为稳定，甚至被用作示踪物质评估 SOA 的生成[22]，所以活性表面的减小不可能是碳颗粒参与大气化学反应消耗造成的，只能是疏松的团簇结构被压实而造成的。

团簇状碳黑颗粒的形貌改变可以更直接地通过扫描电镜（Scanning Electron Microscopy，SEM）进行观察。实验过程中，在聚碳酸酯膜上（47 mm，Nuclepore，111106）收集时段 1，2，4 和 6 结束前的碳黑颗粒，并通过 Hitachi S5500 型 SEM 进行观察。如图 10.15 所示，团簇状的碳黑颗粒在丙烯臭氧氧化过程中逐渐被压缩为更紧实的、接近球形的颗粒。

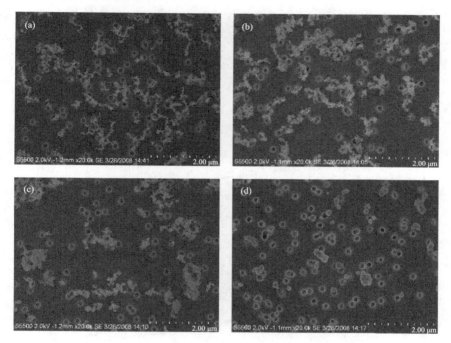

图 10.15　时段 1(a)，2(b)，4(c)和 6(d)结束前采集到的碳黑颗粒在扫描电镜下的微观形貌

碳黑颗粒的重构还可以从分形维数 d_f 的变化进行定量描述。根据式（10-1），碳黑颗粒的质量浓度可以由电迁移率粒径分布数据计算得到。图 10.14(b) 中符号◆代表用固定 d_f（假设团簇状碳黑颗粒的结构在整个实验过程中不发生变化，$d_f = 2.0$）计算得到的颗粒物质量浓度的变化。在 3 个压缩时段，这个浓度均发生了迅速的下降说明碳黑颗粒的结构发生了改变（d_f 改变），颗粒物质量浓度的计算需要进行相应的调整。颗粒在烟雾箱内的沉积可以近似看成是一个一级衰减过程，一级衰减速率常数可以由固定 d_f 质量浓度曲线 0～0.5 h，1.5～4.0 h 及 5.0～7.0 h（即颗粒稳定衰减段）获得，约为 0.07 h^{-1}。根据所得一级衰减速率常数，预测的碳黑颗粒质量浓度变化曲线如图 10.14(b) 中虚线所示。为了使得用式（10-1）转化得到的质量浓度落在这条预测的衰减曲线上，颗粒的分形维数 d_f 在 3 个压缩时段分别从 2.0 增加到 2.2，2.2 增加到 2.3，2.3 增加到 2.4。d_f 的增大，再一

次确认了颗粒的结构更加紧密[347]，同时这个增量也与文献报道值可比。比如 Saathoff 等[340]在 α-蒎烯臭氧氧化体系中报道，有机物包裹碳黑颗粒物后，碳黑颗粒物的 d_f 从 2.0 增加到 2.3；Gangl 等[351]报道有机物包裹放电产生的碳黑颗粒后，d_f 从 1.9 增加到 2.2。

10.3.3　丙烯光氧化体系

丙烯光氧化实验 C. Pro. P1 是在温度 30 ℃，RH 60% 的条件下进行的，丙烯、NO、NO_x 和颗粒物 DMA 初始浓度分别为 1.18 ppm，244 ppb，493 ppb 和 107 $\mu m^3/cm^3$。实验过程中反应物和颗粒物相关参数随时间的变化见图 10.16。与

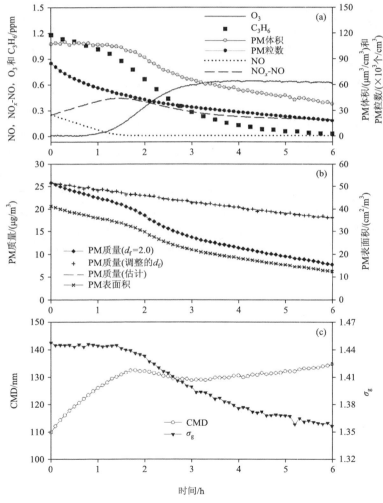

图 10.16　丙烯光氧化体系中各反应物及颗粒物相关参数随时间的变化

丙烯臭氧氧化体系类似，在丙烯光氧化实验进行到 1.4 h 以后，颗粒物相关参数也发生了急剧的变化：碳黑颗粒平均粒径变小，粒径分布变窄[如图 10.16(c)，CMD 和 σ_g 减小]；表征碳颗粒活性表面的电迁移率表面积浓度减少[图 10.16(a)]。用与臭氧氧化实验相同的方法，图 10.16(b)对碳黑颗粒分形维数的变化进行了评估，评估结果 d_f 从 2.0 增大到 2.4。这些实验现象都表明碳黑颗粒在丙烯光氧化体系中同样发生了压缩重构。与臭氧氧化实验不同的是，光氧化体系中的重构并不是在光氧化反应开始后立即发生，而是在反应进行到一定阶段后（1.4 h 后）才明显表现出来，且过程相对于臭氧氧化体系较为平缓，并一直持续到 6 h 实验结束。

10.4　引起团簇状碳黑颗粒压缩重构的可能物种

在各种 VOCs 大气氧化体系都发现碳黑颗粒的压缩重构表明这一现象并不是某个反应体系特有的，而是真实大气中可能普遍、广泛存在的。因此搞清重构过程的原因，对进一步了解碳黑颗粒在真实大气中的老化过程有着非常重要的意义。本节从丙烯臭氧氧化体系入手，利用箱式模型对反应体系所有物种浓度变化情况进行模拟，指认了引起团簇状碳黑颗粒压缩重构的可能物种，并通过其他体系进行一定程度的验证。

10.4.1　非 SOA 生成体系

10.4.1.1　丙烯臭氧氧化体系

已有的研究认为，团簇碳黑颗粒的压缩重构是由覆盖在颗粒表面的水层或者有机层的毛细作用引起的[340, 343-345]。本研究非 SOA 生成体系的实验是在 RH<70% 的条件下进行的，碳黑颗粒表面不会像在 RH>90% 的条件下那样产生水膜。同时，丙烯也不是 SOA 的前体物[38]，臭氧氧化和光氧化过程均不会产生有机物。因此，本研究所发现的压缩重构现象是无法用水或有机物的毛细作用予以解释的。另一方面，丙烯和 O_3 也不是引起压缩重构的原因，因为在丙烯臭氧氧化实验的时段 1,3 和 5 有较高浓度的丙烯或 O_3 存在，但碳黑颗粒并没有发生变化。这些都说明碳颗粒的重构很可能是由丙烯氧化过程中生成的某类气相产物引起的。

丙烯的臭氧氧化机理目前已经有了较为统一的认识，但是由于大气自由基化学极为复杂，中间产物浓度极低无法用现有分析方法检测，因此一些具体反应路径还不十分清楚[48]。图 10.17 简单描述了丙烯臭氧氧化的反应路径。O_3 分子首先加成在丙烯双键上，形成一个极不稳定的初级臭氧化物。这个能量很高的初级臭氧化物很快可以分解为 1 个含羰基物种和 1 个激发态的 Criegee 中间体。由于初级臭氧化物断键位置的不同,分解有两种可能。激发态的 Criegee 自由基随后可以通过稳定化、异构化、分解等过程生成 $RO_2^·$、$RO^·$、羰基化合物、有机过氧化氢物、醇类、$HO_2^·$、$^·OH$ 和 CO、CH_4、H_2O_2 等其他产物。需要注意的是,产生的 $^·OH$ 可以进一步和丙烯反应,使得整个反应过程更为复杂[11, 48]。

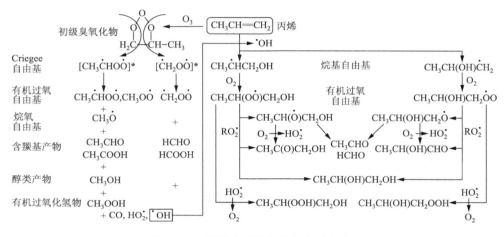

图 10.17　丙烯臭氧氧化的简化反应路径

为了指认造成碳黑颗粒重构的气相物种,本研究采用 MCM v3.1 机理,利用箱式模型对丙烯臭氧氧化实验的时段 2 进行模拟。MCM 机理是近些年来提出的一个接近全面的大气化学反应机理,最早由 Jenkin 等[183] 在 1997 年提出,在 2003 年得到完善[184, 185],目前版本为 MCM v3.1。该机理对大气化学反应的处理非常细致,详尽描绘了 135 种前体 VOCs 的大气化学反应过程,包括 4 400 多个物种,超过 12 700 个反应。对于丙烯臭氧氧化体系,在 MCM v3.1 中共涉及 33 个物种,其物种名称和分子结构列于表 10.4。

表 10.4　MCM 机理中与丙烯臭氧氧化反应有关的物种及其分子结构

分类	MCM 物种名称	物种分子结构	模拟曲线趋势
反应物	C3H6	$CH_2\!=\!CHCH_3$	向下
	O3	O_3	向下
醇类产物	PROPGLY	$CH_3CH(OH)CH_2OH$	向上
	CH3OH	CH_3OH	向上
烷氧自由基	HYPROPO	$CH_3CH(O^·)CH_2OH$	向下
	CH3O	$CH_3O^·$	向下
	IPROPOLO	$CH_3CH(OH)CH_2O^·$	向下

续表

分类	MCM 物种名称	物种分子结构	模拟曲线趋势
含羰基产物	HCHO	$CH_2{=}O$	向上
	CH3CHO	$CH_3C(H){=}O$	向上
	HCOOH	$HC({=}O)OH$	向上
	CH3CO2H	$CH_3C({=}O)OH$	向上
	MGLYOX	$CH_3C({=}O)C(H){=}O$	向上
	CH3CHOHCHO	$CH_3CH(OH)C(H){=}O$	向上
	ACETOL	$CH_3C({=}O)CH_2OH$	向上
Criegee 自由基	CH3CHOOA	$[CH_3CH(\cdot)OO\cdot]^*$	向下
	CH2OOB	$[CH_2(\cdot)OO\cdot]^*$	向下
有机过氧化氢物	HYPROPO2H	$CH_3CH(OOH)CH_2OH$	向上
	IPROPOLO2H	$CH_3CH(OH)CH_2OOH$	向上
	IPROPOLPER	$CH_3CH(OH)C({=}O)OOH$	向上
	CH3OOH	CH_3OOH	向上
	CH3CO3H	$CH_3C({=}O)OOH$	向上
有机过氧自由基	HYPROPO2	$CH_3CH(OO\cdot)CH_2OH$	向下
	CH2OO	$CH_2(\cdot)OO\cdot$	向下
	IPROPOLO2	$CH_3CH(OH)CH_2OO\cdot$	向下
	CH3CO3	$CH_3C({=}O)OO\cdot$	向下
	CH3CHOO	$CH_3CH(\cdot)OO\cdot$	向下
	CH3O2	$CH_3OO\cdot$	向下
	CH3CHOHCO3	$CH_3CH(OH)C({=}O)OO\cdot$	向下
其他产物	CH4	CH_4	向上
	CO	CO	向上
	H2O2	H_2O_2	向上
	OH	$\cdot OH$	向下
	HO2	$HO_2^{\cdot}$	向下

　　MCM 机理对丙烯臭氧氧化实验时段 2 的模拟结果见图 10.18 至图 10.20。图 10.18 对实验测量值和箱式模型模拟值进行了比较。可以看到模拟结果较好地吻合了实验值，使得可以较为信任对其他产物的模拟结果。根据产物浓度变化曲线的趋势，丙烯臭氧氧化产物可以分为两组。如图 10.19 所示，CO、CH4、H2O2、含羰基产物、有机过氧化氢物和醇类产物的浓度曲线趋势是向上的，这表明它们的浓度在整个臭氧氧化过程中是逐渐增加的，而碳黑颗粒的压缩重构只是发生在时

段 2 的开始,并不是整个时段 2,因此这些产物都不是导致重构的原因。对于 ·OH、HO$_2$·、RO$_2$·、RO· 和 Criegee 中间体来说,如图 10.20 所示,这些产物的浓度

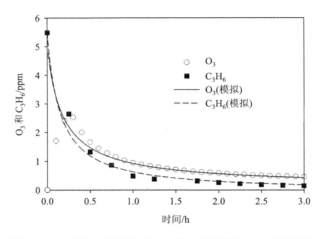

图 10.18　丙烯臭氧氧化反应时段 2 的丙烯和 O$_3$ 模拟结果

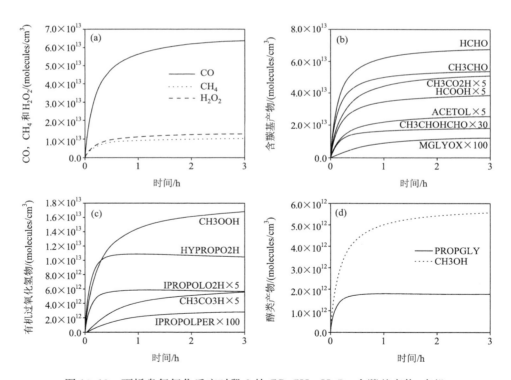

图 10.19　丙烯臭氧氧化反应时段 2 的 CO、CH$_4$、H$_2$O$_2$、含羰基产物、有机
过氧化氢物和醇类产物的模拟结果

在臭氧氧化反应开始的时候就迅速达到最大值，随后逐渐下降。这个趋势与碳黑颗粒的压缩重构是一致的，表明它们可能是导致重构现象的物种。需要注意的是，过氧自由基（$RO_2^·$ 和 $HO_2^·$）的浓度至少比 $^·OH$、$RO^·$ 和 Criegee 中间体大 4 个数量级，即过氧自由基与碳黑颗粒表面碰撞的概率较这些物种大至少 4 个数量级[11]，因此过氧自由基可能更为重要。

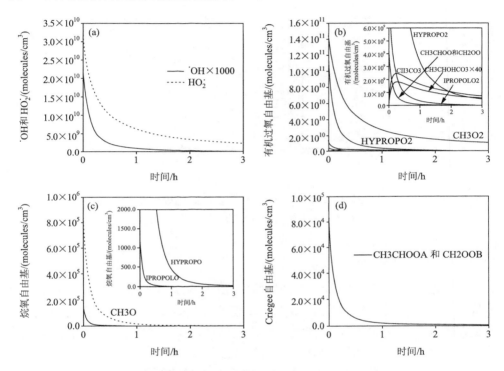

图 10.20　丙烯臭氧氧化反应时段 2 的 $^·OH$、$HO_2^·$、有机过氧自由基、
烷氧自由基和 Criegee 自由基的模拟结果

10.4.1.2　丙烯光氧化体系

为了进一步确认过氧自由基、羟基自由基是否为导致碳黑颗粒压缩重构的物种，本节通过 MCM 机理对丙烯光氧化实验 C. Pro. P1 的相关物种进行了模拟（包含 69 个物种和 197 个反应），模拟结果见图 10.21。图 10.21(a)对 NO、NO_x-NO、O_3、丙烯的模拟值和实验值进行了比较。模拟结果与实验结果吻合较好使得模型对 $^·OH$ 和过氧自由基（$HO_2^·$ 和 $RO_2^·$）的模拟[图 10.21(b)]具有较高的可信度。模拟结果显示 $HO_2^·$ 和 $RO_2^·$ 是在实验进行到约 1.4 h 后才大量产生，并在 1.4 h 后一直维持在一个相对高的浓度水平。这一点与实验中观察到的重构现象是一致

的,即重构是在反应进行到 1.4 h 后才明显表现出来,并一直持续到 6 h 实验结束.·OH 浓度开始明显升高的时间比过氧自由基靠前,且浓度低 3 个数量级,相比之下,过氧自由基更可能是导致碳黑颗粒压缩重构的原因。另一方面,在光氧化体系中,各自由基的浓度变化较为平缓,且浓度较臭氧氧化体系低约 1 个数量级,这与实验观察到在臭氧氧化体系中碳黑颗粒的重构更为明显也是一致的。

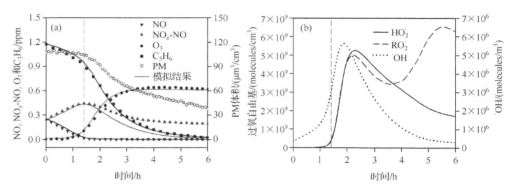

图 10.21　丙烯光氧化实验 C. Pro. P1 的模拟结果(纵虚线表示碳黑颗粒压缩重构大致开始的时间)

10.4.2　SOA 生成体系

在 α-蒎烯臭氧氧化生成 SOA 的实验中,由于 SOA 的生成和碳黑颗粒的压缩重构几乎发生在同一时间,因此 Saathoff 等[340] 和 Schnaiter 等[345] 将重构归因于包裹在碳黑颗粒表面的有机物的毛细作用。但是正如前文在甲苯光氧化实验和 α-蒎烯光氧化实验中所指出的那样,碳黑颗粒压缩重构出现的时间明显早于 SOA开始生成的时间。过氧自由基是否是导致这个差异的原因值得进一步探讨。为此,下面将仍用 MCM 机理对 α-蒎烯(329 个物种,973 个反应)臭氧氧化实验C. Pin. O2、α-蒎烯光氧化实验 C. Pin. P2 和甲苯(276 个物种,802 个反应)光氧化实验 C. Tol. 7 进行模拟,模拟结果见图 10.22 和图 10.23。在图 10.22(a)、(c) 和图 10.23(a) 中,NO、NO_x-NO、O_3、HC 的模拟值和实验值都吻合得较好,这使得自由基的模拟结果具有较高的可信度。在 α-蒎烯臭氧氧化实验中,同在丙烯臭氧氧化实验中一样,过氧自由基和羟基自由基在反应开始的时候迅速达到最大值,随后逐渐下降[图 10.22(b)]。这与碳黑颗粒在这个体系中发生压缩重构的过程是一致的。在 α-蒎烯和甲苯光氧化体系中,过氧自由基开始大量生成的时间与实验中观察到的碳黑颗粒开始压缩重构的时间也是一致的(对于 α-蒎烯光氧化实验,HO_2 浓度开始升高的时间与碳黑颗粒重构时间一致,RO_2 生成滞后),而与丙烯光氧化模拟中观察到的现象一样,·OH 浓度开始升高的时间与重构时间并不一致,尤其是在甲苯光氧化体系中[图 10.23(b)]。加上·OH 最大浓度比过氧自由基最大浓度低至少 3 个数量级以上,可以推论过氧自由基是更可能导致碳黑颗粒结构变化的物种。同时,模拟结果也暗示有机物包裹所产生的毛细力可能并不是 α-蒎烯臭氧氧化体系中碳黑颗粒结构压缩的主要原因,只是因为在 α-蒎烯臭氧氧化体系中,SOA 的生成极为迅速,恰好也发生在反应开始的时候,所以导致之前的研究人员直接把 SOA 的生成和碳黑颗粒的重构联系起来。目前过氧自由基引起碳黑颗粒重构的具体物理化学机理还不十分清楚,需要今后进一步的深入研究。

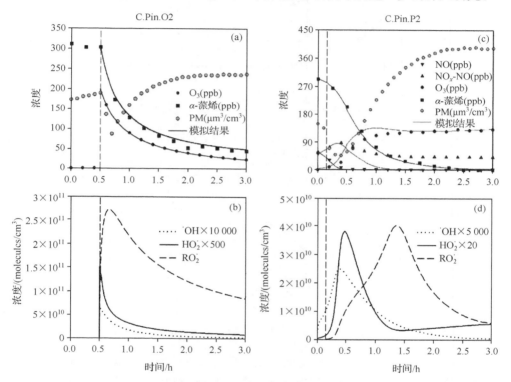

图 10.22 α-蒎烯臭氧氧化实验 C. Pin. O2 和光氧化实验 C. Pin. P2 的模拟结果
（纵虚线表示碳黑颗粒压缩重构大致开始的时间）

10.5 对大气环境的意义

本章考察了电火花放电产生的团簇状碳黑颗粒在不同 VOCs 大气化学体系中的变化,结果表明电火花放电产生的碳黑颗粒在各种 VOCs 大气氧化体系中均发生压缩重构现象,且这个现象可能不是由 SOA 生成引起的,而是由气相中间产物(很可能是过氧自由基)引起。由于压缩重构现象在柴油发动机产生的碳黑颗粒

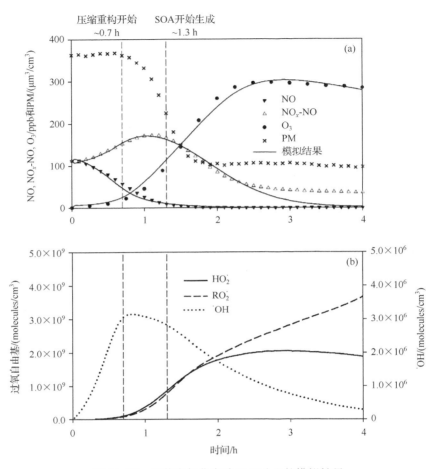

图 10.23　甲苯光氧化实验 C. Tol. 7 的模拟结果

中也有报道[340, 343-345]，本研究的发现可能对真实大气中的碳黑颗粒同样适用。本研究有助于更好地了解大气中团簇状碳黑颗粒的老化过程及相关的大气物理化学行为。对大气颗粒物来说，粒径是最基本的特征，颗粒物的粒径分布几乎决定了颗粒物的所有性质。碳黑颗粒在大气物理化学过程中可能发生的重构将直接改变碳黑颗粒的粒径分布，进而可能影响其在大气中的滞留时间、健康效应、光学特性、辐射强迫特性等。另一方面，本研究的结果表明过氧自由基和羟基自由基与碳黑颗粒的重构有着紧密的关系，由于它们是大气物理化学过程的核心物种，重构过程很可能是这种自由基潜在的汇，因此重构现象可能对整个大气环境有着潜在的影响，具有十分重要的研究价值和意义。

10.6　本 章 小 结

（1）在甲苯光氧化体系中，碳黑颗粒对气相反应过程没有明显的影响。碳黑颗粒的电迁移率体积浓度在实验进行到一定阶段后出现了异常的下降，主要是由电迁移率粒径分布变窄、粒子变小引起的。这个现象与国外相关学者观察到的碳黑颗粒的压缩重构现象一致。由于体系内 SOA 开始生成的时间明显晚于压缩重构现象发生的时间，这个现象并不能用国外研究人员报道的凝结在碳黑颗粒表面的水或有机物的毛细作用加以解释，说明在有机物包裹碳黑颗粒之前，碳黑颗粒已经在某些气态物种的作用下发生了结构的改变。

（2）除在甲苯光氧化体系外，本研究还在 α-蒎烯臭氧氧化、α-蒎烯光氧化、间二甲苯光氧化、对二甲苯光氧化、1,2,4-三甲苯光氧化和正十一烷光氧化 6 种 SOA 生成体系观察到了碳黑颗粒的压缩重构现象，表明碳黑颗粒的这种现象可能在真实大气中普遍存在。

（3）在丙烯臭氧氧化和丙烯光氧化这两个非 SOA 生成体系中，本研究首次直接观察到了碳黑颗粒的压缩重构现象，从而直接证明 VOCs 的某些气相氧化产物可以导致碳黑颗粒的重构。从丙烯臭氧氧化体系入手，利用 MCM 箱式模型对反应体系所有物种的浓度进行模拟。通过对各产物浓度变化趋势和碳黑颗粒压缩重构过程的比较，指认过氧自由基（$HO_2^{\cdot}$ 和 $RO_2^{\cdot}$）可能导致重构现象的物种。

（4）在丙烯光氧化、α-蒎烯臭氧氧化、α-蒎烯光氧化和甲苯光氧化体系中，碳黑颗粒压缩重构开始的时间与用 MCM 机理模拟得到的过氧自由基开始大量生成的时间一致，从而进一步证明过氧自由基与重构过程有关。需要特别指出的是，在 α-蒎烯臭氧氧化体系中，SOA 开始生成的时间与过氧自由基开始生成的时间几乎都是在臭氧氧化反应开始的时候，这暗示着有机物包裹所产生的毛细力（之前相关研究人员对重构的解释）可能并不是碳黑颗粒结构压缩的主要原因。

第 11 章　碳氢光氧化生成的 SOA 的吸湿性特征

11.1　α-蒎烯光氧化过程中生成的 SOA 的吸湿性

吸湿性是大气颗粒物最重要的理化性质之一，SOA 的吸湿特征及其对大气颗粒物吸湿性的影响具有很大的不确定性。国外一些研究者对实验室 α-蒎烯光氧化过程中生成的 SOA 的吸湿性进行过一些研究，如 Varutbangkul 等[352] 测得温度为 293 K，相对湿度为 50％条件下萜烯光氧化过程中生成的 SOA 在 RH 为 85％时的吸湿增长因子约为 1.06～1.10。利用烟雾箱和搭建的串联差分电迁移率吸湿性测量系统（Tandem Differential Mobility Analyser，TDMA），本研究进行了 α-蒎烯（萜烯的一种）光氧化过程中生成的 SOA 的吸湿性研究。本研究中开展的 α-蒎烯光氧化实验相对湿度也为 50％，测量吸湿增长因子的相对湿度也为 85％（如无特殊说明，本研究测定的吸湿增长因子均在相对湿度 85％的条件下测定）。本研究测定结果和 Varutbangkul 测得的数据的比较情况如图 11.1 所示。从图中可以看出，本研究测得的吸湿增长因子和 Varutbangkul 测得的数值相近。另外，低浓度的 α-蒎烯光氧化过程中生成的 SOA 的吸湿性略低于高浓度的 α-蒎烯光氧化过程中生成的 SOA，这可能是因为低浓度下，氧化剂的相对浓度（相对于 α-蒎烯）的浓度高，从而生成的颗粒物的组分得到了更充分地氧化。

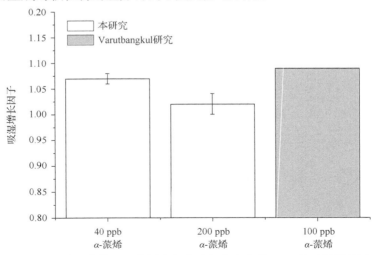

图 11.1　无种子条件下 α-蒎烯光氧化过程中生成的 SOA 的吸湿增长因子

11.2　气溶胶种子存在下 α-蒎烯光氧化过程中颗粒物的吸湿性

为了更真实的模拟大气条件,在一些 α-蒎烯光氧化实验中添加了无机气溶胶种子,包括$(NH_4)_2SO_4$、$MnSO_4$、$FeSO_4$ 和 $ZnSO_4$ 等。这些实验的实验条件和最终测得的颗粒物吸湿性如表 11.1 所示。

表 11.1　无机气溶胶种子存在下 α-蒎烯光氧化实验中颗粒物的吸湿性

实验编号	HC_0/ppm	$PM_0/(\mu m^3/cm^3)$	NO_0/ppb	$NO_{2,0}$/ppb	$Gf(RH=85\%)$
0.04P-10AS	0.04	10.1	51	48	1.13
0.08P-10AS	0.08	11.7	49	53	1.05
0.2P-10AS	0.20	12.3	52	55	1.05
0.2P-10F	0.20	9.3	48	56	1.00
0.2P-10Zn	0.20	10.2	52	55	1.02

我们测定了实验过程中反应体系中颗粒物的吸湿增长因子随时间的变化趋势。在表 11.1 的前三个实验中,实验初始条件只有 α-蒎烯的浓度不同,从而体系中生成的 SOA 的量不同,覆盖在$(NH_4)_2SO_4$ 气溶胶种子上的 SOA 厚度不同。三个实验中颗粒物吸湿增长因子(选取粒径为 150 nm 的颗粒物进行测量)的变化曲线如图 11.2 所示。

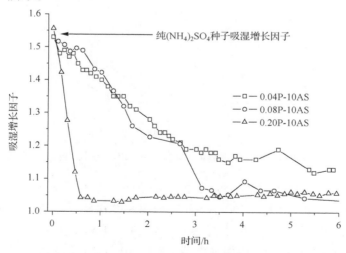

图 11.2　$(NH_4)_2SO_4$ 种子存在下不同浓度的 α-蒎烯光氧化体系中颗粒物吸湿增长因子随时间的变化

　　从图中可以看出,反应开始前,添加的硫酸铵的吸湿增长因子约为 1.55,反应一开始,体系中颗粒物的吸湿性就会出现持续的降低。说明在颗粒物种子存在的情况下,α-蒎烯光氧化生成 SOA 非常迅速。α-蒎烯的浓度越高,体系中颗粒物的吸湿性下降越快。在两个较高浓度的 α-蒎烯光氧化实验中,颗粒物最终的吸湿性类似,吸湿增长因子都为 1.05 左右,但是只添加 40 ppb 的 α-蒎烯光氧化实验中,体系中颗粒物最终的吸湿增长因子约为 1.13,要高于两个较高浓度的 α-蒎烯光氧化实验,但也基本接近纯 SOA 的吸湿性。这说明在这三个实验中 SOA 的覆盖厚度会影响颗粒物的吸湿性,且覆盖厚度达到一定值之后,颗粒物的吸湿性将降到一个最小值并保持不变。可以推断,SOA 覆盖厚度达到一定值之后,体系中颗粒物的吸湿性主要由表层 SOA 的吸湿性决定,而其内核中的硫酸盐的吸湿性会被掩盖。

　　表 11.1 中后三个实验中实验初始条件只有添加的种子种类不同,从而体系中生成的颗粒物外表包裹的 SOA 厚度相似,但是内核的吸湿性不同。三个实验中颗粒物吸湿增长因子(选取粒径为 150 nm 的颗粒物进行测量)的变化曲线如图 11.3 所示。

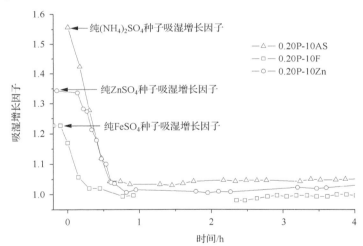

图 11.3　不同硫酸盐种子存在下 α-蒎烯光氧化体系中颗粒物吸湿增长因子随反应时间的变化

　　从图 11.3 可以看出,在实验开始前,不同的颗粒物种子表现出不同的吸湿性,吸湿性大小的顺序为 $(NH_4)_2SO_4$、$ZnSO_4$、$FeSO_4$ 依次降低。实验开始之后,三个实验中的颗粒物的吸湿增长因子都快速下降,经过不到 1 h 即开始稳定在一个低值不再变化。最终颗粒物的吸湿性根据内核的不同,表现出微小的差异,但仍然维持 $(NH_4)_2SO_4$、$ZnSO_4$、$FeSO_4$ 依次降低的顺序。但是由于三者的吸湿性差别很小,考虑到吸湿性测量误差的存在,很难确定这种差异是否是因为三个实验中

SOA 性质的不同导致的。

11.3　α-蒎烯光氧化生成的颗粒物的吸湿性在老化过程中的变化

11.3.1　α-蒎烯光氧化 SOA 的吸湿性在老化过程中的变化

在真实大气中,颗粒物往往会经历复杂的老化过程,老化过程会对颗粒物的理化性质产生重要影响。上一节中,我们测量得到的 SOA 吸湿水平很低,很可能是因为生成的 SOA 比较新鲜,没有经过老化过程导致的。因此,本研究中,我们尝试探索不同的老化过程对 α-蒎烯光氧化生成的颗粒物的吸湿性的影响。在本研究中设计的三种老化方式如表 11.2 所示。

表 11.2　三种老化方式的实验条件

编号	老化方式名称	添加物质及浓度	光照波长/nm	体系中主要氧化剂	老化时间/h
1	365 nm 紫外灯老化	无	365	O_3	6
2	HONO 光解老化	HONO(浓度未测量)	365	$O_3 + \cdot OH$	6
3	过氧化氢光解老化	H_2O_2(约 1 ppm)	254	$O_3 + \cdot OH$	6

三种老化方式中,方式 1 为通过持续的 365 nm 紫外灯照射,老化条件和光氧化反应过程的条件类似,由于光氧化后期体系中的 ·OH 被消耗,而积累了较高浓度的臭氧,所以老化方式 1 主要是臭氧对体系中的颗粒物进行氧化从而产生老化效果。老化方式 2 和老化方式 3 都通过引入 ·OH 前体物,在光照的情况下产生 ·OH。生成的 ·OH 和体系中的臭氧共同对体系中的颗粒物产生老化效果。老化方式 2 中的 HONO 通过亚硝酸钠和硫酸反应生成:

$$NaNO_2 + H_2SO_4 \longrightarrow HONO + NaHSO_4$$

生成的 HONO 由清洁空气吹入反应器。由于反应较快,产生的 HONO 没有进行定量,仅作为定性研究。在反应器中,HONO 在 365 nm 的紫外灯照射下发生分解生成 NO 和 ·OH。

$$HONO + h\nu \ (365 \text{ nm}) \longrightarrow NO + \cdot OH$$

而在老化方式 3 中,我们在光氧化完成之后,关闭 365 nm 紫外灯,利用注射器和清洁空气的吹扫往反应器中加入 H_2O_2。在打开 254 nm 紫外灯,使 H_2O_2 光解产生 ·OH 自由基。

$$H_2O_2 + h\nu \ (254 \text{ nm}) \longrightarrow 2 \cdot OH$$

首先,我们在不添加气溶胶种子的 α-蒎烯光氧化实验中,探索了使用三种不同老化方式之后颗粒物的吸湿性的变化,其结果如图 11.4 所示。

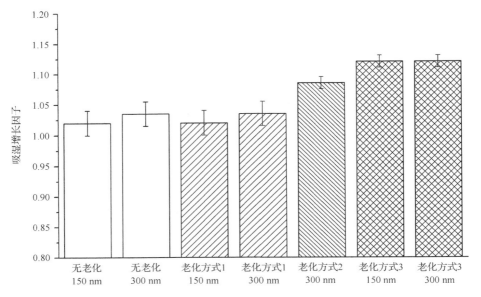

图 11.4　无种子条件下 α-蒎烯光氧化过程中生成的 SOA 老化前后的吸湿增长因子

从图 11.4 可以看出,老化方式 1 对 SOA 的吸湿性基本没有影响,这说明 α-蒎烯光氧化生成的 SOA 在臭氧环境下的老化过程十分缓慢。而经过老化方式 2 和 3 之后的 SOA 的吸湿性有一定程度的升高,但是增加的幅度不大,说明·OH 可以继续氧化 α-蒎烯光氧化生成的 SOA,提高其吸湿能力。

11.3.2　气溶胶种子存在下 SOA 吸湿性在老化过程中的变化

由于 HONO 是通过反应生成后进入烟雾箱,会同时引入氮氧化物,同时考虑到实验室没有测量 HONO 的仪器,在接下来的添加了硫酸盐气溶胶种子的 α-蒎烯光氧化实验中我们主要对老化方式 1 和 3 进行研究。所进行的实验条件如表 11.3 所示。在表 11.3 前四个实验中,我们对添加了 $(NH_4)_2SO_4$ 和 $FeSO_4$ 的气溶胶种子条件下,对 α-蒎烯光氧化产生的颗粒物经过老化后的吸湿性进行了研究。颗粒物老化前和经过不同的老化过程后的吸湿增长因子如图 11.5 所示。可以看出,老化过程 1 对系统中颗粒物的吸湿性的提高贡献较少,这说明在 $(NH_4)_2SO_4$ 和 $FeSO_4$ 气溶胶种子存在的条件下,α-蒎烯光氧化产生的 SOA 在臭氧存在条件下的老化也是很缓慢的。而颗粒物经过老化方式 3 进行老化后,其吸湿增长因子有一定程度的提高,进一步说明了相对于臭氧,·OH 是 α-蒎烯光氧化产生的 SOA 老化过程中更重要的氧化剂。

表 11.3　无机气溶胶种子存在下 α-蒎烯光氧化及老化过程实验条件

实验编号	HC_0/ppm	气溶胶种子	PM_0/($\mu m^3/cm^3$)	NO_0/ppb	$NO_{2.0}$/ppb	老化方式(反应 4 h 后)
A	0.20	$(NH_4)_2SO_4$	12.3	52	55	1
B	0.20	$(NH_4)_2SO_4$	12.9	55	45	3
C	0.20	$FeSO_4$	9.3	48	56	1
D	0.20	$FeSO_4$	10.3	49	51	3
E	0.20	$ZnSO_4$	10.2	52	55	3
F	0.04	$MnSO_4$	1.1	55	48	3

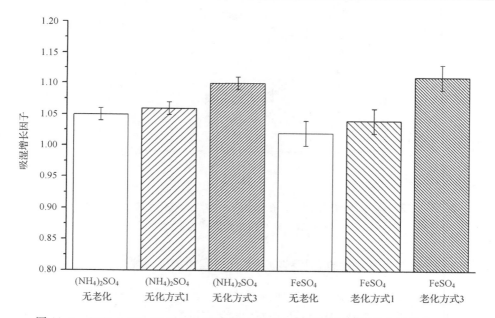

图 11.5　$(NH_4)_2SO_4$ 和 $FeSO_4$ 种子存在条件下 α-蒎烯光氧化系统中颗粒物经过
老化后的吸湿增长因子

在表 11.3 的后两个实验中,我们对添加了 $ZnSO_4$ 和 $MnSO_4$ 的气溶胶种子条件下,对 α-蒎烯光氧化产生的颗粒物经过老化后的吸湿性进行了研究,并且尝试了更长时间(>16 h)的老化,老化过程中颗粒物的吸湿增长因子如图 11.6 所示。由图所示,当打开 365 nm 紫外灯时,α-蒎烯光氧化生成的 SOA 覆盖在添加的 $ZnSO_4$ 和 $MnSO_4$ 的气溶胶种子表面,导致颗粒物的吸湿增长因子出现迅速地下降。而添加的 α-蒎烯浓度越高,吸湿增长因子下降的速率越快。在添加 H_2O_2 并打开 254 nm 紫外灯进行老化的过程中,体系中的颗粒物的吸湿性都有一定程度的升高,但是增加的速度非常缓慢。在我们的实验中,这一过程的持续时间长达 16 h

以上。而在我们的实验系统中,颗粒物即使经过 16 h 的老化,其吸湿增长因子也仅为 1.1 左右。这说明在烟雾箱实验条件下,短时间的氧化过程生成的 SOA 的老化程度和大气真实气溶胶的特性很有可能有很大的不同。这也从一个侧面揭示了研究 VOCs 在长时间的氧化和老化过程中(几天或更长的时间)SOA 生成过程的重要性。

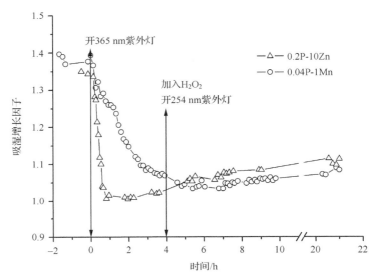

图 11.6　ZnSO₄ 和 MnSO₄ 种子存在条件下 α-蒎烯光氧化系统中颗粒物在反应和老化过程中吸湿增长因子的变化

11.3.3　α-蒎烯光氧化生成的颗粒物在老化过程中的组成变化

α-蒎烯光氧化生成的颗粒物的吸湿特性在老化过程中发生变化,为探索颗粒物吸湿性增加的原因,我们对光氧化过程和老化过程中 SOA 的组成进行了测量。本章研究中 SOA 组分的测量使用的是气溶胶化学组分分析仪(Aerosol Composition Speciation Monitor,ACSM)。ACSM 是简化版的 AMS,其基本原理和构造都和 AMS 相似。ACSM 的检测器为四级杆,由于检测器的限制,ACSM 的分辨率和灵敏度较低,Ng 等[353]详细地介绍了该仪器的基本性能。ACSM 通过 SMPS,以硝酸铵为对象进行标定,检测限小于 0.2 $\mu g/m^3$,其测量结果和 AMS 的测量结果符合得很好。本研究中使用 ACSM 量的质荷比(m/z)范围为 10~150。ACSM 的测量结果通过正交矩阵因子分析法(Positive Matrix Factorization,PMF)进行分析,使用 Ulbrich 等[354]建立的软件。经过 PMF 分析,选择将体系中的有机组分分成两个因子(OA₁ 和 OA₂),这两个因子的质谱信息如图 11.7 所示,可以看出,两个因子的质谱特征有明显的不同,主要体现在两个方面:

(1) OA_1 中 $m/z=43$ 的峰值大于 OA_2，而 $m/z=28$ 和 44 的峰值则显著小于 OA_2；

(2) OA_1 中大分子量的基团的含量 $(m/z>60)$ 显著高于 OA_2。

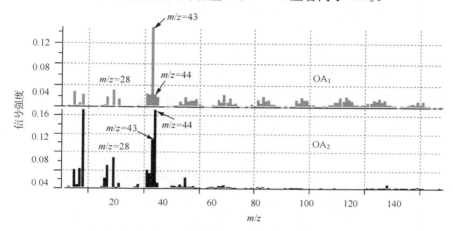

图 11.7 α-蒎烯光氧化生成的有机组分经 PMF 分析得到的两个因子的质谱图

一般认为，$m/z=43$ 的质谱峰主要来源于未完全氧化的碳氢链的贡献（C_3H_7 或 C_2H_3O 基团），而 $m/z=28$ 和 44 的峰则主要由氧化后的有机组分贡献（CO 基团和 COO 基团）。所以，可以认为 OA_1 是氧化程度较小的有机组分，包括分子量较高的聚合产物；而 OA_2 是氧化程度较高的有机组分，如羧酸类有机物等。

图 11.8 显示了各个实验条件下体系中悬浮颗粒物中的有机组分 OA_1 和 OA_2 的浓度以及 OA_2 在整个有机组分中的比例（OA_2%）随时间的变化。由于 ACSM 只测量悬浮态颗粒物的组成情况，图 11.8 中没有对颗粒物的浓度进行壁面沉降的修正，仅比较悬浮态中 OA_2 在整个有机组分中的比例。从图中可以看出当光氧化过程开始时，体系中生成的 SOA 组分大部分都是 OA_1，即使在反应进行 4 h 时，体系中 SOA 组分中 OA_2 所占的比例都小于 15%。而当在体系中进行老化时（老化方式 3），体系中的 SOA 出现快速增长，同时 OA_2 的比例也出现明显的提高，但随着老化过程的进行，实验中的颗粒物沉降影响严重，导致反应器中 SOA 的浓度出现明显下降，OA_2 的百分比在老化约 2 h 后出现最大值，但这个比例仍然很低，一般都在 30% 以下。

由于 OA_2 的氧化性较高，含有更为丰富的极性基团，如羧基等，可能是上一节中，我们观测到老化过程中颗粒物吸湿性的缓慢升高的原因。图 11.8 中显示了随着老化过程的进行，OA_2 的百分比逐渐升高，而吸湿性也随之升高的时间变化规律。由于该节实验中，α-蒎烯的浓度均较高（200 ppb），根据 11.2 节的实验结果可以假设颗粒物的吸湿性都由覆盖在颗粒物表层的 SOA 决定。根据 ZSR 模型，即

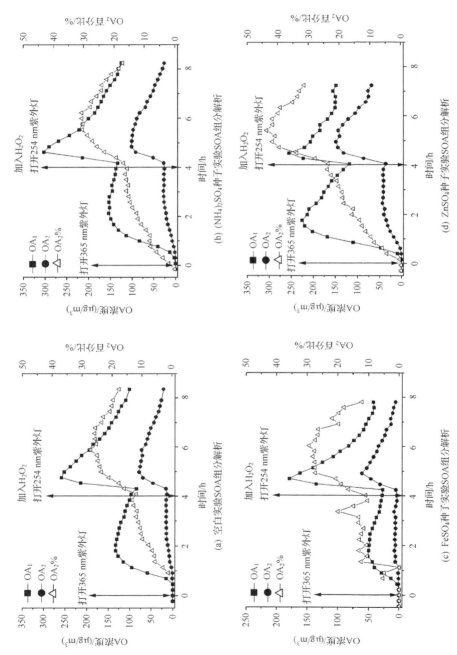

图 11.8　无种子(a)，(NH₄)₂SO₄(b)，FeSO₄(c)和ZnSO₄(d)存在条件下 α 蒎烯光氧化过程及老化过程中 SOA 组分随时间的变化

式(1-4),设 OA_1 的吸湿增长因子为 Gf_1,OA_2 的吸湿增长因子为 Gf_2,可以计算颗粒物的吸湿增长因子 Gf 为:

$$100 \times Gf^3 = (100 - OA_2\%) \times Gf_1^3 + OA_2\% \times Gf_2^3 \tag{11-1}$$

所以:

$$Gf^3 = Gf_1^3 + OA_2\% \times (Gf_2^3 - Gf_1^3) \div 100 \tag{11-2}$$

图 11.9 中,我们以添加了 $(NH_4)_2SO_4$ 和 $ZnSO_4$ 气溶胶种子的 α-蒎烯光氧化实验为例,用 Gf^3 对 $OA_2\%$ 作图。由于部分 Gf 的测量时间和 OA_2 的测量时间点不匹配,在作图时根据时间线性内插法补充了部分数据,并且只选取反应 2 h 以后的数据以减少颗粒物种子未被 SOA 未完全覆盖的影响。从图中可以看出,两者确实存在一定的线性关系,但是线性关系的斜率比较小,还可能出现可能是负相关关系,这也就意味着 Gf_1 和 Gf_2 之间的差别可能很小。从而可以推测,在本研究中,PMF 解析出的两个组分的吸湿性并没有显著的恒定差别。探索 SOA 吸湿性和其组分之间的关系需要对 SOA 的组分进行更深入的研究。

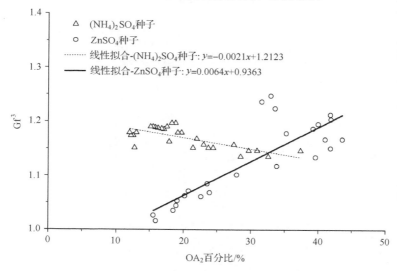

图 11.9　$(NH_4)_2SO_4$ 和 $ZnSO_4$ 种子存在下 α-蒎烯光氧化体系中颗粒物吸湿
增长因子和 OA_2 的比例之间的关系

11.4　本章小结

(1) 添加了硫酸盐种子的 α-蒎烯光氧化过程中的颗粒物的吸湿性,会因为 SOA 覆盖而迅速降低,并且最终降低至无种子条件下生成的 SOA 的吸湿性。

(2) 羟基自由基能对 α-蒎烯光氧化产生的 SOA 产生一定的老化效果,但烟雾箱中老化过程非常缓慢；SOA 的吸湿性水平很低，老化程度低于真实大气条件。

（3）初步分析颗粒物吸湿性和有机物氧化组分比例之间的关系表明，PMF 分离出的两个 SOA 组分之间的吸湿性差别很小，探索 SOA 吸湿性和其组分之间的关系需要对 SOA 的组分进行更深入的研究。

第 12 章　甲苯光氧化生成 SOA 的箱式模型研究

随着人类活动排放的芳香族化合物的不断增加,以芳香族化合物为前体物,通过大气氧化等一系列复杂过程而生成的 SOA 在大气有机气溶胶中的比例越来越高。建立芳香族化合物 SOA 生成的化学动力学模型对于研究其生成机理具有重要的意义。本书第 10 章已经利用多种 VOCs 的 MCM 箱式模型探讨了对碳黑颗粒压缩重构起作用的物种。本章将以甲苯为研究对象,详细介绍甲苯光氧化生成 SOA 的 MCM 箱式模型的构建和调试。

12.1　甲苯光氧化生成 SOA 的箱式模型构建

12.1.1　模型构建概述

本研究基于 MCM 机理,选取 Kintecus 软件作为模拟大气化学动力学反应的平台。按照甲苯 SOA 的生成过程,模型分为甲苯气相氧化、氧化产物的气相/颗粒相分配和颗粒相反应 3 个步骤。如图 12.1 所示,MCM 气相模块用于模拟甲苯的气相的氧化过程,并向气相/颗粒相分配模块提供随时间变化的氧化产物的物种和浓度分布数据。该模块需要的输入数据包括气相物种初始浓度、温度、湿度、光照强度等。气相/颗粒相分配模块用于模拟甲苯气相氧化产物中的可凝结有机组分(CC)在气相和颗粒相之间的分配过程。该模块的输入主要来自于 MCM 气相模块,其输出即为 SOA 的浓度和物种分布数据。气相模块和气相-颗粒相分配模块是本模型中最重要的两个模块,有了这两个模块,模型就可以粗略的模拟甲苯 SOA 的生成过程。

Johnson 等[90, 190]根据其烟雾箱实验数据指出,当 NO_x 浓度很低时,有机过氧自由基($RO_2^\cdot$)与过氧化氢自由基($HO_2^\cdot$)可以反应生成有机过氧化氢物(ROOH,R 为有机组分)。这些物质可以通过分配和颗粒相反应生成 SOA,是 SOA 重要的组成部分。Johnson 等[90, 190]同时认为,当 NO 存在时,NO 与 $RO_2^\cdot$ 的反应减少了 $RO_2^\cdot$ 的浓度,从而减少了 SOA 的生成量。通过这个机理,NO_x 的浓度影响了 SOA 的生成。本研究采用这一机理,通过过氧化半缩醛生成模块分别在气相模块和气相/颗粒相分配模块中引入涉及过氧化半缩醛类物质气相生成和气相/颗粒相分配的反应。本书第 6 章和第 7 章的研究表明,干燥的硫酸铵颗粒表面可以引发异相表面酸催化反应,从而增加 SOA 的产率。这种影响和硫酸铵颗粒的表面积浓度有关,且和乙二醛的产率有关。因此,在本章的研究中,我们简单的引入乙二醛在硫酸铵表面的缩合反应作为硫酸铵对 SOA 生成影响的初步模拟尝试。

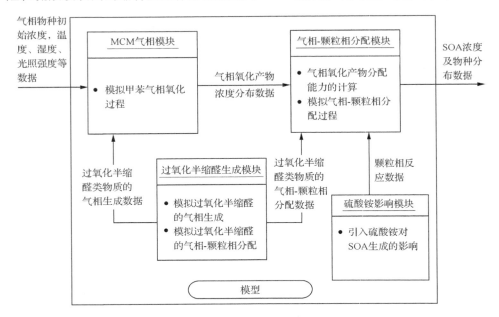

图 12.1　甲苯光氧化生成 SOA 箱式模型的模块划分和各模块功能的描述

12.1.2　气相模块的构建

MCM 机理中,有关甲苯的气相反应共 802 个,涉及 275 个物种,大致的反应路径如图 12.2 所示[90]。一般认为甲苯的大气氧化开始于与·OH 的反应。·OH 可以通过摘取甲基上的氢和加成在苯环上与甲苯分子反应,其中氢摘取路径占 7%,·OH 加成路进占 93%。氢摘取路径的产物主要是含有苯环的有机硝酸盐和苯甲醛等。加成路径产生的甲苯-·OH 加合物(羟甲基环己二烯自由基,hydroxy-methylcyclohexadienyl radical)很快与 O_2 分子形成过氧自由基(羟甲基环己二烯过氧自由基,hydroxymethylcyclohexadiene peroxyl radical)。其中,约 18% 的过氧自由基在消去一个 HO_2^- 后形成酚类产物。大部分的羟甲基环己二烯过氧自由基会通过内环化作用形成双环过氧自由基(peroxide-bicyclic radical),随后将 NO 氧化为 NO_2,自身分解为乙二醛、甲基乙二醛、不饱和的双羰基产物、呋喃类产物等。一些研究发现羟甲基环己二烯过氧自由基还可以通过异构形成环氧含氧自由基(cyclic epoxy-oxy radical)等[355]。

MCM v3.1 中涉及甲苯气相氧化的反应及相应的反应速率常数可以在 MCM 的网站(http://mcm. leeds. ac. uk/MCM/home. htt)上获得。表 12.1 给出了

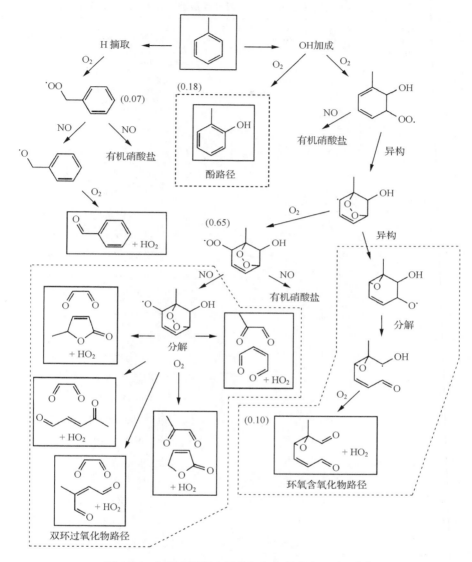

图 12.2 MCM 机理中甲苯气相氧化过程示意图[90]

MCM v3.1 所有的无机反应及反应速率常数。其中反应速率常数为 30 ℃,60%
RH 下的数值,光解反应的速率常数对应清华大学环境科学与工程系烟雾箱使用
的黑光灯。

表 12.1 MCM 模型中涉及的无机反应及反应速率常数(30℃,60%RH)

编号	反应速率常数/(cm³·molecules⁻¹·s⁻¹)	反应
无机热力学气相反应		
〈InR1〉	$5.88×10^{4a}$	$O \longrightarrow O_3 - O_2$
〈InR2〉	$1.67×10^{4a}$	$O \longrightarrow O_3 - O_2$
〈InR3〉	$8.92×10^{-15}$	$O + O_3 \longrightarrow 2O_2$
〈InR4〉	$2.15×10^{-12}$	$O + NO \longrightarrow NO_2$
〈InR5〉	$1.02×10^{-11}$	$O + NO_2 \longrightarrow NO + O_2$
〈InR6〉	$1.81×10^{-12}$	$O + NO_2 \longrightarrow NO_3$
〈InR7〉	$2.13×10^{8a}$	$O^1D \longrightarrow O$
〈InR8〉	$5.17×10^{8a}$	$O^1D \longrightarrow O$
〈InR9〉	$1.86×10^{-14}$	$NO + O_3 \longrightarrow NO_2 + O_2$
〈InR10〉	$4.03×10^{-17}$	$NO_2 + O_3 \longrightarrow NO_3 + O_2$
〈InR11〉	$1.01×10^{-19}$	$NO + NO \longrightarrow 2NO_2 - O_2$
〈InR12〉	$2.59×10^{-11}$	$NO + NO_3 \longrightarrow 2NO_2$
〈InR13〉	$7.03×10^{-16}$	$NO_2 + NO_3 \longrightarrow NO + NO_2 + O_2$
〈InR14〉	$1.53×10^{-12}$	$NO_2 + NO_3 \longrightarrow N_2O_5$
〈InR15〉	$9.73×10^{-2a}$	$N_2O_5 \longrightarrow NO_2 + NO_3$
〈InR16〉	$1.28×10^{8a}$	$O^1D \longrightarrow OH + OH - H_2O$
〈InR17〉	$7.64×10^{-14}$	$OH + O_3 \longrightarrow HO_2 + O_2$
〈InR18〉	$7.53×10^{-15}$	$OH + H_2 \longrightarrow HO_2 + H_2O - O_2$
〈InR19〉	$2.13×10^{-13}$	$OH + CO \longrightarrow HO_2 + CO_2 - O_2$
〈InR20〉	$1.71×10^{-12}$	$OH + H_2O_2 \longrightarrow HO_2 + H_2O$
〈InR21〉	$2.09×10^{-15}$	$HO_2 + O_3 \longrightarrow OH + 2O_2$
〈InR22〉	$1.10×10^{-10}$	$OH + HO_2 \longrightarrow O_2 + H_2O$
〈InR23〉	$3.45×10^{-12}$	$HO_2 + HO_2 \longrightarrow H_2O_2 + O_2$
〈InR24〉	$2.66×10^{-12}$	$HO_2 + HO_2 \longrightarrow H_2O_2 + O_2$
〈InR25〉	$9.68×10^{-12}$	$OH + NO \longrightarrow HONO$
〈InR26〉	$8.79×10^{-12}$	$OH + NO_2 \longrightarrow HNO_3$
〈InR27〉	$2.00×10^{-11}$	$OH + NO_3 \longrightarrow HO_2 + NO_2$
〈InR28〉	$8.78×10^{-12}$	$HO_2 + NO \longrightarrow OH + NO_2$
〈InR29〉	$1.37×10^{-12}$	$HO_2 + NO_2 \longrightarrow HO_2NO_2$
〈InR30〉	$1.41×10^{-1a}$	$HO_2NO_2 \longrightarrow HO_2 + NO_2$
〈InR31〉	$4.63×10^{-12}$	$OH + HO_2NO_2 \longrightarrow NO_2 + H_2O + O_2$

续表

编号	反应速率常数/(cm³ · molecules⁻¹ · s⁻¹)	反应
〈InR32〉	4.00×10^{-12}	$HO_2+NO_3\longrightarrow OH+NO_2+O_2$
〈InR33〉	1.06×10^{-12}	$OH+HONO\longrightarrow NO_2+H_2O$
〈InR34〉	1.40×10^{-13}	$OH+HNO_3\longrightarrow NO_3+H_2O$
〈InR35〉	3.76×10^{-14}	$O+SO_2\longrightarrow SO_3$
〈InR36〉	8.83×10^{-13}	$OH+SO_2\longrightarrow HSO_3$
〈InR37〉	2.34×10^{6a}	$HSO_3\longrightarrow HO_2+SO_3-O_2$
无机气相/颗粒相反应(NA、SA 分别表示硝酸盐、硫酸盐气溶胶)		
〈InR38〉	6.00×10^{-6a}	$HNO_3\longrightarrow NA$
〈InR39〉	4.00×10^{-4a}	$N_2O_5\longrightarrow NA+NA$
〈InR40〉	7.00×10^{2a}	$SO_3\longrightarrow SA$
无机光解反应(对应烟雾箱使用的黑光灯)		
〈InR41〉	1.84×10^{-7a}	$O_3\longrightarrow O^1D$
〈InR42〉	3.76×10^{-7a}	$O_3\longrightarrow O$
〈InR43〉	5.78×10^{-8a}	$H_2O_2\longrightarrow 2OH$
〈InR44〉	3.50×10^{-3a}	$NO_2\longrightarrow NO+O$
〈InR45〉	6.30×10^{-7a}	$NO_3\longrightarrow NO+O_2$
〈InR46〉	2.24×10^{-5a}	$NO_3\longrightarrow NO_2+O$
〈InR47〉	1.04×10^{-3a}	$HONO\longrightarrow OH+NO$
〈InR48〉	2.41×10^{-8a}	$HNO_3\longrightarrow OH+NO_2$

　　a. 单位为 s⁻¹。

12.1.3　气相/颗粒相分配模块的构建

　　本研究根据 Pankow[49, 50]平衡吸收理论构建气相/颗粒相分配模块。计算中所涉及的气相氧化产物的选取遵循以下原则[90, 190]：

　　(1) 包括所有标准状态下沸点超过 450 K 的氧化产物；

　　(2) 包括过氧双环裂解所产生的所有醛类物质。

　　Pankow[49, 50]平衡吸收理论认为物质在气相和颗粒相之间的分配平衡常数 K_p 可以表示为：

$$K_p = \frac{7.501\times10^{-9}RT}{\mathrm{MW_{om}}\zeta p_{\mathrm{L}}^{\circ}} \tag{12-1}$$

其中，R 是摩尔气体常数，$R=8.314\ \mathrm{J\cdot K^{-1}\cdot mol^{-1}}$；$T$ 是温度；$\mathrm{MW_{om}}$ 是作为吸收剂的有机颗粒物的平均摩尔质量；ζ 是颗粒相物质的活度系数，在大部分模型研究中，ζ 近似取值为 1[78, 90, 186, 190, 253, 356-360]；p_L^o 为分配物种的液态标准蒸气压，可以通过半经验公式 Clausius-Clapeyron 方程计算：

$$\ln\left(\frac{p_L^o}{760}\right) = \frac{-\Delta S_{vap}(T_b)}{R}\left[1.8\left(\frac{T_b}{T}-1\right)-0.8\left(\ln\frac{T_b}{T}\right)\right] \tag{12-2}$$

其中，T_b 是该物质在标准状态下的沸点；$\Delta S_{vap}(T_b)$ 为该物质在沸点下的气化熵。通过这一方法得到的 K_p，可以大体上反映分子量大小、官能团种类和数量对物质性质的影响。

　　某物种在标准大气压下的沸点 T_b，根据其分子结构，采用经过修正的 Joback 和 Reid 分裂法[361-363]，利用 ChemOffice 软件计算。气化熵 $\Delta S_{vap}(T_b)$ 采用 Kistiakowsky 方程[364]估算：

$$\Delta S_{vap}(T_b) = 4.4R + R\ln T_b \tag{12-3}$$

该方程对非极性的物质计算精度较高，但对于强极性分子，特别是能够形成氢键的物质在估算时存在较大的偏差。Fishtine 对 Kistiakowsky 方程进行了修正，使其对于强极性分子的估算也能更加准确[364]：

$$\Delta S_{vap}(T_b) = K_F(4.4R + R\ln T_b) \tag{12-4}$$

其中，K_F 是一个跟物质性质有关的系数。所有可以形成氢键的物质，本研究取其 K_F 等于 1.28(Fishtine 方法中含有 8 个碳原子的单羟基类物质的取值)。对于不能形成氢键的物质，K_F 均等于 1.06(Fishtine 方法中对于不能分类的物质的取值)。

　　K_p 反映了某种氧化产物向颗粒相转化的程度。这种物质在颗粒相的平衡浓度可以表示为：

$$\frac{C_a}{C_g} = K_p C_{om} \tag{12-5}$$

其中，C_a，C_g 分别是该物质在颗粒相和气相中的浓度；C_{om} 是颗粒相有机物的总浓度。在现有的研究中，分配的动力学过程通常用 Kamens 提出的吸收和解吸的动态平衡来描述[365]。在这个方法中，需要同时确定每一种不挥发或半挥发物质的吸收系数(k_{in})和解吸系数(k_{out})。根据气体分子与一个平均粒径为 50 nm 的单分散相气溶胶系统的碰撞效率，模型内的每一个物质都具有一个与物质种类和温度无关的吸收系数[357]：

$$k_{in} = 6.2 \times 10^{-3} \, m^3 \cdot g \cdot \mu g^{-1} \cdot s^{-1} \tag{12-6}$$

而不同物质 K_p 的差异由其解吸系数 k_{out} 体现，它是一个因物质不同而变化的参数，可以由下式计算：

$$k_{out} = k_{om}^o \times (MW_{om}/MW_{om}^o) \tag{12-7}$$

式中，MW_{om}^o 和 k_{out}^o 分别是某一种已知有机组分的分子质量和其解吸系数；MW_{om} 是待求组分的分子质量。为了得到随时间变化的 K_p，模型在每一步计算时间单位内都会计算一次所有物质的 MW_{om}[90,190]。

12.1.4　过氧化半缩醛生成模块的构建

大量研究表明，有机过氧化氢物（hydroperoxide，ROOH）和醛类物质（HC（＝O）R）发生如下反应生成的过氧半缩醛是甲苯光氧化生成 SOA 的重要组成部分[90,190,252,355,359]：

$$ROOH + HC(=O)R' \longrightarrow ROOC(OH)R'H \tag{12-8}$$

依据气相模块和气相/颗粒相模块所构建的模型的模拟结果，本研究筛选了气相含量较高的 5 种有机过氧化氢物和 3 种醛类物质。它们通过反应（12-8）共可生成 15 种过氧化半缩醛。模型同样考虑了这 15 种过氧化半缩醛的气相/颗粒相分配。表 12.2 列出了过氧化半缩醛生成模块所涉及的 23 个物种的分子结构和分配系数。如表 12.2 所示，由于过氧化半缩醛类物质较其前体有机过氧化物和醛类物质具有更高的分配系数 K_p，加入该模块后，模型模拟的 SOA 产量有明显的增加。

表 12.2　过氧化半缩醛生成模块所涉及的 23 个物种

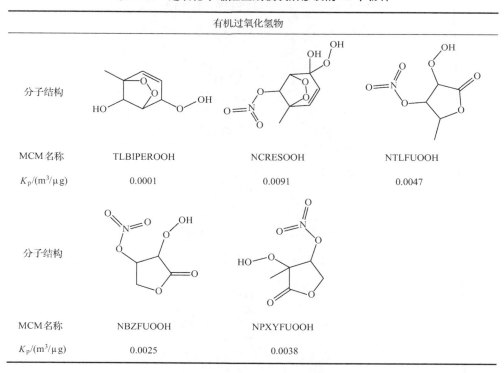

	有机过氧化氢物		
分子结构			
MCM 名称	TLBIPEROOH	NCRESOOH	NTLFUOOH
$K_p/(m^3/\mu g)$	0.0001	0.0091	0.0047
分子结构			
MCM 名称	NBZFUOOH	NPXYFUOOH	
$K_p/(m^3/\mu g)$	0.0025	0.0038	

	醛类		
分子结构			
MCM名称	GLYOX	MGLYOX	C5DICARB
$K_p/(\mathrm{m^3/\mu g})$	—	—	—

	过氧化半缩醛		
分子结构			
MCM名称	ROOC1a6	ROOC1a7	ROOC1a8
$K_p/(\mathrm{m^3/\mu g})$	0.7281	1.0210	4.7475
分子结构			
MCM名称	ROOC2a6	ROOC2a7	ROOC2a8
$K_p/(\mathrm{m^3/\mu g})$	0.4112	0.5758	2.6594
分子结构			
MCM名称	ROOC3a6	ROOC3a7	ROOC3a8
$K_p/(\mathrm{m^3/\mu g})$	1.3927	1.9564	9.1639

续表

过氧化半缩醛			
分子结构	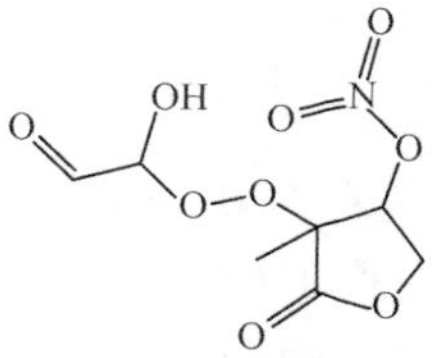	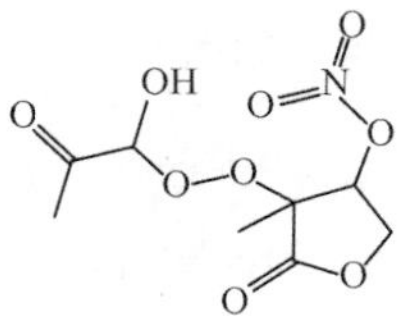	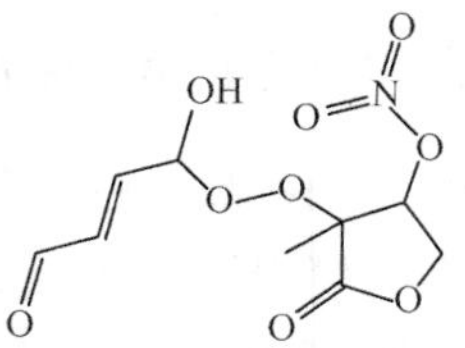
MCM名称	ROOC4a6	ROOC4a7	ROOC4a8
K_p/(m³/μg)	0.6011	0.8426	3.9088
分子结构	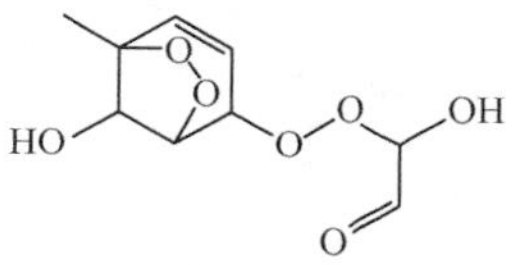	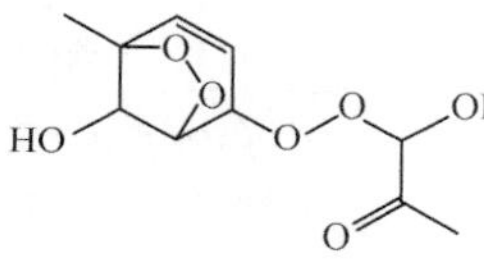	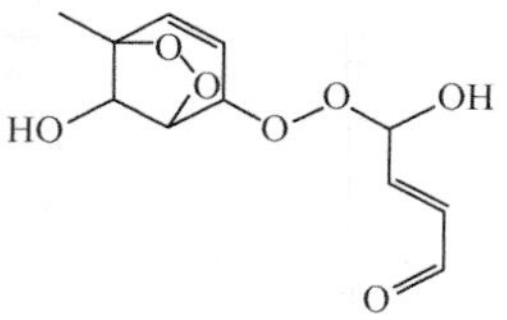
MCM名称	ROOC5a6	ROOC5a7	ROOC5a8
K_p/(m³/μg)	0.0292	0.0406	0.1815

12.1.5　干燥硫酸铵影响模块的构建

第 7 章的烟雾箱实验研究表明，乙二醛、蒎酮醛这类气相产物可以通过低聚等作用形成高分子量物种，从而进入气溶胶相。它们在不同体系中产率的不同，可能是干燥$(NH_4)_2SO_4$ 在不同体系中对 SOA 的生成有不同程度影响的原因。最新的一些实验室研究也直接在甲苯光氧化生成的 SOA 中检测到了乙二醛及其衍生物[98, 310, 366, 367]。第 6 章和第 7 章我们推论干燥$(NH_4)_2SO_4$ 表面可能由于部分水解形成液膜，从而致酸，引发异相表面酸催化反应，最可能参与的物种就是乙二醛等。最近的一些液相反应研究发现，乙二醛在液相中的氧化比在气相快很多[367]，两者恰好吻合。因此本研究设计构建了干燥硫酸铵影响模块，用以模拟硫酸铵颗粒物表面对 SOA 生成的影响。由于目前具体的反应机理还不清楚，因此本研究简单的假设气相氧化生成的乙二醛一旦碰撞到表面液化的硫酸铵表面，就发生液相缩合反应生成低聚物，从而分配在颗粒相形成 SOA。反应的速率 R 可以用下式表示[11]：

$$R = \frac{1}{4}\gamma \bar{v}_A S n_A \tag{12-9}$$

其中，S 是颗粒的表面积浓度；n_A 是单位体积内乙二醛分子的个数；γ 是碰撞效率；$\bar{v}_A$ 是乙二醛分子热力学运动的平均速度，可由下式计算[11]：

$$\bar{\nu}_A = \left(\frac{8k_B T}{\pi m_A}\right)^{0.5}$$ (12-10)

其中,k_B 是玻尔兹曼常数;T 是温度;m_A 是单个乙二醛分子的质量。

12.1.6　烟雾箱辅助机理模块的引入

人为构建的烟雾箱实验系统与实际的大气环境存在着一定的差异。为使箱式模型的模拟结果和烟雾箱的实验结果可比,需要在模型中引入烟雾箱辅助机理模块,即烟雾箱的表征实验结果。如表 12.3 所示,相关的参数包括各主要物种在烟雾箱内的沉积速率常数、烟雾箱的壁反应性、紫外灯的光强等,详见第 4 章。

表 12.3　烟雾箱辅助反应机理模块相关参数

项目	表征参数	取值
NO_2 的沉积	沉积速率常数	$0.0025\ h^{-1}$
NO 的沉积	沉积速率常数	$0.0023\ h^{-1}$
O_3 的沉积	沉积速率常数	$0.0109\ h^{-1}$
甲苯	沉积速率常数	$0.0017\ h^{-1}$
紫外光强度	NO_2 的光解速率常数	$0.21\ min^{-1}$
壁反应性	·OH 的释放参数	320 ppt

12.2　箱式模型模拟与烟雾箱实验结果的比较

本研究将箱式模型的模拟结果与烟雾箱的实验结果进行了比较。以 2007 年 12 月 16 日的实验为例,如图 12.3 所示,模拟结果能较准确地反映烟雾箱内甲苯、NO、NO_2 和 O_3 的变化情况,表明模型能较准确地模拟甲苯的气相氧化过程。需要注意的是,实验中测得的是 NO_x-NO,包括 NO_2、PAN、HNO_3、NO_3、N_2O_5、HNO_4 和 $CH_3O_2NO_2$ 等物质。除 NO_2 外,这些物质大部分在反应进行到一定阶段后才产生(即 NO_x-NO 浓度达到最大值之后),这一原因导致 NO_2 的模拟和实验测量在反应后期有一定的偏差。

对于颗粒物,模拟的 SOA 生成时间比实验观测的时间略微提前,且在 SOA 生成速率最快的 2~6 h 内生成量较实验观测值偏低。这种偏差可能由于 MCM 气相模块中甲苯气相氧化机理不完善,参与气相/颗粒相分配的物质生成时间较实际情况偏早,同时生成速率又比实际情况偏低所致。但是,在反应的后期,模型模拟值与实验值吻合得非常好。在 SOA 产率的计算中,通常都是选择 SOA 生成达到基本稳定后(4 h 后)的数据,因此在 2~4 h 内模拟与实验的偏差对产率的计算并不造成影响。对其他烟雾箱实验的箱式模拟也得到类似的结果,可见构建的模

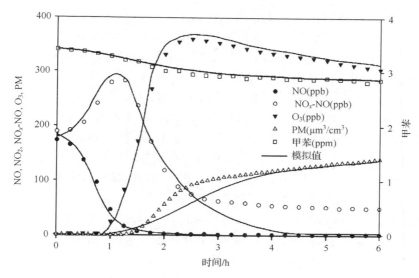

图 12.3　模型模拟结果与清华大学烟雾箱实验结果的比较

实验条件：NO 174 ppb，NO₂ 189 ppb，甲苯 3.40 ppm，303 K，60％RH

型可以在一定程度上较好地模拟烟雾箱实验中甲苯光氧化 SOA 的生成过程。为进一步考察模型的模拟效果，在接下来的几节中，我们将利用构建的模型分别考察温度、HC/NO$_x$ 比和硫酸铵颗粒表面积等因素对 SOA 生成的影响。

12.3　箱式模型模拟不同因素对 SOA 生成的影响

12.3.1　温度的影响

式（12-2）为 Clausius-Clapeyron 方程的一个扩展半经验公式，它反映了物质的饱和蒸气压和温度之间的关系。这里我们采用 Clausius-Clapeyron 方程的一般形式来推导温度和饱和蒸气压之间的关系：

$$p_{L,i}^{\circ} = A_i \exp\left(-\frac{\Delta H_{vap,i}}{RT}\right) \tag{12-11}$$

其中，A_i 是一经验常数；$\Delta H_{vap,i}$ 是物质 i 蒸发时的焓变。将式（12-11）代入式（12-1），并选 303 K 为基准，$K_{om,i}$ 可以表示为：

$$K_{om,i} = K_{303,i}\frac{T}{303}\exp\left[B_i\left(\frac{1}{T}-\frac{1}{303}\right)\right] \tag{12-12}$$

其中，$B_i = \Delta H_{vap,i}/R$；$K_{303,i}$ 是物质 i 在 303 K 下的分配常数 $K_{om,i}$。同样，对于 Odum 单产物模型，体系的平均分配常数 K_{om} 可以表示为：

$$K_{om} = K_{303}\frac{T}{303}\exp\left[B\left(\frac{1}{T}-\frac{1}{303}\right)\right] \tag{12-13}$$

据此,我们就可以将 SOA 产率和温度关联起来。

图 12.4 给出了模型在不同温度下(283 K、293 K、303 K、313 K 和 323 K)得到的 SOA 产率曲线。为避免其他因素对产率曲线有影响,模拟的初始条件设为:甲苯 1～5 ppm,甲苯/NO_x＝10,NO：NO_2＝1,60% RH。各温度下的产率曲线根据 Odum 单产物模型的拟合结果见表 12.4。由式(12-1)和式(12-2)可知,温度升高,分配常数减小,SOA 的产率降低,图 12.4 和表 12.4 的模拟结果反映了温度对分配常数以及 SOA 生成的影响。模型在 303 K 下得到的单产物产率曲线参数(α＝0.144,K_{om}＝0.038)与本书第 6 章和第 7 章烟雾箱实验得到的无颗粒条件下的产率曲线参数(α＝0.145,K_{om}＝0.022)接近,分配常数略大,表明模型能在一定的 M_o 范围内较准确地模拟烟雾箱的实验结果。另一方面,利用模拟得到的不同温度下的 K_{om} 值,根据式(12-13)可以拟合得到 B 为 3265。这一数值与 Takekawa 等[76]根据烟雾箱实验估计的数值(3700)十分接近。这些均表明模型能较准确的反映温度对甲苯光氧化生成 SOA 的影响。

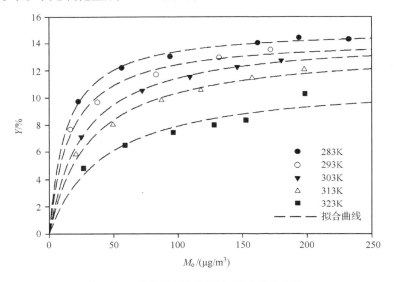

图 12.4　不同温度下 SOA 模拟产率曲线

表 12.4　不同温度下 SOA 模拟产率曲线单产物模型拟合结果

温度/K	α	$K_{om}/(m^3/\mu g)$	R^2
283	0.1515	0.0764	0.984
293	0.1443	0.0617	0.973
303	0.1443	0.0382	0.998
313	0.1361	0.0318	0.984
323	0.1128	0.0235	0.995

12.3.2　[HC]₀/[NO$_x$]₀ 的影响

一些烟雾箱实验研究发现碳氢前体物与 NO$_x$ 初始浓度的比值([HC]₀/[NO$_x$]₀)对 SOA 的产率有明显的影响[89, 90, 190, 252]。过氧化半缩醛生成模块就是为了模拟这种影响而引入模型的。过氧化半缩醛在 SOA 中占有非常大的比例,其前体物为有机过氧化氢物(hydroperoxide,ROOH)和醛类物质(HC(=O)R)。Johnson 等[90, 190]认为过氧化半缩醛的生成可以解释[HC]₀/[NO$_x$]₀ 对 SOA 产率的影响。他们认为,有机过氧化氢物来源于有机过氧自由基(Organic Peroxy Radicals,RO$_2^{\cdot}$)与过氧化氢自由基(HO$_2^{\cdot}$)的反应:

$$RO_2^{\cdot} + HO_2^{\cdot} \longrightarrow ROOH + O_2 \tag{12-14}$$

而大气中 NO$_x$ 的存在会通过下面反应同时减少有机过氧自由基和过氧化氢自由基的含量:

$$RO_2^{\cdot} + NO \longrightarrow RO^{\cdot} + NO_2$$
$$HO_2^{\cdot} + NO \longrightarrow {}^{\cdot}OH + NO_2 \tag{12-15}$$

因此,在较低的[HC]₀/[NO$_x$]₀ 情况下(即 NO$_x$ 浓度较高),较高浓度的 NO 抑制了 RO$_2^{\cdot}$ 和 HO$_2^{\cdot}$ 的浓度,从而抑制了过氧化半缩醛类物质的生成,降低了 SOA 的产率。

图 12.5 给出了模型在不同[HC]₀/[NO$_x$]₀ 下(2,4,6,10)得到的 SOA 产率曲线。为避免其他因素对产率曲线有影响,模拟的初始条件设为:甲苯 0.5~5 ppm,

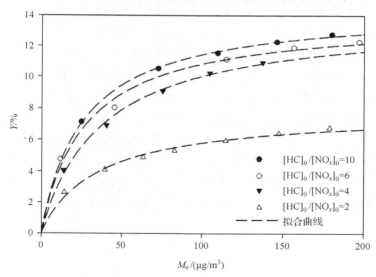

图 12.5　不同[HC]₀/[NO$_x$]₀ 下 SOA 模拟产率曲线

NO：$NO_2 = 1,303$ K，60％RH。各$[HC]_0/[NO_x]_0$下的产率曲线根据 Odum 单产物模型的拟合结果见表 12.5。由表 12.5 可知，当$[HC]_0/[NO_x]_0$在 4~10 之间时，可凝结有机物的产率 α 并没有发生明显的变化，均在 0.14 附近。由于可凝结有机物的产率 α 反映的是气相氧化过程中单位质量前体碳氢化合物（本研究中为甲苯）发生气相氧化所能生成的可凝结有机物质量，因此可以推测，当$[HC]_0/[NO_x]_0$在 4~10 之间时，NO_x 相对含量的变化并没有对气相氧化路径造成明显的改变。而当$[HC]_0/[NO_x]_0 = 2$ 时，可凝结有机物的产率 α 较其他三种情况明显偏小，表明氧化路径可能发生了明显的改变。VOCs 前体物在低 NO_x 和高 NO_x 条件下有不同的氧化路径已经在多种 VOCs 中发现[25, 89, 90, 190, 289]，本研究的模型模拟结果反映了这一现象。

表 12.5　不同$[HC]_0/[NO_x]_0$下 SOA 模拟产率曲线单产物模型拟合结果

$[HC]_0/[NO_x]_0$	α	$K_{om}/(m^3/\mu g)$	R^2
10	0.1443	0.0382	0.998
6	0.1379	0.0366	0.984
4	0.1382	0.0267	0.994
2	0.0784	0.0285	0.982

由表 12.5 同时显示，随着$[HC]_0/[NO_x]_0$数值的降低，即随着 NO_x 相对含量的增加，表征可凝结有机物整体分配能力的 K_{om} 也在降低。这一结果与 Johnson 等[90, 190]的理论一致，即随着气相体系中 NO_x 浓度的增加，NO 对于有机过氧自由基和过氧化氢自由基生成的抑制作用不断增强，因而对于过氧化半缩醛类物质生成的抑制也在增强。由于过氧化半缩醛的平衡分配常数远大于其前体物有机过氧化氢物和醛类物质，过氧化半缩醛类物质产量的减少必然导致气相氧化产物中可凝结有机物整体分配能力的降低，进而导致 SOA 产率的降低。表 12.6 列出了不同$[HC]_0/[NO_x]_0$条件下模拟得到的 SOA 组分中过氧化半缩醛以及涉及半氧化半缩醛生成的有机过氧化氢物的相对含量。可以看出，无论是有机过氧化氢物还是过氧化半缩醛类物质，其在 SOA 组分中的相对含量都随着$[HC]_0/[NO_x]_0$比值的降低而降低，可见 NO_x 相对浓度的增加对于有机过氧化氢物和过氧化半缩醛类物质的生成有较为明显的抑制作用。

表 12.6　不同 $[HC]_0/[NO_x]_0$ 下 SOA 组分中有机过氧化氢物和过氧化半缩醛相对含量

$[HC]_0/[NO_x]_0$	10	6	4
有机过氧化氢物			
TLBIPEROOH	6.43%	4.80%	2.08%
NCRESOOH	2.79%	2.01%	1.39%
NTLFUOOH	2.25%	1.68%	2.35%
NBZFUOOH	2.35%	1.23%	0.77%
NPXYFUOOH	1.77%	0.72%	0.58%
总量	15.60%	10.44%	7.17%
过氧化半缩醛类物质			
ROOC1a6	1.93%	2.33%	0.24%
ROOC1a7	0.33%	0.40%	0.03%
ROOC1a8	0.01%	0.02%	0.00%
ROOC2a6	1.46%	2.35%	0.22%
ROOC2a7	0.23%	0.37%	0.03%
ROOC2a8	0.01%	0.02%	0.00%
ROOC3a6	1.35%	1.73%	0.20%
ROOC3a7	0.23%	0.28%	0.03%
ROOC3a8	0.01%	0.01%	0.00%
ROOC4a6	0.75%	0.73%	0.06%
ROOC4a7	0.13%	0.13%	0.01%
ROOC4a8	0.01%	0.01%	0.00%
ROOC5a6	18.13%	12.54%	0.53%
ROOC5a7	2.35%	2.26%	0.07%
ROOC5a8	0.35%	0.33%	0.01%
总量	27.27%	23.51%	1.44%

12.3.3　干燥硫酸铵表面积浓度的影响

如 12.1.5 节所述,为在构建的箱式模型中体现干燥硫酸铵的影响,我们在模型中简单地引入了乙二醛在颗粒物表面的缩合过程。表 12.7 给出了不同硫酸铵颗粒物初始表面积浓度下当 SOA 产量为 50 μg/m³ 时模拟的 SOA 产率及相对于颗粒物浓度为 0 cm²/m³ 时的增量。为避免其他因素对 SOA 的生成造成影响,模拟的初始条件设为:甲苯 0.5~2 ppm,甲苯/NO_x=10,NO:NO_2=1,303 K,60% RH。从表 12.7 可以看出,模拟结果反映出了硫酸铵表面积浓度对 SOA 生成的影响。图 12.6 进一步将模拟结果与第 7 章甲苯的实验结果进行了比较。可以看出,当颗粒物初始表面积浓度 S 低于某一阈值($\sim 6\ cm^2/m^3$)的时候,颗粒物的存在对 SOA 产率的增加没有影响或者影响很小;当 S 高于该临界值时,SOA 产率随着 S 的增加而增加。这一模拟结果与本书第 6 章和第 7 章硫酸铵颗粒的影响一致,只是模拟结果中 SOA 产率随 S 变化的程度较实验结果偏低。这可能是由于模型中只是引入了乙二醛在颗粒表面的反应过程,实际反应体系中可能还有别的相似物质(如甲基乙二醛等)同样可以在硫酸铵颗粒表面被酸催化,分配到气溶胶相。

表 12.7　　不同颗粒物初始浓度下 SOA 产率的变化(取 $M_o=50\ \mu g/m^3$)

表面积浓度/(cm^2/m^3)	SOA 产率 Y/%	SOA 产率增量
0	9.72	—
4	9.72	0.0%
6	9.93	2.2%
10	10.30	6.1%
12	10.54	8.5%
15	11.28	16.0%
18	11.83	21.8%

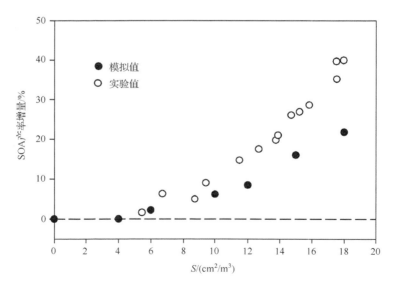

图 12.6　　不同硫酸铵初始表面积浓度下模型模拟与实验结果产率增量的比较

12.4　本 章 小 结

（1）基于 MCM 机理，选取 Kintecus 软件作为模拟大气化学动力学反应的平台，构建了甲苯光氧化生成 SOA 的箱式模型。模型包括气相氧化、气相/颗粒相分配、过氧化半缩醛生成和硫酸铵影响等 4 个模块。

（2）在纳入烟雾箱辅助机理后（烟雾箱的表征参数），模型的模拟结果与清华大学烟雾箱实验结果相近，表明模型从总体上已经达到模拟甲苯 SOA 生成，辅助烟雾箱实验研究的要求。

（3）模型的模拟结果可以反映温度、初始 HC/NO_x 和硫酸铵表面积浓度等对 SOA 生成的影响，且与烟雾箱实验结果和相关文献结果可比，表明模型构建合理，结果可信，可以用于甲苯 SOA 生成的机理研究和烟雾箱系统的辅助设计。

第 13 章　Model-3/CMAQ 模型中 SOA 模块的初步修改

目前国内外对空气质量模型 Model-3/CMAQ 的应用研究表明,CMAQ(Community Multiscale Air Quality Model)模型对 O_3 和无机颗粒物(如硫酸盐、硝酸盐、铵盐、碳黑等)的模拟能够达到较为满意的程度[368-371],但是对有机气溶胶,特别是 SOA 的模拟结果偏低[113, 372, 373]。这一方面是由于 SOA 的形成机理目前尚不十分清楚;另一方面是由于 CMAQ 模型中 SOA 生成模块尚不完善,有待改进。第 6 章和第 7 章的研究表明,大气中 $(NH_4)_2SO_4$ 的存在能影响 SOA 的生成,本章将尝试将 $(NH_4)_2SO_4$ 影响的烟雾箱实验量化结果纳入现有 CMAQ 模型的 SOA 模块中,并对修改后模型的模拟结果进行初步分析。

13.1　空气质量模型 Models-3/CMAQ 简介

13.1.1　CMAQ 模型的结构、特点与应用

Models-3/CMAQ 模型是美国环境保护局(U. S. EPA)为了法规制定和科学研究的需要,于 20 世纪 90 年代中期开发的第三代空气质量模型,1998 年 7 月首次发布,目前的最新版本为 2008 年发布的 CMAQ 4.7。Models-3/CMAQ 的基本结构见图 13.1,CMAQ 是它的核心模块。Models-3/CMAQ 模型的主要特点为[374]:

(1) 大气中各种污染物和污染问题是通过化学反应紧密相关的,Models-3/CMAQ 基于"一个大气"的思想,可以同时进行多种污染物和污染问题(包括光化学反应、颗粒物、酸沉降和能见度等)的模拟计算,并且可以耦合进 MIMS 模型(Multimedia Integrated Modeling System)进行跨媒介(土壤、地表水)的模拟[375]。

(2) Models-3/CMAQ 能够进行多尺度、多层网格嵌套的模拟[375],在空间上具备很好的通用性和灵活性。在使用大网格进行背景场影响分析的同时,可以采用细网格对所关心区域进行模拟研究。

(3) Models-3/CMAQ 具备较好的气象接口,能较方便地利用一些气象预报模型(如 RAMS、MM5、WRF)的计算结果,为后继排放和化学转化模块提供较为详细和准确的气象场,也为应用于空气质量预报提供了很好的条件。

(4) Models-3/CMAQ 具有模块化的结构,易于对大气物理、化学过程的机理

或算法进行修改或调整,为使用者提供了化学反应机理研究的平台。目前 Models-3/CMAQ 4.6 版本支持 RADM、CB-IV(或 CB-05)和 SAPRC99 三种气相化学反应模块,对其中的化学参数进行修改或建立新的化学反应模块都非常方便。

(5) Models-3/CMAQ 具有很强的开放性。它结合了近年来计算机技术的发展和大气科学的最新研究进展,比如烟云在网格内初始扩散的算法(Plume-in-Grid)、更详细的液相化学反应、云雨物理和光化学反应,更高效的数值计算方法以及数据的三维可视化分析[375]。

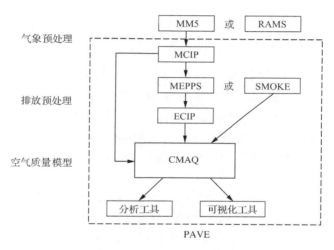

图 13.1　Model-3/CMAQ 的结构示意图

从 2000 年开始,美国环境保护局进行了一系列以模型可靠性验证为目的的应用研究[368-370]。目前,Models-3/CMAQ 已经成为区域空气质量模拟领域最活跃的模型之一,相关的研究工作大致可以分为以下几类[374]:

(1) 针对不同污染问题在不同空间尺度上的应用研究。研究的问题包括城市光化学污染模拟、区域臭氧问题、区域污染物传输、健康影响评价等[376-381]。空间上一般都达到区域尺度,研究城市问题时,在区域尺度内嵌套细网格进行模拟。大陆尺度的跨太平洋污染物传输模拟研究也正在进行之中。关注的污染物多为 O_3 和二次颗粒物。一般来说,O_3 的模拟效果优于 $PM_{2.5}$。在美国之外地区的研究,一般对排放清单数据进行预处理,以满足 SMOKE 的需求,或建立自己的排放模型[382, 383]。

(2) 在模型基础框架内加入新的模式或算法,扩展模型功能。Bullock 等[384] 在 Models-3/CMAQ 模型中加入了一个模拟汞的传输与转化模块,使得 Models-3/CMAQ 可以对大气中汞的浓度和形态分布进行模拟。Zhang 等[114] 依据大气气溶胶领域的最新研究成果,发展了一个气溶胶模块 MADRID,并将该模块嵌入

CMAQ 开发了 CMAQ-MADRID 模型。

（3）与其他模型系统相连接，开发空气质量预报、管理、决策支持系统[385]。比较典型的是美国国家空气质量预报系统（AQFMs）和正在开发的表面响应模型（Response Surface Model）。

国内 Models-3/CMAQ 的开发和应用研究的区域主要集中在华北地区[386]、兰州地区[387]和长江中下游地区[388]。张美根等[381, 389-391]进行了较大尺度的东亚地区细微颗粒物（硫酸盐、硝酸盐、OC 和 EC）和 O_3 的模拟研究，取得了较好的模拟结果。

13.1.2　CMAQ 模型中 SOA 的计算方法

在 CMAQ 模型中，模拟 SOA 的形成有两种可选的方式：第一种方式是固定 SOA 产率法。SOA 产率被量化为分别与 ·OH、O_3 和 NO_3^- 反应，即每消耗 1 ppm 有机前体物生成多少 $\mu g/m^3$ 的有机气溶胶。另一种方式基于 Odum 等[38]的吸收分配模型，也是清华大学环境科学与工程系 Models-3/CMAQ 模型中采用的计算方法。首先，活性有机气体（Reactive Organic Gas，ROG）被 ·OH（或 O_3、NO_3 等）氧化成半挥发性气态产物 $SVOCs_i$：

$$ROG + ·OH \longrightarrow \alpha_i · SVOCs_i + \cdots \tag{13-1}$$

接下来，$SVOCs_i$ 在气相和固相进行分配，其总浓度 $C_{总,i}$ 可以用下式表示：

$$C_{总,i} = \alpha_i · \Delta ROG = C_{气相,i} + C_{气溶胶溶,i} \tag{13-2}$$

其中，$C_{气相,i}$ 等于该条件下的气相饱和浓度 $C_{sat,i}$，而 $C_{sat,i}$ 与纯物质的气相饱和浓度 $C_{sat,i}^*$ 和该条件下摩尔混合比 $X_{i,om}$ 成正比，则：

$$
\begin{aligned}
C_{气溶胶溶,i} &= C_{总,i} - X_{i,om} C_{sat,i}^* \\
&= \alpha_i · \Delta ROG - \frac{C_{sat,i}^* · C_{气溶胶溶,i}/MW_i}{\displaystyle\sum_{j=1}^{n}(C_{气溶胶溶,i}/MW_j) + C_{init}/MW_{init}}
\end{aligned}
\tag{13-3}
$$

其中，MW 是有机物的分子量；C_{init} 是初始颗粒相有机物浓度。本研究采用的 CMAQ AERO3 气溶胶模块中，产生 SOA 的 VOCs 前体物共有 6 类，共产生 10 个 SVOCs 物种，相应的 α 和 $C_{sat,i}^*$ 值见表 13.1[374]。

表 13.1　CMAQ AERO3 模块中 SOA 前体物及相关参数

VOCs 前体物	SVOCs	α	$C_{sat,i}^*/(mg/m^3)$
烷烃（Alkane）	Alkane_1	0.0718	0.3103
烯烃（Alkene）	Alkene_1	0.36	111.11
	Alkene_2	0.32	1000.0

续表

VOCs 前体物	SVOCs	α	$C_{\mathrm{sat},i}^{*}/(\mathrm{mg/m^3})$
二甲苯(Xylene)	Xylene_1	0.038	2.165
	Xylene_2	0.167	64.946
甲酚(Cresol)	Cresol	0.05	0.2611
甲苯(Toluene)	Toluene_1	0.071	1.716
	Toluene_2	0.138	47.855
单萜烯(Monoterpene)	Monoterpene_1	0.0864	0.865
	Monoterpene_2	0.3857	11.804

13.2　CMAQ 模型的设置及输入参数

13.2.1　模拟域、模拟时段和排放数据

模拟域采用 Lambert 投影坐标系,两条真纬度分别为北纬 25°和北纬 40°。坐标原点在北纬 34°,东经 110°。采用双层网格嵌套,其中第一层网格为第二层提供边界条件,研究主要关注第二层网格。第一层网格的左下角坐标为($x=-2934$ km, $y=-1728$ km),网格数 164×97,网格间距 36 km。第一层网格内包括中国的绝大部分地区、日本、韩国、蒙古以及东亚和南亚的部分地区。第二层网格的左下角坐标为($x=54$ km, $y=216$ km),网格数 84×69,网格间距 12 km。第二层网格包含的主要城市见图 13.2。模拟时段选取 2002 年冬季和夏季的两个典型月(1 月和 8 月)。考虑到模型初始条件的影响,从模拟时段之前的第 3 天,即 12 月 29 日和 7 月 29 日开始计算。

本研究采用的排放清单来自于张强[392]的研究,以 Streets 等[393]所建立的 TRACE-P 排放清单为出发点,在方法学、排放因子的针对性、活动水平的准确性等方面进行了改进。这套清单覆盖我国大陆地区,基于同一的方法学和活动水平数据。排放清单的处理采用清华大学建立的排放处理模块[392]。

13.2.2　MM5 和 CMAQ 模型的设置

本研究采用由美国宾夕法尼亚州立大学和美国国家大气研究中心联合开发的中尺度气象预报模型 MM5 3.7 进行气象场的模拟。与源排放和空气质量模拟相同,MM5 的模拟区域采取 Lambert 投影,两条真纬度分别为北纬 25°和北纬 40°;为保证边界气象场的准确性,MM5 模拟区域比空气质量模拟区域的水平各边界多 3 个网格;模拟层顶为 100 mb,垂直分为 23 个 σ 层:1.000,0.995,0.988,

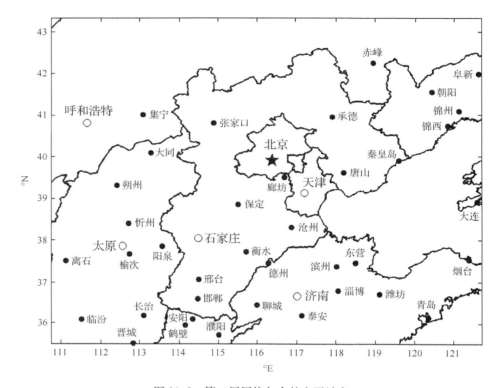

图 13.2　第二层网格包含的主要城市

0.980,0.970,0.956,0.938,0.916,0.893,0.868,0.839,0.808,0.777,0.744,
0.702,0.648,0.582,0.500,0.400,0.300,0.200,0.120,0.052,0.000。

　　地形和地表类型数据采用美国地质调查局(USGS)的全球数据;第一猜测场采用欧洲中期天气预报中心(ECMWF)的 TOGA 地表和高空全球分析资料,水平分辨率为 2.5°×2.5°,时间间隔为 12 h;海平面温度和雪盖资料来自美国国家环境预报中心(NCEP)的全球分析资料;客观分析采用 NCEP ADP(Automated Data Processing)全球地表和高空观测资料。

　　MM5 的模拟采用单向网格嵌套和观测资料的四维同化方法。对北京、天津、河北、山西及内蒙古共 200 多个地面站的资料(时间间隔 3 h 或 6 h,图 13.3)进行了整理,加入到 12 km 模拟域的同化资料中以提高模拟结果的准确度。模拟域物理过程的参数化选择如下:Blackadar 的边界层计算模式,Kain-Fritsch 的积云参数化方案,Reisner 的多相显式水汽方案,Cloud-radiation 的辐射参数化方法及单层土壤模式。

　　CMAQ 采用 USEPA 于 2004 年 10 月发布的 Models-3/CMAQ 4.4 版。图 13.4 给出了 Models-3/CMAQ 的核心模块及主要结构,主要包括排放模块、气

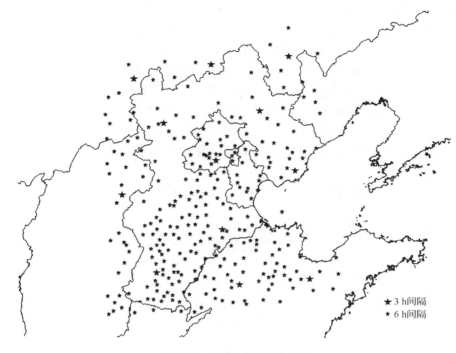

图 13.3　气象地面站示意图

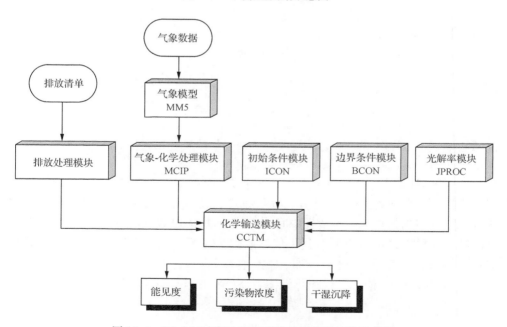

图 13.4　Model-3/CMAQ 模型核心模块及结构示意图

象-化学预处理模块 MCIP、边界条件模块 BCON、初始条件模块 ICON、光分解率模块 JPROC、化学输送模块 CCTM 5 个模块。MCIP 模块从 MM5 输出的气象场中提取模型所需的气象参数并处理成模型的输入格式；BCON 模块为模型提供模拟域的侧边界条件(本研究第一层网格的边界条件采用清洁大气背景值，第二层网格采用第一层的输出作为边界条件)；ICON 模块为模型提供模拟开始时的初始浓度场(本研究中采用清洁大气背景值，但将模拟前 3 天的结果舍去以减少初始条件的影响)；JPROC 模块提供光化学反应所需的光解速率常数(本研究采用 TOMS 资料插值计算得出光解速率常数，TOMS 臭氧柱浓度资料的空间分辨率为 $1.25° \times 1°$)。

CMAQ 模拟域在垂直方向上分为 12 层，层顶高度为 100 mb，确定垂直分层的 13 个 σ 面以及各层的高度见表 13.2。

表 13.2　垂直方向分层参数

层数	层顶 σ 值	层中 σ 值	层顶高度/m	层中高度/m	层厚度/m
12	0	0.100	16 262	12 886	6 752
11	0.200	0.300	9 510	7 797	3 428
10	0.400	0.491	6 082	4 944	2 277
9	0.582	0.642	3 806	3 181	1 249
8	0.702	0.740	2 557	2 203	707
7	0.777	0.808	1 850	1 575	549
6	0.838	0.866	1 301	1 073	455
5	0.893	0.916	846	664	364
4	0.938	0.954	482	356	251
3	0.970	0.979	230	161	139
2	0.987	0.991	92	65	54
1	0.995	0.498	38	19	38

模拟采用单向网格嵌套，采用 CB-IV 机理作为气相化学反应机理。包括化学物种 37 个(传输物种 25 个，活性中间体 12 个)，反应总数 96 个(光解反应 12 个)。气溶胶反应机理采用 AERO3，其中气溶胶热力学模型为 ISORROPIA，粒径分布采用粗模态和细模态双模态分布、对数正态分布，二次无机气溶胶采用 NH_3-H_2SO_4-HNO_3-H_2O 液相和气相化学体系，SOA 采用产率计算的方法。

13.3　CMAQ 模型 SOA 模块的修改及结果

13.3.1　对 SOA 模块的修改

第 6 章和第 7 章的结果表明中性颗粒对 SOA 的生成没有影响,而干燥酸性颗粒(NH_4)$_2SO_4$ 对 SOA 的影响和其表面积浓度有关。将这个结果直接应用于 CMAQ 模型的 SOA 模块还存在一定的困难,需要进行一定的假设和简化处理。例如,在 CMAQ 模型中,各物种的计算都基于质量浓度,并没有表面积相关参数。因此在 CMAQ 模型中应用烟雾箱的实验结果只能按照与(NH_4)$_2SO_4$ 的质量浓度有关进行处理。在此,进一步假设对 SOA 生成起促进作用的是颗粒相中的 NH_4^+ 浓度,并取(NH_4)$_2SO_4$ 晶体的密度为 1.7 g/cm^3。据此,对第 6 章和第 7 章中甲苯、间二甲苯、1,2,4-三甲苯和 α-蒎烯的相关数据重新进行处理,得到在不同 NH_4^+ 浓度下,$\alpha_{修改}/\alpha_0$ 如下:

甲苯
$$\frac{\alpha_{修改}}{\alpha_0} = \begin{cases} 1 & [NH_4^+] \leqslant 7.81\ \mu g/m^3 \\ 0.0207 \times [NH_4^+] + 0.839 & [NH_4^+] > 7.81\ \mu g/m^3 \end{cases}$$
$$(13\text{-}4)$$

间二甲苯
$$\frac{\alpha_{修改}}{\alpha_0} = \begin{cases} 1 & [NH_4^+] \leqslant 7.65\ \mu g/m^3 \\ 0.0162 \times [NH_4^+] + 0.876 & [NH_4^+] > 7.65\ \mu g/m^3 \end{cases}$$
$$(13\text{-}5)$$

1,2,4-三甲苯
$$\frac{\alpha_{修改}}{\alpha_0} = \begin{cases} 1 & [NH_4^+] \leqslant 15.62\ \mu g/m^3 \\ 0.0220 \times [NH_4^+] + 0.656 & [NH_4^+] > 15.62\ \mu g/m^3 \end{cases}$$
$$(13\text{-}6)$$

α-蒎烯
$$\frac{\alpha_{修改}}{\alpha_0} = \begin{cases} 1 & [NH_4^+] \leqslant 7.29\ \mu g/m^3 \\ 0.0353 \times [NH_4^+] + 0.743 & [NH_4^+] > 7.29\ \mu g/m^3 \end{cases}$$
$$(13\text{-}7)$$

对 α 的修正需要对应到表 13.1 中的 10 个 SVOCs 物种上,处理方法见表 13.3。二甲苯、甲苯和单萜烯产生的 SVOCs 物种的 α 修正分别应用间二甲苯、甲苯和 α-蒎烯的修正公式;考虑到在正十一烷和异戊二烯体系中并未发现(NH_4)$_2SO_4$ 的影响,因此对烷烃和烯烃产生的 SVOCs 物种不做修正;考虑甲酚与甲苯在结构上最接近,SVOCs 物种 Cresol 采用甲苯的修正公式。由于(NH_4)$_2SO_4$ 的存在对 SVOCs 的整体的分配特性没有明显的改变,因此 SOA 生成模块中的 $C_{sat,i}^*$ 值不做修正。

表 13.3　对 CMAQ AERO3 模块中 10 种 SVOCs 产率 α 的修正

VOCs 前体物	SVOCs	对 α 的修正
烷烃(Alkane)	Alkane_1	不修正
烯烃(Alkene)	Alkene_1, Alkene_2	不修正
二甲苯(Xylene)	Xylene_1, Xylene_2	式(13-5)
甲酚(Cresol)	Cresol	式(13-4)
甲苯(Toluene)	Toluene_1, Toluene_2	式(13-4)
单萜烯(Monoterpene)	Monoterpene_1, Monoterpene_2	式(13-7)

13.3.2　模拟结果

　　基准情景和修改情景对 SOA 模拟的月均浓度分布和比较见图 13.5。可以看出,在整个模拟域内,夏天(8 月)的 SOA 浓度大于冬天(1 月)的 SOA 浓度,原因可能是夏天光化学反应强烈,且源于生物的 VOCs(如单萜烯类)排放大。从 SOA 模块修改后 SOA 模拟浓度的增量看,1 月 SOA 的平均增量范围在 0~7.7%,大于 8 月 SOA 的平均增量(0~4.0%),这与 1 月模拟域内颗粒相 NH_4^+ 平均浓度更高有关。模型修改后,月平均 SOA 浓度增量最大的地区 1 月主要在河北省的南部(石家庄、邢台、邯郸)和东部(天津、唐山、秦皇岛),8 月主要在北京、山东中西部(济南、淄博、泰安)和晋冀豫三省交界处,空间分布与 NH_4^+ 浓度高的地区也有一定的对应性。1 月(4 日、24 日)和 8 月(14 日、16 日)共 4 个典型日(NH_4^+ 浓度高或 SOA 浓度高)SOA 日均分布和比较见图 13.6 和图 13.7。可见,在极端条件,SOA 模块的修改将对某些地区 SOA 的模拟带来显著的影响。例如,1 月 4 日,河北省中部、南部地区(石家庄、邢台、邯郸等)SOA 的模拟增量高达 22.9%;8 月 14 日,北京、石家庄、淄博等地 SOA 的模拟浓度增量也在 20% 以上。表 13.4 总结了模拟域内一些城市在 SOA 模块修正后 SOA 模拟浓度的变化。可见,SOA 模块的修改对我国这种背景颗粒物浓度较高(NH_4^+ 浓度较高)地区的 SOA 模拟有显著的影响。

　　清华大学环境科学与工程系颗粒物采样站[109, 149]2002 年 1 月和 8 月 PM_{10}、$PM_{2.5}$ 和 $PM_{2.5}$ 中各成分(OC、NH_4^+、SO_4^{2-} 和 NO_3^-)监测值与模型模拟值的比较见图 13.8 和图 13.9。从图 13.9 中可以看出,虽然 PM_{10} 的基准情景模拟值与监测值的变化趋势基本一致,但是模拟值明显偏低,尤其是 8 月。对 $PM_{2.5}$ 来说,1 月和 8 月的月均监测值为 141 μg/m³ 和 92 μg/m³,分别比模拟值高 19.2% 和 24.8%(图 13.9)。从 $PM_{2.5}$ 的成分看,NH_4^+、SO_4^{2-} 和 NO_3^- 的模拟值与监测值吻合得较好,但是 OC 的模拟值明显比监测值低。这与国内外相关学者的研究结论一致,即 CMAQ 模型对无机颗粒物(如 NH_4^+、SO_4^{2-}、NO_3^- 等)的模拟能够达到较为满意的

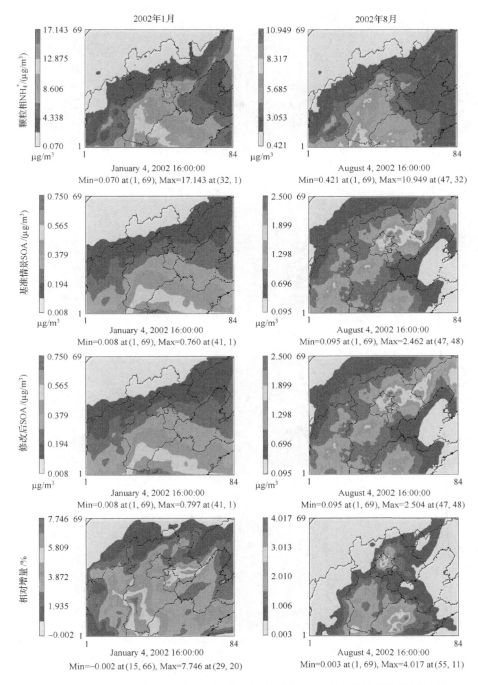

图 13.5　2002 年 1 月和 8 月颗粒相 NH$_4^+$ 浓度和 SOA 浓度的月平均模拟结果

本图另见书末彩图

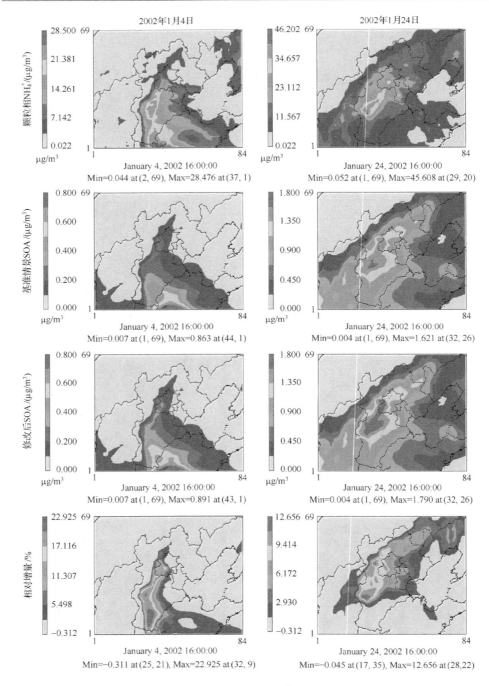

图 13.6　2002 年 1 月两个典型日颗粒相 NH$_4^+$ 浓度和 SOA 浓度的模拟结果

本图另见书末彩图

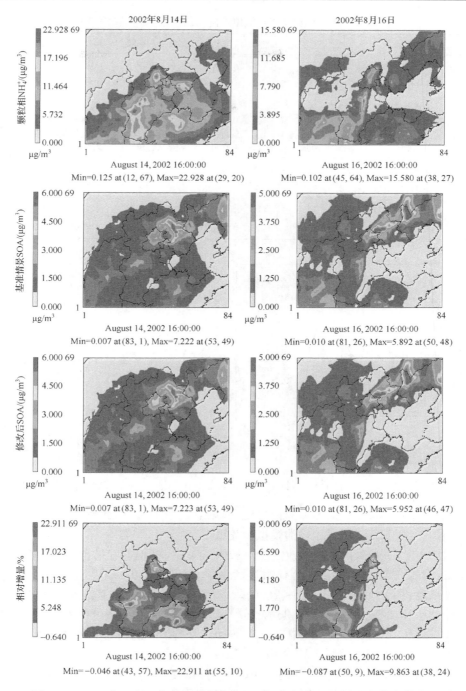

图 13.7　2002 年 8 月两个典型日颗粒相 NH$_4^+$ 浓度和 SOA 浓度的模拟结果

本图另见书末彩图

表 13.4　　SOA 模块修正对模拟域内一些城市 SOA 模拟的影响

	城市	石家庄	北京	滨州	德州	邯郸	鹤壁	衡水	济南
1月	最大日增量/%	19.9	13.2	11.0	8.6	12.7	11.0	8.9	11.5
	月均增量/%	4.4	2.5	2.1	2.6	4.7	2.7	2.5	2.2
8月	最大日增量/%	19.1	3.7	10.6	9.0	8.2	10.4	11.1	13.0
	月均增量/%	2.1	0.9	1.4	1.5	2.6	2.2	1.7	2.9
	城市	聊城	濮阳	安阳	泰安	唐山	天津	邢台	淄博
1月	最大日增量/%	12.0	15.8	10.8	9.9	13.4	14.3	13.8	7.7
	月均增量/%	3.4	3.9	3.8	1.8	2.5	3.8	4.5	1.8
8月	最大日增量/%	8.1	6.9	11.8	14.3	7.8	3.5	8.5	20.6
	月均增量/%	1.7	1.7	2.6	2.2	0.8	0.6	2.2	2.1

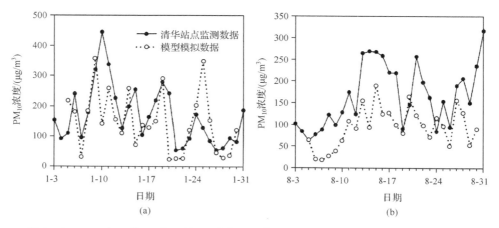

图 13.8　　2002 年 1 月(a)和 8 月(b)清华观测点 PM₁₀ 监测值与基准情景模拟值的比较

程度,但是对有机气溶胶 OA 的模拟结果偏低[113, 368-373]。因此改进 OA 的模拟对进一步完善 CMAQ 中颗粒物的模拟至关重要。

本研究对 SOA 模块的修改虽然对域内 SOA 的模拟有显著的影响,但是对整体 OA 以及 $PM_{2.5}$ 的模拟并没有明显的影响(如图 13.9)。这是由于 CMAQ 中 SOA 浓度占 OA 的比例非常小造成的。以清华观测点为例,基准情景下 1 月 OA 的浓度为 33.8 $\mu g/m^3$,其中 0.26 $\mu g/m^3$ 为 SOA,仅占 OA 浓度的 0.78%;8 月的 OA 浓度为 15.5 $\mu g/m^3$,其中 1.60 $\mu g/m^3$ 为 SOA,仅占 OA 浓度的 10.3%。图 13.10显示了基准情景下域内 OA 的浓度以及 SOA 占 OA 比例的分布。可见,在 1 月,除边远地区外,整个域内 SOA 的模拟浓度不到 OA 浓度的 3%;在 8 月,这个比例有所上升,除北京以北的部分地区能达到 40% 左右外,大部分地区不到 15%。北京以北的这片高 SOA/OA 区域并没有很多大型的城市(图 13.2),且从

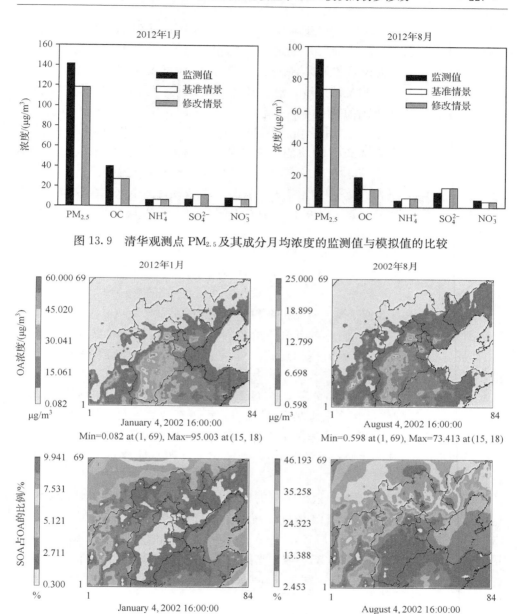

图 13.9　清华观测点 PM$_{2.5}$及其成分月均浓度的监测值与模拟值的比较

图 13.10　模拟域内有机气溶胶 OA 和 SOA/OA 的分布

本图另见书末彩图

图 13.10 看,无论在 1 月还是 8 月 OA 浓度都很低,说明这个区域相对北京、天津来说可以看做边远地区。环境监测的数据表明,城市大气中 SOA 平均占 PM$_{2.5}$ 中

OA 的 20%～50%[22]，在光化学烟雾条件下这个比例可以达到 70%以上[10]；在边远地区，甚至可以占 OA 的 90%。对北京来说，段凤魁等[109, 149]和本书第 2 章的研究表明，不论是采暖期还是非采暖期、城区还是郊区，北京大气中都存在高浓度的 SOA，平均占 PM$_{2.5}$ 中 OA 的 45%，密云背景点更高达 70%。这些都说明目前 CMAQ 对 SOA 的模拟存在明显偏低的现象，这一方面是由于 SOA 的形成机理目前尚不十分清楚，另一方面是由于 CMAQ 模型中 SOA 生成模块太过简化[113, 372, 373]。本研究对 SOA 模块的修改是基于原有的模块参数，采取引入增量系数的方法。由于 CMAQ 中 SOA 模拟值在 OA 和 PM 中的比例极低，SOA 模块的修改对整体 OA 和 PM 模拟的影响并不明显。本研究为向空气质量模型引入颗粒物影响做了初步尝试，进一步的评估有待 CMAQ 中 SOA 模块系统性、结构性的改进。

13.4　本章小结

（1）Model-3/CMAQ 模型对无机颗粒物（如 NH$_4^+$、SO$_4^{2-}$、NO$_3^-$ 等）的模拟能够达到较为满意的程度，但是对有机气溶胶，特别是 SOA 的模拟结果明显偏低（尤其是夏季）。改进 SOA 的模拟对进一步完善 CMAQ 中颗粒物的模拟至关重要。

（2）本研究将第 6 章和第 7 章干燥(NH$_4$)$_2$SO$_4$ 颗粒对 SOA 影响的烟雾箱实验结果进行一定的假设和简化处理后，采用引入增量系数的方法，对原 Models-3/CMAQ 空气质量模型（气相和气溶胶模块分别为 CB-IV 和 AERO3）的 SOA 模块进行了初步修正，并利用修正后的模型对 2002 年 1 月和 8 月 SOA 等相关污染物进行了模拟。

（3）通过对基准情景和修改后情景的比较可以看出，SOA 模块的修改对我国这种背景颗粒物浓度较高（NH$_4^+$ 浓度较高）地区的 SOA 模拟有显著的影响。1 月 SOA 的平均增量范围在 0～7.7%，大于 8 月 SOA 的平均增量 0～4.0%。SOA 增量大的时段和地区与颗粒相 NH$_4^+$ 浓度高的时段和地区有对应性。在极端条件下（颗粒相 NH$_4^+$ 浓度高或 SOA 浓度高），一些地区 SOA 的日浓度增量可达 22%以上。

（4）虽然 SOA 模块的修改对域内 SOA 的模拟有显著的影响，但是对整体 OA 以及 PM$_{2.5}$ 的模拟并没有明显的影响。这是由于 CMAQ 中 SOA 模拟值在 OA 和 PM$_{2.5}$ 中的比例非常小造成的。除边远地区外，模拟域内 SOA 的浓度占 OA 的比例在 1 月和 8 月分别不超过 3%和 15%，远远低于 SOA 实际在环境大气 OA 中的比例（20%～70%）。这说明 CMAQ 模型中 SOA 生成模块还相当不完善。本研究对 SOA 模块修改的进一步评估有待 CMAQ 中 SOA 模块系统性、结构性的改进。

参 考 文 献

[1] Donaldson K, Li X Y, Macnee W. Ultrafine(nanometre) particle mediated lung injury. Journal of Aerosol Science, 1998, 29(5-6): 553-560.

[2] Pope C A, Thun M J, Namboodiri M M, Dockery D W, Evans J S, Speizer F E, Heath C W. Particulate air-pollution as a predictor of mortality in a prospective-study of US adults. American Journal of Respiratory and Critical Care Medicine, 1995, 151(3): 669-674.

[3] Eldering A, Cass G R. Source-oriented model for air pollutant effects on visibility. Journal of Geophysical Research—Atmospheres, 1996, 101(D14): 19343-19369.

[4] Kleeman M J, Eldering A, Hall J R, Cass G R. Effect of emissions control programs on visibility in southern California. Environmental Science & Technology, 2001, 35: 4668-4674.

[5] Pilinis C, Pandis S N, Seinfeld J H. Sensitivity of direct climate forcing by atmospheric aerosols to aerosol-size and composition. Journal of Geophysical Research—Atmospheres, 1995, 100 (D9): 18739-18754.

[6] Maria S F, Russell L M, Gilles M K, Myneni S C B. Organic aerosol growth mechanisms and their climate-forcing implications. Science, 2004, 306: 1921-1924.

[7] Kanakidou M, Seinfeld J H, Pandis S N, Barnes I, Dentener F J, Facchini M C, Van Dingenen R, Ervens B, Nenes A, Nielsen C J, Swietlicki E, Putaud J P, Balkanski Y, Fuzzi S, Horth J, Moortgat G K, Winterhalter R, Myhre C E L, Tsigaridis K, Vignati E, Stephanou E G, Wilson J. Organic aerosol and global climate modelling: A review. Atmospheric Chemistry and Physics, 2005, 5: 1053-1123.

[8] Castro L M, Pio C A, Harrison R M, Smith D J T. Carbonaceous aerosol in urban and rural European atmospheres: Estimation of secondary organic carbon concentrations. Atmospheric Environment, 1999, 33(17): 2771-2781.

[9] Lim H J, Turpin B J. Origins of primary and secondary organic aerosol in Atlanta: Results of time-resolved measurements during the Atlanta supersite experiment. Environmental Science & Technology, 2002, 36(21): 4489-4496.

[10] Pandis S N, Harley R A, Cass G R, Seinfeld J H. Secondary organic aerosol formation and transport. Atmospheric Environment, 1992, 26A(13): 2269-2282.

[11] Seinfeld J H, Pandis S N. Atmospheric Chemistry and Physics: From Air Pollution to Climate Change. 2nd ed. New York: John Wiley & Sons, Inc. , 2006.

[12] Jacobson M C, Hansson H C, Noone K J, Charlson R J. Organic atmospheric aerosols: Review and state of the science. Reviews of Geophysics, 2000, 38(2): 267-294.

[13] Turpin B J, Saxena P, Andrews E. Measuring and simulating particulate organics in the atmosphere: Problems and prospects. Atmospheric Environment, 2000, 34(18): 2983-3013.

[14] John W, Wall S M. Modes in the size distributions of atmospheric inorganic aerosols. Atmospheric Environment, 1990, 24: 2349-2359.

[15] Wall S M, John W, Ondo J L. Measurement of aerosol size distributions for nitrate and major ionic species. Atmospheric Environment, 1988, 22: 1649-1656.

[16] Venkataraman C, Lyons J M, Friedlander S K. Sire distributions of polycyclic aromatic-hydrocarbons

and elemental carbon. 1. Sampling, measurement methods, and source characterization. Environmental Science & Technology, 1994, 28(4): 555-562.

[17] Venkataraman C, Friedlander S K. Size distributions of polycyclic aromatic-hydrocarbons and elemental carbon. 2. Ambient measurements and effects of atmospheric processes. Environmental Science & Technology, 1994, 28(4): 563-572.

[18] Mylonas D T, Allen D T, Ehrman S H, Pratsinis S E. The sources and size distributions of organoni-trates in the Los Angeles aerosol. Atmospheric Environment, 1991, 25A: 2855-2861.

[19] Phalen R F. Uncertainties relating to the health effects of particulate air pollution: The US EPA's par-ticle standard. Toxicology Letters, 1998, 96-97: 263-267.

[20] Kunzli N, Kaiser R, Medina S, Studnicka M, Chanel O, Filliger P, Herry M, Horak F, Puybonnieux-Texier V, Quenel P, Schneider J, Seethaler R, Vergnaud J C, Sommer H. Public-health impact of out-door and traffic-related air pollution: A European assessment. Lancet, 2000, 356(9232): 795-801.

[21] Intergovernmental Panel on Climate Change(IPCC). Climate Change. New York: Cambridge Univ. Press, 1995.

[22] Turpin B J, Huntzicker J J. Identification of secondary organic aerosol episodes and quantitation of pri-mary and secondary organic aerosol concentrations during SCAQS. Atmospheric Environment, 1995, 29(23): 3527-3544.

[23] Blando J D, Porcja R J, Li T H, Bowman D, Lioy P J, Turpin B J. Secondary formation and the Smoky Mountain organic aerosol: An examination of aerosol polarity and functional group composition during SEAVS. Environmental Science & Technology, 1998, 32(5): 604-613.

[24] Seinfeld J H, Pankow J F. Organic atmospheric particulate material. Annual Review of Physical Chem-istry, 2003, 54: 121-140.

[25] Kroll J H, Ng N L, Murphy S M, Flagan R C, Seinfeld J H. Secondary organic aerosol formation from isoprene photooxidation under high-NO_x conditions. Geophysical Research Letters, 2005, 32(18).

[26] Kroll J H, Ng N L, Murphy S M, Flagan R C, Seinfeld J H. Secondary organic aerosol formation from isoprene photooxidation. Environmental Science & Technology, 2006, 40(6): 1869-1877.

[27] Claeys M, Graham B, Vas G, Wang W, Vermeylen R, Pashynska V, Cafmeyer J, Guyon P, Andreae M O, Artaxo P, Maenhaut W. Formation of secondary organic aerosols through photooxidation of iso-prene. Science, 2004, 303(5661): 1173-1176.

[28] Claeys M, Wang W, Ion A C, Kourtchev I, Gelencser A, Maenhaut W. Formation of secondary organ-ic aerosols from isoprene and its gas-phase oxidation products through reaction with hydrogen peroxide. Atmospheric Environment, 2004, 38(25): 4093-4098.

[29] Edney E O, Kleindienst T E, Jaoui M, Lewandowski M, Offenberg J H, Wang W, Claeys M. Forma-tion of 2-methyl tetrols and 2-methylglyceric acid in secondary organic aerosol from laboratory irradiated isoprene/NO_x/SO_2/air mixtures and their detection in ambient $PM_{2.5}$ samples collected in the eastern United States. Atmospheric Environment, 2005, 39(29): 5281-5289.

[30] Guenther A, Geron C, Pierce T, Lamb B, Harley P, Fall R. Natural emissions of non-methane volatile organic compounds: carbon monoxide, and oxides of nitrogen from North America. Atmospheric Envi-ronment, 2000, 34(12-14): 2205-2230.

[31] Sillman S. The relation between ozone, NO_x and hydrocarbons in urban and polluted rural environ-ments. Atmospheric Environment, 1999, 33(12): 1821-1845.

[32] Grosjean D, Seinfeld J H. Parameterization of the formation potential of secondary organic aerosols. Atmospheric Environment, 1989, 23: 1733-1747.

[33] Kalberer M, Paulsen D, Sax M, Steinbacher M, Dommen J, Prevot A S H, Fisseha R, Weingartner E, Frankevich V, Zenobi R, Baltensperger U. Identification of polymers as major components of atmospheric organic aerosols. Science, 2004, 303(5664): 1659-1662.

[34] Odum J R, Jungkamp T P W, Griffin R J, Flagan R C, Seinfeld J H. The atmospheric aerosol-forming potential of whole gasoline vapor. Science, 1997, 276(5309): 96-99.

[35] Odum J R, Jungkamp T P W, Griffin R J, Forstner H J L, Flagan R C, Seinfeld J H. Aromatics, reformulated gasoline, and atmospheric organic aerosol formation. Environmental Science & Technology, 1997, 31(7): 1890-1897.

[36] Kourtidis K, Ziomas I. Estimation of secondary organic aerosol(SOA) production from traffic emissions in the city of Athens. Global Nest: The International Journal, 1999, 1(1): 33-39.

[37] Schauer J J, Kleeman M J, Cass G R, Simoneit B R T. Measurement of emissions from air pollution sources. 2. C-1 through C-30 organic compounds from medium duty diesel trucks. Environmental Science & Technology, 1999, 33(10): 1578-1587.

[38] Odum J R, Hoffmann T, Bowman F, Collins D, Flagan R C, Seinfeld J H. Gas/particle partitioning and secondary organic aerosol yields. Environmental Science & Technology, 1996, 30(8): 2580-2585.

[39] Dusek U. Secondary organic aerosol: Formation mechanisms and source contributions in Europe. IR-00-066. International Insititute for Applied Systems Analysis, 2000.

[40] Pun B K, Seigneur C, Grosjean D, Saxena P. Gas-phase formation of water-soluble organic compounds in the atmosphere: A retrosynthetic analysis. Journal of Atmospheric Chemistry, 1999, 35(2): 199-223.

[41] Holes A, Eusebi A, Grosjean D, Allen D T. FTIR analysis of aerosol formed in the photooxidation of 1,3,5-trimethylbenzene. Aerosol Science and Technology, 1997, 26(6): 516-526.

[42] Saxena P, Hildemann L M. Water-soluble organics in atmospheric particles: A critical review of the literature and application of thermodynamics to identify candidate compounds. Journal of Atmospheric Chemistry, 1996, 24(1): 57-109.

[43] Forstner H J L, Flagan R C, Seinfeld J H. Secondary organic aerosol from the photooxidation of aromatic hydrocarbons: Molecular composition. Environmental Science & Technology, 1997, 31(5): 1345-1358.

[44] Forstner H J L, Flagan R C, Seinfeld J H. Molecular speciation of secondary organic aerosol from photooxidation of the higher alkenes: 1-octene and 1-decene. Atmospheric Environment, 1997, 31(13): 1953-1964.

[45] Limbeck A, Puxbaum H. Organic acids in continental background aerosols. Atmospheric Environment, 1999, 33(12): 1847-1852.

[46] Rogge W F, Mazurek M A, Hildemann L M, Cast G R, Simoneit B R T. Quantification of urban organic aerosol at a molecular level: Identification, abundance, and seasonal variation. Atmospheric Environment, 1993, 27A: 1309-1330.

[47] Calvert J G, Atkinson R, Becker K H, Kamens R M, Seinfeld J H, Wallington T J, Yarwood G. The Mechanisms of Atmospheric Oxidation of Aromatic Hydrocarbons. New York: Oxford University Press, 2002.

[48] Calvert J G, Atkinson R, Kerr J A, Madronich S, Moortgat G K, Wallington T J, Yarwood G. The Mechanisms of Atmospheric Oxidation of the Alkenes. New York: Oxford University Press, 2000.

[49] Pankow J F. An absorption-model of gas-particle partitioning of organic-compounds in the atmosphere. Atmospheric Environment, 1994, 28(2): 185-188.

[50] Pankow J F. An absorption-model of the gas aerosol partitioning involved in the formation of secondary organic aerosol. Atmospheric Environment, 1994, 28(2): 189-193.

[51] Pankow J F. Common y-intercept and single compound regressions of gas particle partitioning data *vs* 1/ *T*. Atmospheric Environment, 1991, 25A: 2229-2239.

[52] Yamasaki H, Kuwata K, Miyamoto H. Effect of ambient temperatue on aspects of airborne polycyclic aromatic hydrocarbons. Environmental Science & Technology, 1982, 16: 189-194.

[53] Pankow J F. Review and comparative analysis of the theories on partitioning between the gas and aerosol particulate phases in the atmosphere. Atmospheric Environment, 1987, 21: 2275-2283.

[54] Atkinson R. Physical Chemistry. Oxford: Oxford University Press, 1990.

[55] Goss K U, Schwarzenbach R P. Gas/solid and gas/liquid partitioning of organic compounds: Critical evaluation of the interpretation of equilibrium constants. Environmental Science & Technology, 1998, 32(14): 2025-2032.

[56] Liang C K, Pankow J F, Odum J R, Seinfeld J H. Gas/particle partitioning of semivolatile organic compounds to model inorganic, organic, and ambient smog aerosols. Environmental Science & Technology, 1997, 31(11): 3086-3092.

[57] Hoffmann T, Odum J R, Bowman F, Collins D, Klockow D, Flagan R C, Seinfeld J H. Formation of organic aerosols from the oxidation of biogenic hydrocarbons. Journal of Atmospheric Chemistry, 1997, 26(2): 189-222.

[58] Jang M, Kamens R M, Leach K B, Strommen M R. A thermodynamic approach using group contribution methods to model the partitioning of semivolatile organic compounds on atmospheric particulate matter. Environmental Science & Technology, 1997, 31(10): 2805-2811.

[59] Griffin R J, Cocker D R, Flagan R C, Seinfeld J H. Organic aerosol formation from the oxidation of biogenic hydrocarbons. Journal of Geophysical Research—Atmospheres, 1999, 104(D3): 3555-3567.

[60] Gao S, Keywood M, Ng N L, Surratt J, Varutbangkul V, Bahreini R, Flagan R C, Seinfeld J H. Low-molecular-weight and oligomeric components in secondary organic aerosol from the ozonolysis of cycloalkenes and alpha-pinene. The Journal of Chemical Physics A, 2004, 108(46): 10147-10164.

[61] Gao S, Ng N L, Keywood M, Varutbangkul V, Bahreini R, Nenes A, He J W, Yoo K Y, Beauchamp J L, Hodyss R P, Flagan R C, Seinfeld J H. Particle phase acidity and oligomer formation in secondary organic aerosol. Environmental Science & Technology, 2004, 38(24): 6582-6589.

[62] Tolocka M P, Jang M, Ginter J M, Cox F J, Kamens R M, Johnston M V. Formation of oligomers in secondary organic aerosol. Environmental Science & Technology, 2004, 38(5): 1428-1434.

[63] Ng N L, Kroll J H, Keywood M D, Bahreini R, Varutbangkul V, Flagan R C, Seinfeld J H, Lee A, Goldstein A H. Contribution of first-versus second-generation products to secondary organic aerosols formed in the oxidation of biogenic hydrocarbons. Environmental Science & Technology, 2006, 40(7): 2283-2297.

[64] Barsanti K C, Pankow J F. Thermodynamics of the formation of atmospheric organic particulate matter by accretion reactions-Part 1: Aldehydes and ketones. Atmospheric Environment, 2004, 38(26): 4371-

4382.

[65] Barsanti K C, Pankow J F. Thermodynamics of the formation of atmospheric organic particulate matter by accretion reactions-2. Dialdehydes, methylglyoxal, and diketones. Atmospheric Environment, 2005, 39(35): 6597-6607.

[66] Barsanti K C, Pankow J F. Thermodynamics of the formation of atmospheric organic particulate matter by accretion reactions-Part 3: Carboxylic and dicarboxylic acids. Atmospheric Environment, 2006, 40(34): 6676-6686.

[67] Tong C H, Blanco M, Goddard W A, Seinfeld J H. Secondary organic aerosol formation by heterogeneous reactions of aldehydes and ketones: A quantum mechanical study. Environmental Science & Technology, 2006, 40(7): 2333-2338.

[68] Iinuma Y, Boge O, Gnauk T, Herrmann H. Aerosol-chamber study of the alpha-pinene/O_3 reaction: influence of particle acidity on aerosol yields and products. Atmospheric Environment, 2004, 38(5): 761-773.

[69] Jang M, Carroll B, Chandramouli B, Kamens R M. Particle growth by acid-catalyzed heterogeneous reactions of organic carbonyls on preexisting aerosols. Environmental Science & Technology, 2003, 37: 3828-3837.

[70] Jang M, Czoschke N M, Lee S, Kamens R M. Heterogeneous atmospheric aerosol production by acid-catalyzed particle-phase reactions. Science, 2002, 298: 814-817.

[71] Grosjean D. In situ organic aerosol formation during a smog episode estimated production and chemical functionality. Atmospheric Environment, 1992, 26A: 953-963.

[72] Izumi K, Fukuyama T. Photochemical aerosol formation from aromatic-hydrocarbons in the presence of NO_x. Atmospheric Environment, 1990, 24A(6): 1433-1441.

[73] Yu J Z, Cocker D R, Griffin R J, Flagan R C, Seinfeld J H. Gas-phase ozone oxidation of monoterpenes: Gaseous and particulate products. Journal of Atmospheric Chemistry, 1999, 34(2): 207-258.

[74] Cocker D R, Clegg S L, Flagan R C, Seinfeld J H. The effect of water on gas-particle partitioning of secondary organic aerosol. Part I: alpha-pinene/ozone system. Atmospheric Environment, 2001, 35(35): 6049-6072.

[75] Cocker D R, Mader B T, Kalberer M, Flagan R C, Seinfeld J H. The effect of water on gas-particle partitioning of secondary organic aerosol: II. m-xylene and 1,3,5-trimethylbenzene photooxidation systems. Atmospheric Environment, 2001, 35(35): 6073-6085.

[76] Takekawa H, Minoura H, Yamazaki S. Temperature dependence of secondary organic aerosol formation by photo-oxidation of hydrocarbons. Atmospheric Environment, 2003, 37(24): 3413-3424.

[77] Strader R, Lurmann F, Pandis S N. Evaluation of secondary organic aerosol formation in winter. Atmospheric Environment, 1999, 33(29): 4849-4863.

[78] Jang M S, Kamens R M. Characterization of secondary aerosol from the photooxidation of toluene in the presence of NO_x and 1-propene. Environmental Science & Technology, 2001, 35(18): 3626-3639.

[79] Barthelmie R J, Pryor S C. Secondary organic aerosols: Formation potential and ambient data. Science of the Total Environment, 1997, 205(2-3): 167-178.

[80] Falconer R L, Bidleman T F. Vapor-pressures and predicted particle gas distributions of polychlorinated biphenyl congeners as functions of temperature and ortho-chlorine substitution. Atmospheric Environment, 1994, 28(3): 547-554.

［81］Presto A A, Hartz K E H, Donahue N M. Secondary organic aerosol production from terpene ozonolysis. 1. Effect of UV radiation. Environmental Science & Technology, 2005, 39(18): 7036-7045.

［82］Presto A A, Hartz K E H, Donahue N M. Secondary organic aerosol production from terpene ozonolysis. 2. Effect of NO_x concentration. Environmental Science & Technology, 2005, 39(18): 7046-7054.

［83］Leach K B, Kamens R M, Strommen M R, Jang M. Partitioning of semivolatile organic compounds in the presence of a secondary organic aerosol in a controlled atmosphere. Journal of Atmospheric Chemistry, 1999, 33(3): 241-264.

［84］Kaupp H, McLachlan M S. Gas/particle partitioning of PCDD/Fs, PCBs, PCNs and PAHs. Chemosphere, 1999, 38(14): 3411-3421.

［85］Jang M, Kamens R M. A thermodynamic approach for modeling partitioning of semivolatile organic compounds on atmospheric particulate matter: Humidity effects. Environmental Science & Technology, 1998, 32(9): 1237-1243.

［86］Edney E O, Driscoll D J, Speer R E, Weathers W S, Kleindienst T E, Li W, Smith D F. Impact of aerosol liquid water on secondary organic aerosol yields of irradiated toluene/propylene/NO_x/$(NH_4)_2SO_4$/air mixtures. Atmospheric Environment, 2000, 34(23), 3907-3919.

［87］Ansari A S, Pandis S N. Water absorption by secondary organic aerosol and its effect an inorganic aerosol behavior. Environmental Science & Technology, 2000, 34(1): 71-77.

［88］Tobias H J, Docherty K S, Beving D E, Ziemann P J. Effect of relative humidity on the chemical composition of secondary organic aerosol formed from reactions of 1-tetradecene and O_3. Environmental Science & Technology, 2000, 34(11): 2116-2125.

［89］Song C, Na K S, Cocker D R. Impact of the hydrocarbon to NO_x ratio on secondary organic aerosol formation. Environmental Science & Technology, 2005, 39(9): 3143-3149.

［90］Johnson D, Jenkin M E, Wirtz K, Martin-Reviejo M. Simulating the formation of secondary organic aerosol from the photooxidation of toluene. Environmental Chemistry, 2004, 1: 150-165.

［91］Kleindienst T E, Smith D F, Li W, Edney E O, Driscoll D J, Speer R E, Weathers W S. Secondary organic aerosol formation from the oxidation of aromatic hydrocarbons in the presence of dry submicron ammonium sulfate aerosol. Atmospheric Environment, 1999, 33(22): 3669-3681.

［92］Song C, Na K, Warren B, Malloy Q, Cocker D R. Impact of propene on secondary organic aerosol formation from m-xylene. Environmental Science & Technology, 2007, 41(20): 6990-6995.

［93］Cocker D R, Flagan R C, Seinfeld J H. State-of-the-art chamber facility for studying atmospheric aerosol chemistry. Environmental Science & Technology, 2001, 35(12): 2594-2601.

［94］Kroll J H, Chan A W H, Ng N L, Flagan R C, Seinfeld J H. Reactions of semivolatile organics and their effects on secondary organic aerosol formation. Environmental Science & Technology, 2007, 41(10): 3545-3550.

［95］Jang M, Czoschke N M, Northcross A L. Atmospheric organic aerosol production by heterogeneous acid-catalyzed reactions. ChemPhysChem, 2004, 5(11): 1647-1661.

［96］Jang M, Czoschke N M, Northcross A L. Semiempirical model for organic aerosol growth by acid-catalyzed heterogeneous reactions of organic carbonyls. Environmental Science & Technology, 2005, 39: 164-174.

［97］Jang M, Lee S, Kamens R M. Organic aerosol growth by acid-catalyzed heterogeneous reactions of octanal in a flow reactor. Atmospheric Environment, 2003, 37: 2125-2138.

[98] Jang M S, Kamens R M. Atmospheric secondary aerosol formation by heterogeneous reactions of alde-hydes in the presence of a sulfuric acid aerosol catalyst. Environmental Science & Technology, 2001, 35(24): 4758-4766.

[99] Czoschke N M, Jang M. Effect of acidity parameters on the formation of heterogeneous aerosol mass in the α-pinene ozone reaction system. Atmospheric Environment, 2006, 40: 5629-5639.

[100] Czoschke N M, Jang M, Kamens R M. Effect of acidic seed on biogenic secondary organic aerosol growth. Atmospheric Environment, 2003, 37(30): 4287-4299.

[101] Hinds W C. Aerosol technology: Properties, behavior, and measurement of airborne particles. 2nd ed. New York: Wiley, 1999: 483.

[102] He K B, Yang F M, Ma Y L, Zhang Q, Yao X H, Chan C K, Cadle S, Chan T, Mulawa P. The characteristics of $PM_{2.5}$ in Beijing, China. Atmospheric Environment, 2001, 35(29): 4959-4970.

[103] Wang Y, Zhuang G, Sun Y, An Z. The variation of characteristics and formation mechanisms of aero-sols in dust, haze, and clear days in Beijing. Atmospheric Environment, 2006, 40(34): 6579-6591.

[104] 张远航, 邵可声, 唐孝炎. 中国城市光化学烟雾污染研究. 北京大学学报(自然科学版), 1998, 34(2-3): 392-400.

[105] 中华人民共和国环境保护. 2003—2012 年中国环境状况公报. http://jcs. mep. gov. cn/hjzl/zkgb/. [2014-06-05].

[106] 中华人民共和国环境保护部. 重点城市空气质量日报. http://www. zhb. gov. cn/quality/air. php3. [2013-01-02].

[107] Zhang Q, Jimenez J L, Canagaratna M R, Allan J D, Coe H, Ulbrich I, Alfarra M R, Takami A, Middlebrook A M, Sun Y L, Dzepina K, Dunlea E, Docherty K, DeCarlo P F, Salcedo D, Onasch T, Jayne J T, Miyoshi T, Shimono A, Hatakeyama S, Takegawa N, Kondo Y, Schneider J, Drewnick F, Borrmann S, Weimer S, Demerjian K, Williams P, Bower K, Bahreini R, Cottrell L, Griffin R J, Rautiainen J, Sun J Y, Zhang Y M, Worsnop D R. Ubiquity and dominance of oxygenated species in organic aerosols in anthropogenically-influenced Northern Hemisphere midlatitudes. Geophysical Research Letters, 2007, 34(13).

[108] 杨复沫, 贺克斌, 马永亮, 张强, Cadle S H, Chan T, Mulawa P A. 北京 $PM_{2.5}$ 化学物种的质量平衡特征. 环境化学, 2004, 23(3): 326-333.

[109] 段凤魁. 北京市含碳气溶胶污染特征及来源研究: 博士学位论文. 北京: 清华大学, 2005.

[110] Edney E O, Kleindienst T E, Conver T S, McIver C D, Corse E W, Weathers W S. Polar organic oxygenates in $PM_{2.5}$ at a southeastern site in the United States. Atmospheric Environment, 2003, 37(28): 3947-3965.

[111] Leaitch W R, Bottenheim J W, Biesenthal T A, Li S M, Liu P S K, Asalian K, Dryfhout-Clark H, Hopper F, Brechtel F. A case study of gas-to-particle conversion in an eastern Canadian forest. Jour-nal of Geophysical Research—Atmospheres, 1999, 104(D7): 8095-8111.

[112] Tanner R L, Parkhurst W J, Valente M L, Phillips W D. Regional composition of $PM_{2.5}$ aerosols measured at urban, rural and "background" sites in the Tennessee valley. Atmospheric Environment, 2004, 38(20): 3143-3153.

[113] Pun B K, Wu S Y, Seigneur C, Seinfeld J H, Griffin R J, Pandis S N. Uncertainties in modeling sec-ondary organic aerosols: Three-dimensional modeling studies in Nashville/Western Tennessee. Envi-ronmental Science & Technology, 2003, 37(16): 3647-3661.

[114] Zhang Y, Pun B, Vijayaraghavan K, Wu S Y, Seigneur C, Pandis S N, Jacobson M Z, Nenes A, Seinfeld J H. Development and application of the model of aerosol dynamics, reaction, ionization, and dissolution(MADRID). Journal of Geophysical Research—Atmospheres, 2004, 109(D1).

[115] Bian F, Bowman F M. Theoretical method for lumping multicomponent secondary organic aerosol mixtures. Environmental Science & Technology, 2002, 36(11): 2491-2497.

[116] Bian F, Bowman F M. A lumping model for composition-and temperature-dependent partitioning of secondary organic aerosols. Atmospheric Environment, 2005, 39(7): 1263-1274.

[117] Stockwell W R, Middleton P, Chang J S, Tang X. The second generation Regional Acid Deposition Model chemical mechanism for regional air qualirty modeling. Journal of Geophysical Research—Atmospheres, 1990, 95: 16343-16367.

[118] Carter W P L. Implementation of the SAPRC-99 chemical mechanism into the Models-3 Framework. Report to the US Environmental Agency, 2000.

[119] Griffin R J, Dabdub D, Seinfeld J H. Secondary organic aerosol-1. Atmospheric chemical mechanism for production of molecular constituents. Journal of Geophysical Research—Atmospheres, 2002, 107, (D17).

[120] Gery M W, Whitten G Z, Killus J P, Dodge M C. A photochemical mechanism for urban and regional scale computer modeling. Journal of Geophysical Research—Atmospheres, 1989, 94: 12925-12956.

[121] Pankow J F, Seinfeld J H, Asher W E, Erdakos G B. Modeling the formation of secondary organic aerosol. 1. Application of theoretical principles to measurements obtained in the α-pinene/, β-pinene/, sabinene/, Δ_3-carene/, and cyclohexene/ozone systems. Environmental Science & Technology, 2001, 35(6): 1164-1172.

[122] Seinfeld J H, Erdakos G B, Asher W E, Pankow J F. Modeling the formation of secondary organic aerosol(SOA). 2. The predicted effects of relative humidity on aerosol formation in the α-pinene-, β-pinene-, sabinene-, Δ_3-Carene-, and cyclohexene-ozone systems. Environmental Science & Technology, 2001, 35(9): 1806-1817.

[123] 余学春, 贺克斌, 马永亮, 段凤魁, 杨复沫. 北京市 $PM_{2.5}$ 水溶性有机物污染特征. 中国环境科学, 2004, 24: 53-57.

[124] 迟旭光, 狄一安, 董树屏, 刘咸德. 大气颗粒物样品中有机碳和元素碳的测定. 中国环境监测, 1999, 15(4): 11-13.

[125] Cao J J, Lee S C, Ho K F, Zhang X Y, Zou S C, Fung K, Chow J C, Watson J G. Characteristics of carbonaceous aerosol in Pearl River Delta Region, China during 2001 winter period. Atmospheric Environment, 2003, 37(11): 1451-1460.

[126] Cao J J, Lee S C, Ho K F, Zou S C, Fung K, Li Y, Watson J G, Chow J C. Spatial and seasonal variations of atmospheric organic carbon and elemental carbon in Pearl River Delta Region, China. Atmospheric Environment, 2004, 38(27): 4447-4456.

[127] Duan F K, Liu X D, Yu T, Cachier H. Identification and estimate of biomass burning contribution to the urban aerosol organic carbon concentrations in Beijing. Atmospheric Environment, 2004, 38(9): 1275-1282.

[128] Ye B M, Ji X L, Yang H Z, Yao X H, Chan C K, Cadle S H, Chan T, Mulawa P A. Concentration and chemical composition of $PM_{2.5}$ in Shanghai for a 1-year period. Atmospheric Environment, 2003, 37(4): 499-510.

[129] Dolislager L J, Motallebi N. Characterization of particulate matter in California. Journal of the Air & Waste Management Association, 1999, 49: 45-56.

[130] Zheng M, Fang M, Wang F, To K L. Characterization of the solvent extractable organic compounds in $PM_{2.5}$ aerosols in Hong Kong. Atmospheric Environment, 2000, 34(17): 2691-2702.

[131] Turpin B J, Huntzicker J J. Secondary formation of organic aerosol in the Los-Angeles Basin: A descriptive analysis of organic and elemental carbon concentrations. Atmospheric Environment Part A—General Topics, 1991, 25(2): 207-215.

[132] Salma I, Chi X G, Maenhaut W. Elemental and organic carbon in urban canyon and background environments in Budapest, Hungary. Atmospheric Environment, 2004, 38(1): 27-36.

[133] Park S S, Kim Y J, Fung K. Characteristics of $PM_{2.5}$ carbonaceous aerosol in the Sihwa industrial area, South Korea. Atmospheric Environment, 2001, 35(4): 657-665.

[134] Park S S, Kim Y J, Fung K. $PM_{2.5}$ carbon measurements in two urban areas: Seoul and Kwangju, Korea. Atmospheric Environment, 2002, 36(8): 1287-1297.

[135] 北京市大气污染控制对策研究报告. 北京市大气污染的成因与来源分析, 2002.

[136] Dan M, Zhuang G S, Li X X, Tao H R, Zhuang Y H. The characteristics of carbonaceous species and their sources in PM2.5 in Beijing. Atmospheric Environment, 2004, 38(21): 3443-3452.

[137] Streets D G, Gupta S, Waldhoff S T, Wang M Q, Bond T C, Bo Y Y. Black carbon emissions in China. Atmospheric Environment, 2001, 35(25): 4281-4296.

[138] Wang W, Yue X, Liu H. Study on emission factors of particles from traffic sources. Research Environmental Science, 2001, 14: 36-40.

[139] Lee H S, Kang B W. Chemical characteristics of principal $PM_{2.5}$ species in Chongju, South Korea. Atmospheric Environment, 2001, 35(4): 739-746.

[140] Offenberg J H, Baker J E. Aerosol size distributions of elemental and organic carbon in urban and over-water atmospheres. Atmospheric Environment, 2000, 34(10): 1509-1517.

[141] 马一琳, 张远航. 北京市大气光化学氧化性研究. 环境科学研究, 2000, 13(1): 14-17.

[142] Ebert L B. Is soot composed predominantly of carbon clusters? Science, 1990, 247 (4949): 1468-1471.

[143] Gray H A, Cass G R, Huntzicker J J, Heyerdahl E K, Rau J A. Characteristics of atmospheric organic and elemental carbon particle concentrations in Los-Angeles. Environmental Science & Technology, 1986, 20(6): 580-589.

[144] WHO, UNECE. Healthy risk of particulate matter from long range transboundary air pollution(preliminary assessment). EUR/ICP/EHBI 04 01 02 UNEDITED. World Health Organization, 1999.

[145] Chow J C, Watson J G, Fujuta E M. Temporal and spatial variations of $PM_{2.5}$ and PM_{10} aerosol in the southern California air quality study. Atmospheric Environment, 1994, 28: 2061-2080.

[146] Lin J J, Tai H S. Concentrations and distributions of carbonaceous species in ambient particles in Kaohsiung City, Taiwan. Atmospheric Environment, 2001, 35, (15), 2627-2636.

[147] Viidanoja J, Sillanpaa M, Laakia J, Kerminen V M, Hillamo R, Aarnio P, Koskentalo T. Organic and black carbon in $PM_{2.5}$ and PM_{10}: 1 Year of data from an urban site in Helsinki, Finland. Atmospheric Environment, 2002, 36(19): 3183-3193.

[148] Cabada J C, Pandis S N, Subramanian R, Robinson A L, Polidori A, Turpin B. Estimating the secondary organic aerosol contribution to $PM_{2.5}$ using the EC tracer method. Aerosol Science and

Technology，2004，38：140-155.

[149] Duan F K，He K B，Ma Y L，Jia Y T，Yang F M，Lei Y，Tanaka S，Okuta T. Characteristics of carbonaceous aerosols in Beijing，China. Chemosphere，2005，60(3)：355-364.

[150] Kleeman M J，Ying Q，Lu J，Mysliwiec M J，Griffin，R J，Chen J J，Clegg S. Source apportionment of secondary organic aerosol during a severe photochemical smog episode. Atmospheric Environment，2007，41(3)：576-591.

[151] Dechapanya W，Russell M，Allen D T. Estimates of anthropogenic secondary organic aerosol formation in Houston，Texas. Aerosol Science and Technology，2004，38：156-166.

[152] Duan J，Tan J，Yang L，Wu S，Hao J. Concentration，sources and ozone formation potential of volatile organic compounds(VOCs) during ozone episode in Beijing. Atmospheric Research，2008，88(1)：25-35.

[153] Sirju A P，Shepson P B. Laboratory and field investigation of the Dnph Cartridge technique for the measurement of atmospheric carbonyl-compounds. Environmental Science & Technology，1995，29(2)：384-392.

[154] 任信荣，邵可声，缪国芳，唐孝炎. 大气 OH 自由基浓度的测定. 中国环境科学，2001，21(2)：115-118.

[155] 任信荣，王会祥，邵可声，缪国芳，唐孝炎. 北京市大气 OH 自由基测量结果及其特征. 环境科学，2002，23(4)：24-27.

[156] Kroll J H，Ng N L，Murphy S M，Flagan R C，Seinfeld J H. Secondary organic aerosol formation from isoprene photooxidation under high-NO_x conditions. Geophysical Research Letters，2005，32(18)：L18808.

[157] Martin-Reviejo M，Wirtz K. Is benzene a precursor for secondary organic aerosol? Environmental Science & Technology，2005，39(4)：1045-1054.

[158] Atkinson R，Arey J. Atmospheric degradation of volatile organic compounds. Chemical Reviews，2003，103(12)：4605-4638.

[159] Pio C，Alves C，Duarte A. Organic components of aerosols in a forested area of central Greece. Atmospheric Environment，2001，35(2)：389-401.

[160] Turpin B J，Lim H J. Species contributions to $PM_{2.5}$ mass concentrations：Revisiting common assumptions for estimating organic mass. Aerosol Science and Technology，2001，35(1)：602-610.

[161] Dodge M C. Chemical oxidant mechanisms for air quality modeling：Critical review. Atmospheric Environment，2000，34(12-14)：2103-2130.

[162] Stockwell W R，Kirchner F，Kuhn M，Seefeld S. A new mechanism for regional atmospheric chemistry modeling. Journal of Geophysical Research—Atmospheres，1997，102(D22)：25847-25879.

[163] Chandramouli B，Jang M，Kamens R M. Gas-particle partitioning of semi-volatile organics on organic aerosols using a predictive activity coefficient model：Analysis of the effects of parameter choices on model performance. Atmospheric Environment，2003，37(6)：853-864.

[164] Fan Z H，Kamens R M，Zhang J B，Hu J X. Ozone-nitrogen dioxide-NPAH heterogeneous soot particle reactions and modeling NPAH in the atmosphere. Environmental Science & Technology，1996，30(9)：2821-2827.

[165] Kamens R M，Jaoui M. Modeling aerosol formation from alpha-pinene plus NO_x in the presence of natural sunlight using gas-phase kinetics and gas-particle partitioning theory. Environmental Science &

Technology, 2001, 35(7): 1394-1405.

[166] Leungsakul S, Jaoui M, Kamens R M. Kinetic mechanism for predicting secondary organic aerosol formation from the reaction of *d*-limonene with ozone. Environmental Science & Technology, 2005, 39(24): 9583-9594.

[167] Liu X Y, Jeffries H E, Sexton K G. Atmospheric photochemical degradation of 1,4-unsaturated dicarbonyls. Environmental Science & Technology, 1999, 33(23): 4212-4220.

[168] Yu J Z, Jeffries H E. Atmospheric photooxidation of alkylbenzenes. 2. Evidence of formation of epoxide intermediates. Atmospheric Environment, 1997, 31(15): 2281-2287.

[169] Yu J Z, Jeffries H E, Sexton K G. Atmospheric photooxidation of alkylbenzenes. 1. Carbonyl product analyses. Atmospheric Environment, 1997, 31(15): 2261-2280.

[170] Carter W P L, Atkinson R. Computer modeling study of incremental hydrocarbon reactivity. Environmental Science & Technology, 1989, 23(7): 864-880.

[171] Carter W P L, Darnall K R, Graham R A, Winer A M, Pitts J N. Reactions of C_2 and C_4 α-hydroxy radicals with oxygen. Journal of Physical Chemistry, 1979, 83(18): 2305-2311.

[172] Carter W P L, Winer A M, Darnall K R, Pitts Jr J N. Smog chamber studies of temperature effects in photochemical smog. Environmental Science & Technology, 1979, 13(9): 1094-1100.

[173] Carter W P L, Cocker D R, Fitz D R, Malkina I L, Bumiller K, Sauer C G, Pisano J T, Bufalino C, Song C. A new environmental chamber for evaluation of gas-phase chemical mechanisms and secondary aerosol formation. Atmospheric Environment, 2005, 39(40): 7768-7788.

[174] Wallington T J, Ninomiya Y, Mashino M, Kawasaki M, Orkin V L, Huie R E, Kurylo M J. Atmospheric oxidation mechanism of methyl pivalate, $(CH_3)_3CC(O)OCH_3$. Journal of Physical Chemistry A, 2001, 105(30): 7225-7235.

[175] Becker K H. The European photoreactor EUPHORE, design and technical development of the European photoreactor and first experimental results. Final report of the EC-Project. Contract EV5V-CT92-0059. Wuppertal, Germany, 1996.

[176] Siese M, Becker K H, Brockmann K J, Geiger H, Hofzumahaus A, Holland F, Mihelcic D, Wirtz K. Direct measurement of OH radicals from ozonolysis of selected alkenes: A EUPHORE simulation chamber study. Environmental Science & Technology, 2001, 35(23): 4660-4667.

[177] Magneron I, Bossoutrot V, Mellouki A, Laverdet G, Le Bras G. The OH-initiated oxidation of hexylene glycol and diacetone alcohol. Environmental Science & Technology, 2003, 37(18): 4170-4181.

[178] Magneron I, Mellouki A, Le Bras G, Moortgat G K, Horowitz A, Wirtz K. Photolysis and OH-initiated oxidation of glycolaldehyde under atmospheric conditions. Journal of Physical Chemistry A, 2005, 109, (20): 4552-4561.

[179] Magneron I, Thevenet R, Mellouki A, Le Bras G, Moortgat G K, Wirtz K. A study of the photolysis and OH-initiated oxidation of acrolein and *trans*-crotonaldehyde. Journal of Physical Chemistry A, 2002, 106(11): 2526-2537.

[180] Hallquist M, Wangberg I, Ljungstrom E, Barnes I, Becker K H. Aerosol and product yields from NO_3 radical-initiated oxidation of selected monoterpenes. Environmental Science & Technology, 1999, 33(4): 553-559.

[181] Geiger H, Barnes I, Bejan J, Benter T, Spittler M. The tropospheric degradation of isoprene: An updated module for the regional atmospheric chemistry mechanism. Atmospheric Environment, 2003,

　　　37(11)：1503-1519.

[182] Klotz B, Sorensen S, Barnes I, Becker K H, Etzkorn T, Volkamer R, Platt U, Wirtz K, Martin-Reviejo M. Atmospheric oxidation of toluene in a large-volume outdoor photoreactor: In situ determination of ring-retaining product yields. Journal of Physical Chemistry A, 1998, 102(50)：10289-10299.

[183] Jenkin M E, Saunders S M, Pilling M J. The tropospheric degradation of volatile organic compounds: A protocol for mechanism development. Atmospheric Environment, 1997, 31(1)：81-104.

[184] Jenkin M E, Saunders S M, Wagner V, Pilling M J. Protocol for the development of the Master Chemical Mechanism, MCM v3(Part B): Tropospheric degradation of aromatic volatile organic compounds. Atmospheric Chemistry and Physics, 2003, 3, 181-193.

[185] Saunders S M, Jenkin M E, Derwent R G, Pilling M J. Protocol for the development of the Master Chemical Mechanism, MCM v3(Part A): tropospheric degradation of non-aromatic volatile organic compounds. Atmospheric Chemistry and Physics, 2003, 3：161-180.

[186] Bloss C, Wagner V, Bonzanini A, Jenkin M E, Wirtz K, Martin-Reviejo M, Pilling M J. Evaluation of detailed aromatic mechanisms (MCMv3 and MCMv3.1) against environmental chamber data. Atmospheric Chemistry and Physics, 2005, 5：623-639.

[187] Meagher J F, Olszyna K J, Simonaitis R. Smog chamber study of H_2O_2 formation in ethene-NO_x and propene-NO_x mixtures. International Journal of Chemical Kinetics, 1990, 22(7)：719-740.

[188] Simonaitis R, Meagher J F, Bailey E M. Evaluation of the condensed Carbon Bond(CB-IV) mechanism against smog chamber data at low VOCs and NO_x concentrations. Atmospheric Environment, 1997, 31(1)：27-43.

[189] Hynes R G, Angove D E, Saunders S M, Haverd V, Azzi M. Evaluation of two MCM v3.1 alkene mechanisms using indoor environmental chamber data. Atmospheric Environment, 2005, 39(38)：7251-7262.

[190] Johnson D, Jenkin M E, Wirtz K, Martin-Reviejo M. Simulating the formation of secondary organic aerosol from the photooxidation of aromatic hydrocarbons. Environmental Chemistry, 2005, 2(1)：35-48.

[191] Kleindienst T E, Smith D F, Hudgens E E, Snow R F, Perry E, Claxton L D, Bufalini J J, Black F M, Cupitt L T. The photooxidation of automobile emissions: Measurement of the transformation products and their mutagenic activity. Atmospheric Environment, 1992, 26A：3039-3053.

[192] Kleindienst T E, Smith D F, Hudgens E E, Claxton L D, Bufalini J J, Cupitt L T. Generation of mutagenic transformation products during the irradiation of simulated urban atmospheres. Environmental Science & Technology, 1992, 26(2)：320-329.

[193] Kleindienst T E, Edney E O, Lewandowski M, Offenberg J H, Jaoui M. Secondary organic carbon and aerosol yields from the irradiations of isoprene and alpha-pinene in the presence of NO_x and SO_2. Environmental Science & Technology, 2006, 40(12)：3807-3812.

[194] Jaoui M, Corse E, Kleindienst T E, Offenberg J H, Lewandowski M, Edney E O. Analysis of secondary organic aerosol compounds from the photooxidation of d-limonene in the presence of NO_x and their detection in ambient $PM_{2.5}$. Environmental Science & Technology, 2006, 40(12)：3819-3828.

[195] Surratt J D, Kroll J H, Kleindienst T E, Edney E O, Claeys M, Sorooshian A, Ng N L, Offenberg J H, Lewandowski M, Jaoui M, Flagan R C, Seinfeld J H. Evidence for organosulfates in secondary organic aerosol. Environmental Science & Technology, 2007, 41(2)：517-527.

[196] Chang T Y, Nance B I, Kelly N A. Modeling smog chamber measurements of incremental reactivities of volatile organic compounds. Atmospheric Environment, 1999, 33(28): 4695-4708.

[197] Kelly N A, Chang T Y. An experimental investigation of incremental reactivities of volatile organic compounds. Atmospheric Environment, 1999, 33(13): 2101-2110.

[198] 唐孝炎, 毕木天, 李金龙, 张学进, 汤大钢, 张雨田. 光化学烟雾箱的试制和性能实验. 环境化学, 1982, 1(5): 344-351.

[199] 李爽, 陈忠明, 邵可声, 唐孝炎. 异戊二烯与 O_3 的大气化学反应研究. 环境科学 1997, 18, 10-14.

[200] 任信荣, 刘兆荣, Matthias O. 长光路 FTIR 研究 OH 发生体系中的 OH 浓度. 环境科学, 1999, 20(6): 26-29.

[201] 王文兴, 谢英, 林子瑜. 甲烷光氧化反应速率常数及其在大气中的寿命. 中国环境科学, 1995, 15(4): 258-261.

[202] 王文兴, 谢英, 林子瑜. 甲烷光氧化反应机理模式模拟研究. 中国环境科学, 1995, 15(5): 329-332.

[203] 王文兴, 束勇辉, 李金花. 煤烟粒子中 PAHs 光化学降解的动力学. 中国环境科学, 1997, 17(2): 97-102.

[204] 吴海, 牟玉静, 张晓山, 宋文质, 周丽. 相对速率法测 OH 自由基与几种低碳醇的反应速率常数. 环境科学学报, 2001, 21(5): 525-529.

[205] 吴海, 牟玉静, 张晓山, 宋文质, 周丽. 相对速率法测氯原子与一系列低碳醇的反应速率常数. 环境科学学报, 2001, 21(6): 649-653.

[206] Hao L Q, Wang Z Y, Huang M Q, Fang L, Zhang W J. Effects of seed aerosols on the growth of secondary organic aerosols from the photooxidation of toluene. Journal of Environmental Sciences—China, 2007, 19(6): 704-708.

[207] 郝立庆, 王振亚, 黄明强, 方黎, 张为俊. 种子气溶胶对甲苯光氧化生成二次有机气溶胶的生长影响//中国颗粒学会 2006 年年会暨海峡两岸颗粒技术研讨会, 中国北京, 2006.

[208] 聂劲松, 秦敏, 杨勇, 张为俊. 一种用于研究光化学反应烟雾腔的结构和性能. 原子与分子物理学报, 2002, 19: 186-190.

[209] 聂劲松, 秦敏, 杨勇, 张为俊. 用烟雾箱研究甲苯与 OH 自由基光化学反应. 原子与分子物理学报, 2002, 19: 304-306.

[210] Hao L Q, Wang Z Y, Fang L, Zhang W J, Wang W, Li C X, Sheng L S. Characterization of products from photooxidation of toluene. Journal of Environmental Sciences—China 2006, 18(5): 903-909.

[211] Hao L Q, Wang Z Y, Huang M Q, Pei S X, Yang Y, Zhang W J. Size distribution of the secondary organic aerosol particles from the photooxidation of toluene. Journal of Environmental Sciences—China, 2005, 17(6): 912-916.

[212] 王振亚, 郝立庆, 周留柱, 郭晓勇, 赵文武, 方黎, 张为俊. 用气溶胶飞行时间质谱实时探测甲苯光氧化产生的单个二次有机气溶胶粒子. 中国科学 B 辑: 化学, 2006, 36(1): 58-63.

[213] 任凯锋, 李建军, 王文丽, 张会强. 光化学烟雾模拟实验系统. 环境科学学报, 2005, 25(11): 1431-1435.

[214] Du L, Xu Y, Ge M F, Jia L, Yao L. Experimental investigation of incremental reactivity of di-tert-butyl peroxide. Chinese Science Bulletin, 2007, 52(12): 1629-1634.

[215] Du L, Xu Y F, Ge M F, Jia L. Rate constant for the reaction of ozone with diethyl sulfide. Atmospheric Environment, 2007, 41(35): 7434-7439.

[216] Du L, Xu Y F, Ge M F, Jia L, Yao L, Wang W G. Rate constant of the gas phase reaction of dimeth-

yl sulfide(CH_3SCH_3)with ozone. Chemical Physics Letters，2007，436(1-3)：36-40.

[217] Xu Y F，Jia L，Ge M F，Du L，Wang G C，Wang D X. A kinetic study of the reaction of ozone with ethylene in a smog chamber under atmospheric conditions. Chinese Science Bulletin，2006，51(23)：2839-2843.

[218] 杜林，徐永福，葛茂发，贾龙，王庚辰，王殿勋. 烟雾箱模拟乙炔和 NO_x 的大气光化学反应. 环境科学，2007，28：482-488.

[219] 贾龙，葛茂发，徐永福，杜林，庄国顺，王殿勋. 大气臭氧化学研究进展. 化学进展，2006，18：1566-1574.

[220] 贾龙，葛茂发，庄国顺，孙政，王殿勋. 对流层中的 OH 与 HO_2 自由基的研究进展. 化学通报，2005，10：736-744.

[221] 贾龙，葛茂发，庄国顺，姚立，王殿勋. 对流层夜间化学研究. 化学进展，2006，18：1034-1040.

[222] 贾龙，徐永福，葛茂发，杜林，王庚辰，庄国顺. 丙烯的臭氧化学反应动力学研究. 物理化学学报，2006，22：1260-1265.

[223] 杜林，徐永福，葛茂发，贾龙，王庚辰，王殿勋. 大气条件下 O_3 与乙炔反应速率常数的测定. 化学学报，2006，64(21)：2133-2137.

[224] 武江波，曾祥英，李桂英，安太成，盛国英，傅家谟. 紫外光照射下甲苯光化学降解的初步研究. 地球化学，2007，36：328-334.

[225] Wu H B，Wang X，Chen J M. Photooxidation of carbonyl sulfide in the presence of the typical oxides in atmospheric aerosol. Science in China Series B—Chemistry，2005，48(1)：31-37.

[226] Wu H B，Wang X，Chen J M，Yu H K，Xue H X，Pan X X，Hou H Q. Mechanism of the heterogeneous reaction of carbonyl sulfide with typical components of atmospheric aerosol. Chinese Science Bulletin，2004，49(12)：1231-1235.

[227] 王晓，吴洪波，陈建民. 常压和真空下 CS_2 的光氧化反应. 环境科学，2005，26：45-49.

[228] Wu S，Lu Z，Hao J，Zhao Z，Li J，Takekawa H，Minoura H，Yasuda A. Construction and characterization of an atmospheric simulation smog chamber. Advances in Atmospheric Sciences，2007，24(2)：250-258.

[229] 吕子峰，郝吉明，李俊华，武山. 硫酸钙及硫酸铵气溶胶对二次有机气溶胶生成的影响. 化学学报，2008，66(4)：419-423.

[230] Carter W P L. Documentation of the SAPRC-99 chemical mechanism for VOCs reactivity assessment. Report to the California Air Resources Board，Contracts 92-329 and 95-308，May 8，2000. http://www. cert. ucr. edu/~carter/absts. htm#saprc99，2000.

[231] Corner J，Pendlebury E D. The coagulation and deposition on a stirred aerosol. Proceedings of the Physical Society，1951，B64：645-654.

[232] Griffin R J，Cocker D R，Seinfeld J H，Dabdub D. Estimate of global atmospheric organic aerosol from oxidation of biogenic hydrocarbons. Geophysical Research Letters，1999，26(17)：2721-2724.

[233] 唐孝炎，李金龙，栗欣，等. 大气环境化学. 北京：高等教育出版社，1989.

[234] Takekawa H，Karasawa M，Inoue M，Ogawa T，Esaki Y. Product analysis of the aerosol produced by photochemical reaction of α-pinene. Journal of Aerosol Research，Japan，2000，15：35-42.

[235] Jeffries H F. UNC Solar Radiation Models. In unpublished draft report for EPA Cooperative Agreements CR813107，CR813964 and CR815779，1991.

[236] Carter W P L，Atkinson R，Winer A M，Pitts Jr J N. Experimental investigation of chamber-depend-

ent radical sources. International Journal of Chemical Kinetics, 1982, 14: 1071.

[237] Carter W P L, Lurmann F W. Evaluation of a detailed gas-phase atmospheric reaction mechanism using environmental chamber data. Atmospheric Environment, 1991, 25A: 2771-2806.

[238] Carter W P L, Luo D, Malkina I L, Fitz D. The University of California, Riverside environmental chamber data base for evaluating oxidant mechanism. Indoor chamber experiments through 1993. Report submitted to the US Environmental Protection Agency, EPA/AREAL, Research Triangle Park, NC, March 20. http://www. cert. ucr. edu/carter/absts. htm#databas, 1995.

[239] Rickard A, Pascoe S. The Master Chemical Mechanism. http://mcm. leeds. ac. uk/MCM/home. htt. [2010-01-11].

[240] Jenkin M E, Shallcross D E, Harvey J N. Development and application of a possible mechanism for the generation of cis-pinic acid from the ozonolysis of α-and β-pinene. Atmospheric Environment, 2000, 34(18): L2837-2850.

[241] Carter W P L. Evaluation of a gas-phase atmospheric reaction mechanism for low NOₓ conditions. Final Report to California Air Resources Board Contract No. 01-305, May 5. http://www. cert. ucr. edu/~carter/absts. htm#lnoxrpt, 2004.

[242] Markert F, Pagsberg P. UV spectra and kinetics of radicals produced in the gas-phase reactions of Cl, F and OH with toluene. Chemical Physics Letters, 1993, 209(5-6): 445-454.

[243] Molina M J, Zhang R, Broekhuizen K, Lei W, Navarro R, Molina L T. Experimental study of intermediates from OH-initiated reactions of toluene. Journal of the American Chemical Society, 1999, 121(43): 10225-10226.

[244] Andino J M, Smith J N, Flagan R C, Goddard W A, Seinfeld J H. Mechanism of atmospheric photooxidation of aromatics: A theoretical study. Journal of Physical Chemistry, 1996, 100(26): 10967-10980.

[245] Johnson D, Raoult S, Lesclaux R, Krasnoperov L N. UV absorption spectra of methyl-substituted hydroxy-cyclohexadienyl radicals in the gas phase. Journal of Photochemistry and Photobiology A—Chemistry, 2005, 176(1-3): 98-106.

[246] Andino J M, Vivier-Bunge A. Tropospheric chemistry of aromatic compounds emitted from anthropogenic sources. Advances in Quantum Chemistry, Vol 55: Applications of Theoretical Methods to Atmospheric Science, 2008, 55: 297-310.

[247] Knispel R, Koch R, Siese M, Zetzsch C. Adduct formation of OH radicals with benzene, toluene, and phenol and consecutive reactions of the adducts with NOₓ and O₂. Berichte Der Bunsen-Gesellschaft-Physical Chemistry Chemical Physics, 1990, 94(11): 1375-1379.

[248] Bohn B. Formation of peroxy radicals from OH-toluene adducts and O₂. Journal of Physical Chemistry A, 2001, 105(25): 6092-6101.

[249] Suh I, Zhang R Y, Molina L T, Molina M J. Oxidation mechanism of aromatic peroxy and bicyclic radicals from OH-toluene reactions. Journal of the American Chemical Society, 2003, 125(41): 12655-12665.

[250] Smith D F, McIver C D, Kleindienst T E. Primary product distribution from the reaction of hydroxyl radicals with toluene at ppb NOₓ mixing ratios. Journal of Atmospheric Chemistry, 1998, 30(2): 209-228.

[251] Arey J, Obermeyer G, Aschmann S M, Chattopadhyay S, Cusick R D, Atkinson R. Dicarbonyl pro-

ducts of the OH radical-initiated reaction of a series of aromatic hydrocarbons. Environmental Science & Technology, 2009, 43(3): 683-689.

[252] Sato K, Hatakeyama S, Imamura T. Secondary organic aerosol formation during the photooxidation of toluene: NO$_x$ dependence of chemical composition. Journal of Physical Chemistry A, 2007, 111: 9796-9808.

[253] Hurley M D, Sokolov O, Wallington T J, Takekawa H, Karasawa M, Klotz B, Barnes I, Becker K H. Organic aerosol formation during the atmospheric degradation of toluene. Environmental Science & Technology, 2001, 35(7): 1358-1366.

[254] Bowman F M, Odum J R, Seinfeld J H, Pandis S N. Mathematical model for gas-particle partitioning of secondary organic aerosols. Atmospheric Environment, 1997, 31(23): 3921-3931.

[255] Hamilton J F, Webb P J, Lewis A C, Reviejo M M. Quantifying small molecules in secondary organic aerosol formed during the photo-oxidation of toluene with hydroxyl radicals. Atmospheric Environment, 2005, 39(38): 7263-7275.

[256] Kleindienst T E, Conver T S, McIver C D, Edney E O. Determination of secondary organic aerosol products from the photooxidation of toluene and their implications in ambient PM$_{2.5}$. Journal of Atmospheric Chemistry, 2004, 47(1): 79-100.

[257] Atkinson R, Arey J. Gas-phase tropospheric chemistry of biogenic volatile organic compounds: A review. Atmospheric Environment, 2003, 37: S197-S219.

[258] Calogirou A, Larsen B R, Kotzias D. Gas-phase terpene oxidation products: A review. Atmospheric Environment, 1999, 33(9): 1423-1439.

[259] Bonn B, Moortgat G K. New particle formation during α-and β-pinene oxidation by O$_3$, OH and NO$_3$, and the influence of water vapour: Particle size distribution studies. Atmospheric Chemistry and Physics, 2002, 2: 183-196.

[260] Yu J Z, Flagan R C, Seinfeld J H. Identification of products containing-COOH,-OH, and-C=O in atmospheric oxidation of hydrocarbons. Environmental Science & Technology, 1998, 32 (16): 2357-2370.

[261] Capouet M, Peeters J, Noziere B, Muller J F. Alpha-pinene oxidation by OH: Simulations of laboratory experiments. Atmospheric Chemistry and Physics, 2004, 4: 2285-2311.

[262] Peeters J, Vereecken L, Fantechi G. The detailed mechanism of the OH-initiated atmospheric oxidation of alpha-pinene: A theoretical study. Physical Chemistry Chemical Physics, 2001, 3 (24): 5489-5504.

[263] Jaoui M, Kamens R M. Gas phase photolysis of pinonaldehyde in the presence of sunlight. Atmospheric Environment, 2003, 37(13): 1835-1851.

[264] Guenther A, Hewitt C N, Erickson D, Fall R, Geron C, Graedel T, Harley P, Klinger L, Lerdau M, McKay W A, Pierce T, Scholes B, Steinbrecher R, Tallamraju R, Taylor J, Zimmerman P. A global-model of natural volatile organic-compound emissions. Journal of Geophysical Research—Atmospheres, 1995, 100(D5): 8873-8892.

[265] Fan J W, Zhang R Y. Atmospheric oxidation mechanism of isoprene. Environmental Chemistry, 2004, 1(3): 140-149.

[266] Zhang R Y, Suh I, Lei W, Clinkenbeard A D, North S W. Kinetic studies of OH-initiated reactions of isoprene. Journal of Geophysical Research—Atmospheres, 2000, 105(D20): 24627-24635.

[267] McGivern W S, Suh I, Clinkenbeard A D, Zhang R Y, North S W. Experimental and computational study of the OH-isoprene reaction: Isomeric branching and low-pressure behavior. Journal of Physical Chemistry A, 2000, 104(28): 6609-6616.

[268] Lei W F, Zhang R Y, McGivern W S, Derecskei-Kovacs A, North S W. Theoretical study of isomeric branching in the isoprene-OH reaction: Implications to final product yields in isoprene oxidation. Chemical Physics Letters, 2000, 326(1-2): 109-114.

[269] Park J, Jongsma C G, Zhang R Y, North S W. Cyclization reactions in isoprene derived β-hydroxy radicals: Implications for the atmospheric oxidation mechanism. Physical Chemistry Chemical Physics, 2003, 5(17): 3638-3642.

[270] Lei W F, Zhang R Y. Theoretical study of hydroxyisoprene alkoxy radicals and their decomposition pathways. Journal of Physical Chemistry A, 2001, 105(15): 3808-3815.

[271] Zhao J, Zhang R Y, Fortner E C, North S W. Quantification of hydroxycarbonyls from OH-isoprene reactions. Journal of the American Chemical Society, 2004, 126(9): 2686-2687.

[272] Dibble T S. Isomerization of OH-isoprene adducts and hydroxyalkoxy isoprene radicals. Journal of Physical Chemistry A, 2002, 106(28): 6643-6650.

[273] Zhao J, Zhang R Y, North S W. Oxidation mechanism of Δ-hydroxyisoprene alkoxy radicals: Hydrogen abstraction versus 1,5 H-shift. Chemical Physics Letters, 2003, 369(1-2): 204-213.

[274] Zhang D, Lei W F, Zhang R Y. Mechanism of OH formation from ozonolysis of isoprene: Kinetics and product yields. Chemical Physics Letters, 2002, 358(3-4): 171-179.

[275] Aplincourt P, Ruiz-Lopez M F. Theoretical investigation of reaction mechanisms for carboxylic acid formation in the atmosphere. Journal of the American Chemical Society, 2000, 122(37): 8990-8997.

[276] Niki H, Maker P D, Savage C M, Breitenbach L P, Hurley M D. Ftir spectroscopic study of the mechanism for the gas-phase reaction between ozone and tetramethylethylene. Journal of Physical Chemistry, 1987, 91(4): 941-946.

[277] Lim Y B, Ziemann P J. Products and mechanism of secondary organic aerosol formation from reactions of n-alkanes with OH radicals in the presence of NO_x. Environmental Science & Technology, 2005, 39(23): 9229-9236.

[278] Atkinson R. Gas-phase tropospheric chemistry of organic-compounds. The Journal of Physical and Chemical Reference Data, 1994, R1-R216.

[279] Reisen F, Aschmann S M, Atkinson R, Arey J. 1,4-hydroxycarbonyl products of the OH radical initiated reactions of C_5-C_8 n-alkanes in the presence of N0. Environmental Science & Technology, 2005, 39(12): 4447-4453.

[280] Baker J, Arey J, Atkinson R. Rate constants for the reactions of OH radicals with a series of 1,4-hydroxyketones. Journal of Photochemistry and Photobiology A—Chemistry, 2005, 176 (1-3): 143-148.

[281] Gong H M, Matsunaga A, Ziemann P J. Products and mechanism of secondary organic aerosol formation from reactions of linear alkenes with NO_3 radicals. Journal of Physical Chemistry A, 2005, 109(19): 4312-4324.

[282] Holt T, Atkinson R, Arey J. Effect of water vapor concentration on the conversion of a series of 1,4-hydroxycarbonyls to dihydrofurans. Journal of Photochemistry and Photobiology A—Chemistry, 2005, 176(1-3): 231-237.

[283] Martin P, Tuazon E C, Aschmann S M, Arey J, Atkinson R. Formation and atmospheric reactions of 4,5-dihydro-2-methylfuran. Journal of Physical Chemistry A, 2002, 106(47): 11492-11501.

[284] Alfarra M R, Paulsen D, Gysel M, Garforth A A, Dommen J, Prevot A S H, Worsnop D R, Baltensperger U, Coe H. A mass spectrometric study of secondary organic aerosols formed from the photooxidation of anthropogenic and biogenic precursors in a reaction chamber. Atmospheric Chemistry and Physics, 2006, 6: 5279-5293.

[285] Offenberg J H, Lewis C W, Lewandowski M, Jaoui M, Kleindienst T E, Edney E O. Contributions of toluene and α-pinene to SOA formed in an irradiated toluene/α-pinene/NO$_x$/air mixture: Comparison of results using ^{14}C content and SOA organic tracer methods. Environmental Science & Technology, 2007, 41: 3972-3976.

[286] Jang M, Kamens R M. Newly characterized products and composition of secondary aerosols from the reaction of alpha-pinene with ozone. Atmospheric Environment, 1999, 33(3): 459-474.

[287] Pandis S N, Wexler A S, Seinfeld J H. Secondary organic aerosol formation and transport. 2. Predicting the ambient secondary organic aerosol-size distribution. Atmospheric Environment, 1993, 24A: 2403-2416.

[288] Jeffries H E. Photochemical air pollution//Singh H B, Ed. Composition, Chemistry, and Climate of the Atmosphere. New York Van: Nostrand Reinhold, 1995: 308-348.

[289] Song C, Na K, Warren B, Malloy Q, Cocker D R. Secondary organic aerosol formation from m-xylene in the absence of NO$_x$. Environmental Science & Technology, 2007, 41(21): 7409-7416.

[290] 秦若钰. 大气常见有机气胶分析及有机/无机混合气胶含水特性之研究: 硕士学位论文. 台湾中坜: "国立中央大学", 2004.

[291] Hansson H C, Rood M J, Koloutsou-Vakakis S, Hameri K, Orsini D, Wiedensohler A. NaCl aerosol particle hygroscopicity dependence on mixing with organic compounds. Journal of Atmospheric Chemistry, 1998, 31(3): 321-346.

[292] Rood M J, Shaw M A, Larson T V. Ubiquitous nature of ambient metastable aerosol. Nature, 1989, 337: 537-539.

[293] Cziczo D J, Nowak J B, Hu J H, Abbatt J P D. Infrared spectroscopy of model tropospheric aerosols as a function of relative humidity: Observation of deliquescence and crystallization. Journal of Geophysical Research—Atmospheres, 1997, 102(D15): 18843-18850.

[294] Zhuang H, Chan C K, Fang M, Wexler A S. Size distributions of particulate sulfate, nitrate, and ammonium at a coastal site in Hong Kong. Atmospheric Environment, 1999, 33(6): 843-853.

[295] Malm W C, Day D E. Estimates of aerosol species scattering characteristics as a function of relative humidity. Atmospheric Environment, 2001, 35(16): 2845-2860.

[296] Boucher O, Anderson T L. General circulation model assessment of the sensitivity of direct climate forcing by anthropogenic sulfate aerosols to aerosol size and chemistry. Journal of Geophysical Research—Atmospheres, 1995, 100(D12): 26117-26134.

[297] Tang I N. On the equilibrium partial pressures of nitric acid and ammonia in the atmosphere. Atmospheric Environment, 1980, 14: 819-828.

[298] Tang I N, Munkelwitz H R. Composition and temperature dependence of the deliquescence properties of hygroscopic aerosols. Atmospheric Environment, 1993, 27A: 467-473.

[299] Tang I N, Fung K H. Hydration and Raman scattering studies of levitated microparticles: Ba(NO$_3$)$_2$,

Sr(NO₃)₂, and Ca(NO₃)₂. The Journal of Chemical Physics, 1997, 106(5): 1653-1660.

[300] Martin S T. Phase transitions of aqueous atmospheric particles. Chemical Reviews, 2000, 100(9): 3403-3453.

[301] Moya M, Pandis S N, Jacobson M Z. Is the size distribution of urban aerosols determined by thermodynamic equilibrium? An application to Southern California. Atmospheric Environment, 2002, 36(14): 2349-2365.

[302] Cao G, Jang M. Effects of particle acidity and UV light on secondary organic aerosol formation from oxidation of aromatics in the absence of NO$_x$. Atmospheric Environment, 2007, 41(35): 7603-7613.

[303] Bahreini R, Keywood M D, Ng N L, Varutbangkul V, Gao S, Flagan R C, Seinfeld J H, Worsnop D R, Jimenez J L. Measurements of secondary organic aerosol from oxidation of cycloalkenes, terpenes, and m-xylene using an Aerodyne aerosol mass spectrometer. Environmental Science & Technology, 2005, 39(15): 5674-5688.

[304] Cruz C N, Pandis S N. Deliquescence and hygroscopic growth of mixed inorganic-organic atmospheric aerosol. Environmental Science & Technology, 2000, 34(20): 4313-4319.

[305] Choi M Y, Chan C K. The effects of organic species on the hygroscopic behaviors of inorganic aerosols. Environmental Science & Technology, 2002, 36(11): 2422-2428.

[306] Posfai M, Xu H F, Anderson J R, Buseck P R. Wet and dry sizes of atmospheric aerosol particles: An AFM-TEM study. Geophysical Research Letters, 1998, 25(11): 1907-1910.

[307] Meyer N K, Duplissy J, Gysel M, Metzger A, Dommen J, Weingartner E, Alfarra M R, Fletcher C, Good N, McFiggans G, Jonsson A M, Hallquist M, Baltensperger U, Ristovski Z D. Analysis of the hygroscopic and volatile properties of ammonium sulphate seeded and un-seeded SOA particles. Atmospheric Chemistry and Physics Discussions, 2008, 8: 8629-8659.

[308] Smith D F, Kleindienst T E, McIver C D. Primary product distributions from the reaction of OH with m-, p-xylene, 1,2,4-and 1,3,5-trimethylbenzene. Journal of Atmospheric Chemistry, 1999, 34(3): 339-364.

[309] Hastings W P, Koehler C A, Bailey E L, De Haan D O. Secondary organic aerosol formation by glyoxal hydration and oligomer formation: Humidity effects and equilibrium shifts during analysis. Environmental Science & Technology, 2005, 39(22): 8728-8735.

[310] Liggio J, Li S M, Mclaren R. Heterogeneous reactions of glyoxal on particulate matter: Identification of acetals and sulfate esters. Environmental Science & Technology, 2005, 39(6): 1532-1541.

[311] Liggio J, Li S M, Mclaren R. Reactive uptake of glyoxal by particulate matter. Journal of Geophysical Research—Atmospheres, 2005, 110(D10).

[312] Kroll J H, Ng N L, Murphy S M, Varutbangkul V, Flagan R C, Seinfeld J H. Chamber studies of secondary organic aerosol growth by reactive uptake of simple carbonyl compounds. Journal of Geophysical Research—Atmospheres, 2005, 110(D23).

[313] Liggio J, Li S M. Reactive uptake of pinonaldehyde on acidic aerosols. Journal of Geophysical Research—Atmospheres, 2006, 111(D24).

[314] Liggio J, Li S M, Brook J R, Mihele C. Direct polymerization of isoprene and α-pinene on acidic aerosols. Geophysical Research Letters, 2007, 34(5).

[315] Bandow H, Washida N. Ring-cleavage reactions of aromatic hydrocarbons studied by FT-IR spectroscopy. II. Photooxidation of o-, m-and p-xylenes in the NO$_x$-air system. Bulletin of the Chemical Socie-

ty of Japan, 1985, 58: 2541-2548.

[316] Bandow H, Washida N. Ring-cleavage reactions of aromatic hydrocarbons studied by FT-IR spectroscopy. III. Photooxidation of 1,2,3-, 1,2,4-and 1,3,5-trimethylbenzenes in the NO$_x$-air system. Bulletin of the Chemical Society of Japan, 1985, 58: 2549-2555.

[317] Bandow H, Washida N, Akimoto H. Ring-cleavage reactions of aromatic hydrocarbons studied by FT-IR spectroscopy. I. Photooxidation of toluene and benzene in the NO$_x$-air system. Bulletin of the Chemical Society of Japan, 1985, 58: 2531-2540.

[318] Tuazon E C, Atkinson R, MacLeod H, Biermann H W, Winer A M, Carter W P L, Pitts Jr J N. Yields of glyoxal and methylglyoxal from the NO$_x$-air photooxidations of toluene and m-and p-xylene. Environmental Science & Technology, 1984, 18: 981-984.

[319] Tuazon E C, MacLeod H, Atkinson R, Carter W P L. α-Dicarbonyl yields from the NO$_x$-air photooxidations of a series of aromatic hydrocarbons in air. Environmental Science & Technology, 1986, 20: 383-387.

[320] Surratt J D, Lewandowski M, Offenberg J H, Jaoui M, Kleindienst T E, Edney E O, Seinfeld J H. Effect of acidity on secondary organic aerosol formation from isoprene. Environmental Science & Technology, 2007, 41(15): 5363-5369.

[321] Wang Y, Li A, Zhan Y, Wei L, Li Y, Zhang G, Xie Y, Zhang J, Zhang Y, Shan Z. Speciation of elements in atmospheric particulate matter by XANES. Journal of Radioanalytical and Nuclear Chemistry, 2007, 273(1): 247-251.

[322] Osan J, Meirer F, Groma V, Toeroek S, Ingerle D, Streli C, Pepponi G. Speciation of copper and zinc in size-fractionated atmospheric particulate matter using total reflection mode X-ray absorption near-edge structure spectrometry. Spectrochimica Acta Part B—Atomic Spectroscopy 2010, 65(12): 1008-1013.

[323] Makkonen U, Hellen H, Anttila P, Ferm M. Size distribution and chemical composition of airborne particles in south-eastern Finland during different seasons and wildfire episodes in 2006. Science of the Total Environment, 2010, 408(3): 644-651.

[324] McMurry P H, Fink M, Sakurai H, Stolzenburg M R, Mauldin R L, Smith J, Eisele F, Moore K, Sjostedt S, Tanner D, Huey L G, Nowak J B, Edgerton E, Voisin D. A criterion for new particle formation in the sulfur-rich Atlanta atmosphere. Journal of Geophysical Research D: Atmospheres, 2005, 110(22): 1-10.

[325] Kuang C, Riipinen I, Sihto S L, Kulmala M, McCormick A V, McMurry P H. An improved criterion for new particle formation in diverse atmospheric environments. Atmospheric Chemistry and Physics, 2010, 10(17): 8469-8480.

[326] Loranger S, Zayed J. Environmental contamination and human exposure to airborne total and respirable manganese in montreal. Journal of the Air & Waste Management Association, 1997, 47(9): 983-989.

[327] Terhaar G L, Griffing M E, Brandt M, Oberding D G, Kapron M. Methylcyclopentadienyl manganese tricarbonyl as an antiknock-composition and fate of manganese exhaust products. Journal of the Air Pollution Control Association, 1975, 25(8): 858-860.

[328] Hallquist M, Wenger J C, Baltensperger U, Rudich Y, Simpson D, Claeys M, Dommen J, Donahue N M, George C, Goldstein A H, Hamilton J F, Herrmann H, Hoffmann T, Iinuma Y, Jang M, Jenkin M E,

Jimenez J L, Kiendler-Scharr A, Maenhaut W, McFiggans G, Mentel T F, Monod A, Prevot A S H, Seinfeld J H, Surratt J D, Szmigielski R, Wildt J. The formation, properties and impact of secondary organic aerosol: Current and emerging issues. Atmospheric Chemistry and Physics, 2009, 9(14): 5155-5236.

[329] Pehkonen S O, Siefert R, Erel Y, Webb S, Hoffmann M R. Photoreduction of iron oxyhydroxides in the presence of important atmospheric organic-compounds. Environmental Science & Technology, 1993, 27(10): 2056-2062.

[330] Siefert R L, Pehkonen S O, Erel Y, Hoffmann M R. Iron photochemistry of aqueous suspensions of ambient aerosol with added organic-acids. Geochimica et Cosmochimica Acta, 1994, 58 (15): 3271-3279.

[331] Erel Y, Pehkonen S O, Hoffmann M R. Redox chemistry of iron in fog and stratus clouds. Journal of Geophysical Research—Atmospheres, 1993, 98(D10): 18423-18434.

[332] Nguyen T B, Roach P J, Laskin J, Laskin A, Nizkorodov S A. Effect of humidity on the composition of isoprene photooxidation secondary organic aerosol. Atmospheric Chemistry and Physics, 2011, 11(14): 6931-6944.

[333] Healy R M, Temime B, Kuprovskyte K, Wenger J C. Effect of relative humidity on gas/particle partitioning and aerosol mass yield in the photooxidation of p-xylene. Environmental Science & Technology, 2009, 43(6): 1884-1889.

[334] Hessberg C V, Hessberg P V, Poschl U, Bilde M, Nielsen O J, Moortgat G K. Temperature and humidity dependence of secondary organic aerosol yield from the ozonolysis of β-pinene. Atmospheric Chemistry and Physics, 2009, 9(11): 3583-3599.

[335] Tillmann R, Hallquist M, Jonsson A M, Kiendler-Scharr A, Saathoff H, Iinuma Y, Mentel T F. Influence of relative humidity and temperature on the production of pinonaldehyde and OH radicals from the ozonolysis of α-pinene. Atmospheric Chemistry and Physics, 2010, 10(15): 7057-7072.

[336] Qi L, Nakao S, Tang P, Cocker D R. Temperature effect on physical and chemical properties of secondary organic aerosol from m-xylene photooxidation. Atmospheric Chemistry and Physics, 2010, 10(8): 3847-3854.

[337] Cooke W F, Liousse C, Cachier H, Feichter J. Construction of a 1 degrees x 1 degrees fossil fuel emission data set for carbonaceous aerosol and implementation and radiative impact in the ECHAM4 model. Journal of Geophysical Research—Atmospheres, 1999, 104(D18): 22137-22162.

[338] Sturm P J, Baltensperger U, Bacher M, Lechner B, Hausberger S, Heiden B, Imhof D, Weingartner E, Prevot A S H, Kurtenbach R, Wiesen P. Roadside measurements of particulate matter size distribution. Atmospheric Environment, 2003, 37(37): 5273-5281.

[339] Jacobson M Z. Strong radiative heating due to the mixing state of black carbon in atmospheric aerosols. Nature, 2001, 409(6821): 695-697.

[340] Saathoff H, Naumann K H, Schnaiter M, Schock W, Mohler O, Schurath U, Weingartner E, Gysel M, Baltensperger U. Coating of soot and $(NH_4)_2 SO_4$ particles by ozonolysis products of α-pinene. Journal of Aerosol Science, 2003, 34(10): 1297-1321.

[341] Wentzel M, Gorzawski H, Naumann K H, Saathoff H, Weinbruch S. Transmission electron microscopical and aerosol dynamical characterization of soot aerosols. Journal of Aerosol Science, 2003, 34(10): 1347-1370.

[342] Kuznetsov B V, Rakhmanova T A, Popovicheva O B, Shonija N K. Water adsorption and energetic properties of spark discharge soot: Specific features of hydrophilicity. Journal of Aerosol Science, 2003, 34(10): 1465-1479.

[343] Weingartner E, Baltensperger U, Burtscher H. Growth and structural-change of combustion aerosols at high relative-humidity. Environmental Science & Technology, 1995, 29(12): 2982-2986.

[344] Weingartner E, Burtscher H, Baltensperger U. Hygroscopic properties of carbon and diesel soot particles. Atmospheric Environment, 1997, 31(15): 2311-2327.

[345] Schnaiter M, Linke C, Mohler O, Naumann K H, Saathoff H, Wagner R, Schurath U, Wehner B. Absorption amplification of black carbon internally mixed with secondary organic aerosol. Journal of Geophysical Research—Atmospheres, 2005, 110(D19204), doi 10. 1029/ 2005JD006046.

[346] Kamm S, Mohler O, Naumann K H, Saathoff H, Schurath U. The heterogeneous reaction of ozone with soot aerosol. Atmospheric Environment, 1999, 33(28): 4651-4661.

[347] Naumann K H. COSIMA: A computer program simulating the dynamics of fractal aerosols. Journal of Aerosol Science, 2003, 34(10): 1371-1397.

[348] Huang C J, Liu Y F, Wu Z S. Numerical calculation of optical cross section and scattering matrix for soot aggregation particles. Acta Physica Sinica—Chinese Edition, 2007, 56(7): 4068-4074.

[349] Qiao L F, Zhang Y M, Me Q Y, Fang J, Wang J J. Fractal shape simulation and light scattering calculation of fire smoke particles. Acta Physica Sinica—Chinese Edition, 2007, 56(11): 6736-6741.

[350] Shu X M, Fang J, Shen S F, Lu Y J, Yuan H Y, Fan W C. Study on fractal coagulation characteristics of fire smoke particles. Acta Physica Sinica—Chinese Edition, 2006, 55(9): 4466-4471.

[351] Gangl M, Kocifaj M, Videen G, Horvath H. Light absorption by coated nano-sized carbonaceous particles. Atmospheric Environment, 2007, doi:10. 1016/ j. atmosenv. 2007. 05. 030.

[352] Varutbangkul V, Brechtel F J, Bahreini R, Ng N L, Keywood M D, Kroll J H, Flagan R C, Seinfeld J H, Lee A, Goldstein A H. Hygroscopicity of secondary organic aerosols formed by oxidation of cycloalkenes, monoterpenes, sesquiterpenes, and related compounds. Atmospheric Chemistry and Physics, 2006, 6(9): 2367-2388.

[353] Ng N L, Herndon S C, Trimborn A, Canagaratna, M R, Croteau P L, Onasch T B, Sueper D, Worsnop D R, Zhang Q, Sun Y L, Jayne J T. An Aerosol Chemical Speciation Monitor(ACSM) for routine monitoring of the composition and mass concentrations of ambient aerosol. Aerosol Science and Technology, 2011, 45(7): 770-784.

[354] Ulbrich I M, Canagaratna M R, Zhang Q, Worsnop D R, Jimenez J L. Interpretation of organic components from Positive Matrix Factorization of aerosol mass spectrometric data. Atmospheric Chemistry and Physics, 2009, 9(9): 2891-2918.

[355] Wagner V, Jenkin M E, Saunders S M, Stanton J, Wirtz K, Pilling M J. Modelling of the photooxidation of toluene: conceptual ideas for validating detailed mechanisms. Atmospheric Chemistry and Physics, 2003, 3: 89-106.

[356] Edney E O, Driscoll D J, Weathers W S, Kleindienst T E, Conver T S, McIver C D, Li W. Formation of polyketones in irradiated toluene/propylene/NO$_x$/air mixtures. Aerosol Science and Technology, 2001, 35(6): 998-1008.

[357] Jenkin M E. Modelling the formation and composition of secondary organic aerosol from α and β-pinene ozonolysis using MCM v3. Atmospheric Chemistry and Physics, 2004, 4: 1741-1757.

[358] Bloss C, Wagner V, Jenkin M E, Volkamer R, Bloss W J, Lee J D, Heard D E, Wirtz K, Martin-Reviejo M, Rea G, Wenger J C, Pilling M J. Development of a detailed chemical mechanism(MCMv3. 1) for the atmospheric oxidation of aromatic hydrocarbons. Atmospheric Chemistry and Physics, 2005, 5: 641-664.

[359] Hu D, Tolocka M, Li Q, KamenS R M. A kinetic mechanism for predicting secondary organic aerosol formation from toluene oxidation in the presence of NO_x and natural sunlight. Atmospheric Environment, 2007, 41: 6478-6496.

[360] Leungsakul S, Jeffries H E, Kamens R M. A kinetic mechanism for predicting secondary aerosol formation from the reactions of d-limonene in the presence of oxides of nitrogen and natural sunlight. Atmospheric Environment, 2005, 39(37): 7063-7082.

[361] Joback K G, Reid R C. Estimation of pure-component properties from group-contributions. Chemical Engineering Communications, 1987, 57(1-6): 233-243.

[362] Reid R C, Prausnitz J M, Poling B E. The properties of gases and liquids. 4th edition. New York: McGraw-Hill, 1987.

[363] Stein S E, Brown R L. Estimation of normal boiling points from group contributions. Journal of Chemical Information and Computer Sciences, 1994, 34(3): 581-587.

[364] Baum E J. Chemical Property Estimation: Theroy And Application. Boca Raton: Lewis Publishers, 1998.

[365] Kamens R, Jang M, Chien C J, Leach K. Aerosol formation from the reaction of α-pinene and ozone using a gas-phase kinetics aerosol partitioning model. Environmental Science &. Technology, 1999, 33(9): 1430-1438.

[366] Altieri K E, Seitzinger S P, Carlton A G, Turpin B J, Klein G C, Marshall A G. Oligomers formed through in-cloud methylglyoxal reactions: Chemical composition, properties, and mechanisms investigated by ultra-high resolution FT-ICR mass spectrometry. Atmospheric Environment, 2008, 42(7): 1476-1490.

[367] Carlton A G, Turpin B J, Altieri K E, Seitzinger S, Reff A, Lim H J, Ervens B. Atmospheric oxalic acid and SOA production from glyoxal: Results of aqueous photooxidation experiments. Atmospheric Environment, 2007, 41(35): 7588-7602.

[368] Dolwick P D. Summary of results from a series of Models-3/CMAQ simulations of ozone in the western United States. In 94th Air &. Waste Management Association Annual Conference and Exhibition, Orlando, FL, 2001.

[369] Jang C J. Annual application of U. S. EPA's third-generation air quality modeling system over continental United States. In 94th Air &. Waste Management Association Annual Conference and Exhibition, Orlando, FL, 2001.

[370] Jang C J. Annual model simulations and evaluations of particulate matter and ozone over the continental United States using the Models-3/CMAQ system. In 3rd Annual CMAS Model-3 Conference, Chapel Hill, NC, 2004.

[371] Smyth S C, Jiang W M, Yin D Z, Roth H, Giroux T. Evaluation of CMAQ $Q(3)$ and $PM_{2.5}$ performance using Pacific 2001 measurement data. Atmospheric Environment, 2006, 40(15): 2735-2749.

[372] Morris R E, Koo B, Guenther A, Yarwood G, McNally D, Tesche T W, Tonnesen G, Boylan J, Brewer P. Model sensitivity evaluation for organic carbon using two multi-pollutant air quality models

that simulate regional haze in the southeastern United States. Atmospheric Environment, 2006, 40(26): 4960-4972.

[373] Zhang Y, Huang J P, Henze D K, Seinfeld J H. Role of isoprene in secondary organic aerosol formation on a regional scale. Journal of Geophysical Research—Atmospheres, 2007, 112(D20).

[374] 王丽涛. Model-3/CMAQ 模型 SOA 模块的修改及模型应用研究：博士后研究报告. 北京：清华大学，2008.

[375] Dennis R L, Byun D W, Novak J H, Galluppi K J, Coats C J, Vouk M A. The next generation of integrated air quality modeling: EPA's Models-3. Atmospheric Environment, 1996, 30 (12): 1925-1938.

[376] Arnold J R, Dennis R L, Tonnesen G S. Diagnostic evaluation of numerical air quality models with specialized ambient observations: Testing the Community Multiscale Air Quality modeling system (CMAQ) at selected SOS 95 ground sites. Atmospheric Environment, 2003, 37(9-10): 1185-1198.

[377] Hogrefe C, Biswas J, Lynn B, Civerolo K, Ku J Y, Rosenthal J, Rosenzweig C, Goldberg R, Kinney P L. Simulating regional-scale ozone climatology over the eastern United States: Model evaluation results. Atmospheric Environment, 2004, 38(17): 2627-2638.

[378] Sanhueza P A, Reed G D, Davis W T, Miller T L. An environmental decision-making tool for evaluating ground-level ozone-related health effects. Journal of the Air & Waste Management Association, 2003, 53(12): 1448-1459.

[379] Wang X P, Mauzerall D L, Hu Y T, Russell A G, Larson E D, Woo J H, Streets D G, Guenther A. A high-resolution emission inventory for eastern China in 2000 and three scenarios for 2020. Atmospheric Environment, 2005, 39(32): 5917-5933.

[380] Zhang M G, Uno I, Carmichael G R, Akimoto H, Wang Z F, Tang Y H, Woo J H, Streets D G, Sachse G W, Avery M A, Weber R J, Talbot R W. Large-scale structure of trace gas and aerosol distributions over the western Pacific Ocean during the Transport and Chemical Evolution Over the Pacific (TRACE-P) experiment. Journal of Geophysical Research—Atmospheres, 2003, 108(D21).

[381] Zhang M G, Uno I, Yoshida Y, Xu Y F, Wang Z F, Akimoto H, Bates T, Quinn T, Bandy A, Blomquist B. Transport and transformation of sulfur compounds over East Asia during the TRACE-P and ACE-Asia campaigns. Atmospheric Environment, 2004, 38(40): 6947-6959.

[382] Parra R, Jimenez P, Baldasano J M. Development of the high spatial resolution EMICAT2000 emission model for air pollutants from the north-eastern Iberian Peninsula(Catalonia, Spain). Environmental Pollution, 2006, 140(2): 200-219.

[383] Sakurai T, Fujita S, Hayami H, Furuhashi N. A case study of high ammonia concentration in the nighttime by means of modeling analysis in the Kanto region of Japan. Atmospheric Environment, 2003, 37(31): 4461-4465.

[384] Bullock O R, Brehme K A. Atmospheric mercury simulation using the CMAQ model: Formulation description and analysis of wet deposition results. Atmospheric Environment, 2002, 36 (13): 2135-2146.

[385] McKeen S, Wilczak J, Grell G, Djalalova I, Peckham S, Hsie E Y, Gong W, Bouchet V, Menard S, Moffet R, McHenry J, McQueen J, Tang Y, Carmichael G R, Pagowski M, Chan A, Dye T, Frost G, Lee P, Mathur R. Assessment of an ensemble of seven real-time ozone forecasts over eastern North America during the summer of 2004. Journal of Geophysical Research—Atmospheres, 2005,

110(D21).

[386] 刘煜, 李维亮, 周秀骥, 夏季华北地区二次气溶胶的模拟研究. 中国科学 D 辑, 2005, 35(增 I): 156-166.

[387] 安兴琴, 左洪超, 吕世华, 朱彤. Models-3 空气质量模式对兰州市污染物输送的模拟. 高原气象, 2005, 24(5): 748-756.

[388] 卢艳, 费建芳. 长江中下游地区空气质量的数值模拟研究. 安全与环境学报, 2005, 5(4): 78-84.

[389] 张美根. 多尺度空气质量模式系统及其验证 I. 模式系统介绍与气象要素模. 大气科学 2005, 29(5): 805-813.

[390] 张美根. 多尺度空气质量模式系统及其验证 II. 东亚地区对流层臭氧及其前体物模拟. 大气科学, 2005, 29(6): 926-936.

[391] 张美根. 徐永福. 张仁健, 韩志伟. 东亚地区春季黑碳气溶胶源排放及其浓度分布. 地球物理学报, 2005, 48(1): 46-51.

[392] 张强. 中国区域细颗粒物排放及模拟研究: 博士学位论文. 北京: 清华大学, 2005.

[393] Streets D G, Bond T C, Carmichael G R, Fernandes S D, Fu Q, He D, Klimont Z, Nelson S M, Tsai N Y, Wang M Q, Woo J H, Yarber K F. An inventory of gaseous and primary aerosol emissions in Asia in the year 2000. Journal of Geophysical Research—Atmospheres, 2003, 108(D21).

索　引

彩　　图

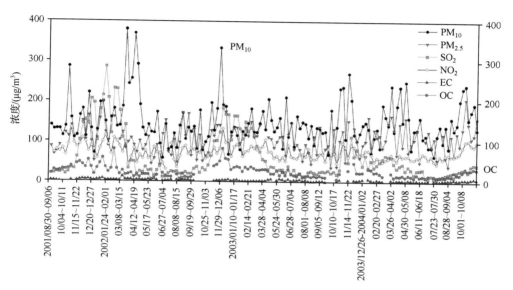

图 2.4

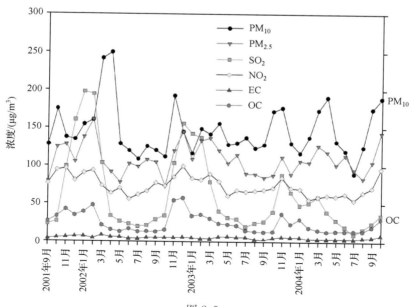

图 2.5

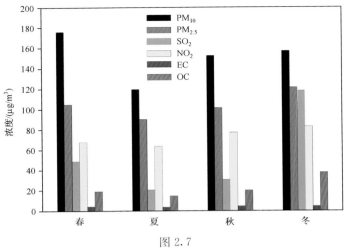

图 2.7

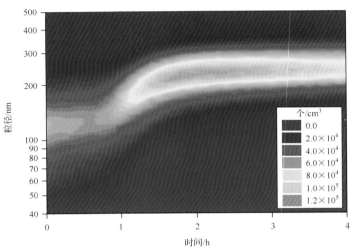

图 5.10

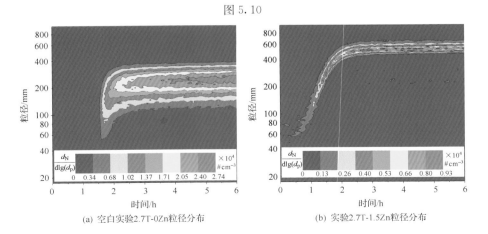

(a) 空白实验2.7T-0Zn粒径分布　　　　　(b) 实验2.7T-1.5Zn粒径分布

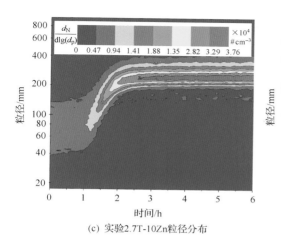

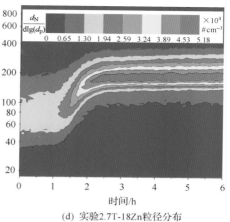

(c) 实验2.7T-10Zn粒径分布

(d) 实验2.7T-18Zn粒径分布

图 8.2

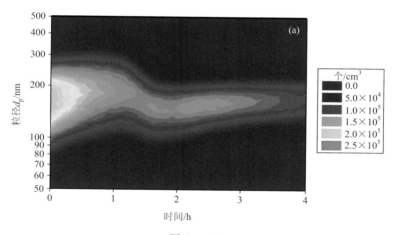

图 10.6(a)

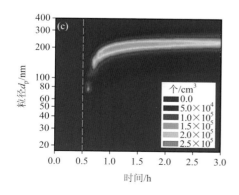

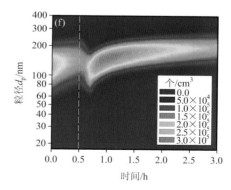

图 10.7(c)(f)

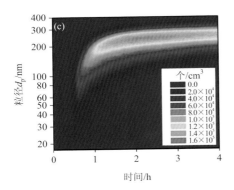
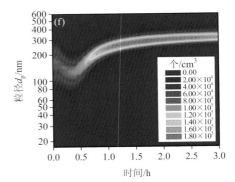

图 10.8(c)(f)

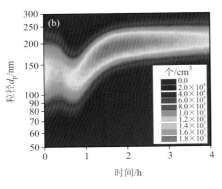

图 10.9(b)

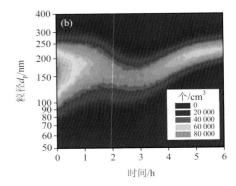

图 10.10(b)

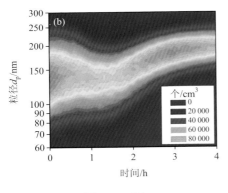

图 10.11(b)

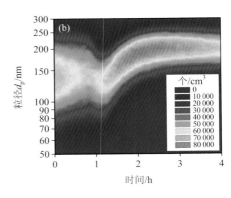

图 10.12(b)

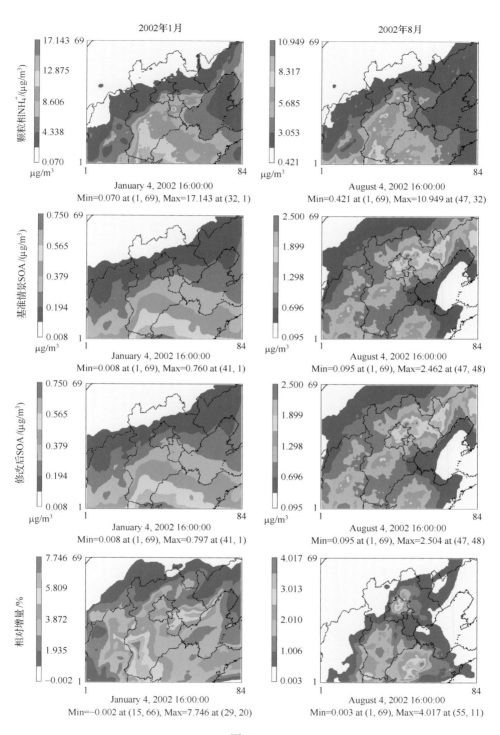

图 13.5

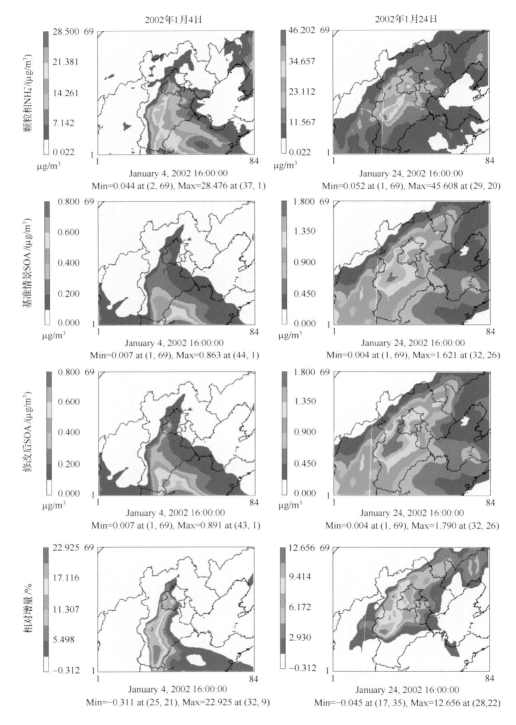

图 13.6

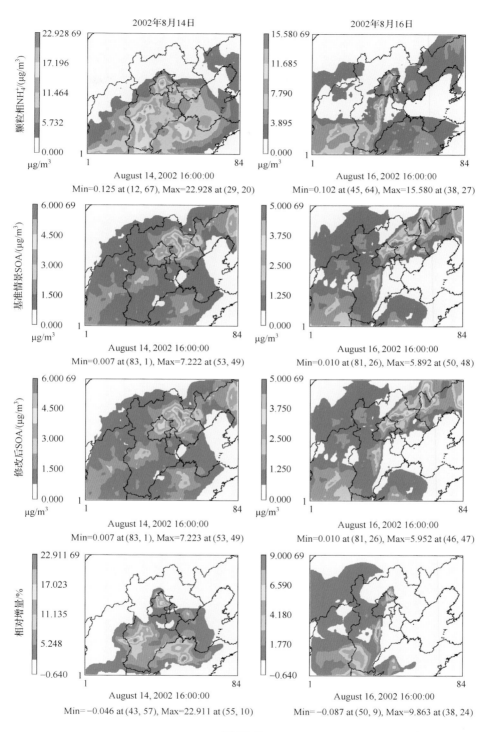

图 13.7

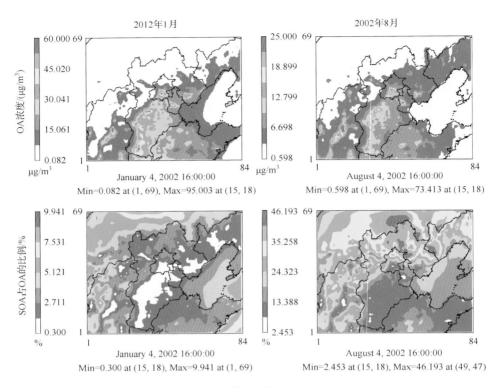

图 13.10